위대한 세포

위대한 세포

노벨상을 받은 놀라운 발견들

금동호 지음

해나무

| 일러두기 |

286쪽부터 시작되는 '노트'에는 본문 내용과 관련된 좀 더 자세한 이야기가 실려 있으며, 본문에 •로 표시해놓았다.

세포의 일생을 생각하며

우리 몸속 세포가 살아가는 방식은 우리의 삶과 너무나 닮았다. 이 책을 쓴 이유는 우리나라에서도 노벨 과학상 수상자가 나왔으면 하는 바람뿐 아니라, 세포의 일생을 통해 삶의 지혜와 겸손을 배우고, 자신의 몸에 대해 긍지를 갖게 하고자 하는 바람이 크게 작용하였기 때문이다.

이 책은 수많은 노벨 생리의학상 수상자들의 연구 가운데 14개만을 골라서 소개하고 있다. 그 선택은 온전히 글쓴이의 자의적 판단인데, 세포가 살아가면서 마주치는 사건들을 하나씩 보여주고자 하였다. 구체적으로는 새로운 생명의 시작(체외수정), 외로움을 극복하기 위한 세포분열(세포분열 주기), 환경에 적응하기 위한 세포의 일주기리듬(생체시계), 다양성을 획득하기 위한 분화(형성체), 시간의 흐름을 거스르는 역분화(유도만능줄기세포의 생산), 손상된 유전자의 수선(유전자 바꿔치기), 소통(G-단백질 결합수용체), 노화(텔로미어, 텔로머레이스), 자살(아포토시스), 외부의 침입을 방어하기 위한 전쟁인 면역(항체의 다양성), 그리고 세포의 생명현상을 조절하는 유전자의 기능을 설명하였다. 마지막으로는 우리를 사람답게 만드는 신경세포의 기능을 활동전위, 향기, 기억을 통해 소개하였다.

책의 순서를 정하기는 했지만 굳이 이 순서대로 읽을 필요는 없으리라 생각된다. 다만 유전자 부분은 다른 장을 읽는 데 필요한 몇 개의 기초 지식이 언급되어 있으므로 1~2장은 먼저 읽는 것이 좋겠다. 나머지 장들은 나름대로 순서를 정하기는 했지만 순서를 무시하고 읽어도 다른 장을 이해하는 데 큰 무리는 없을 것이다. 아무쪼록 이 책의 여정 끝에서 독자들이 세포의 일생에 대해 이해하고, 자신의 몸에 대해 고찰해보는 시간을 갖기를 희망한다. 더불어 자신을 존중하고 사랑하는 마음이 생긴다면 더할 나위 없이 좋겠다.

노벨 과학상에는 물리학상, 화학상, 생리의학상이 있다. 물리나 화학 분야에서는 도저히 흉내 내지 못할 천재가 노벨상을 받는지도 모른다. 그러나 생리의학상은 그렇지 않다. 그보다는 생명현상에 대해 근본적인 질문을 던지는 것이 중요하다. 호기심 많은 꼬마가 하는 질문처럼, 세포들은 서로 이야기할까, 세포들은 서로 싸울까, 세포도 우리처럼 늙을까, 인간은 어떻게 보고 듣고 냄새를 맡을까, 지나간 일들을 어떻게 기억할까, 왜 병에 걸릴까 등 생명현상과 관련된 구체적인 질문을 던지고, 이에 대한 설명을 찾아내려는 끊임없는 노력이 중요하다.

이런 문제들을 해결하는 데 꼭 천재적인 머리가 필요하다고는 생각하지 않는다. 마찬가지로 과학자들이 발견한 생명현상에 관한 내용을 이해하는 데에도 꼭 천재적인 머리가 필요하지는 않다.

이 책은 전문가가 아닌 일반인이 노벨 생리의학상을 받은 연구 내용을 자세히 이해할 수 있도록 돕는 것이 목표다. 용어 선택의 어려움만 극복한다면 목표 달성이 불가능하지만은 않을 것이라 믿는다. 대부분의 용어가 그러하듯 생명현상을 설명하기 위해 사용되는 용어 역시 처음 접하기 때문에 낯설게 느껴지는 것이지 결코 이해하기 어려운 것이 아니다. 조금만 끈기를 가지고 이 낯설음을 극복한다면 노벨 생리의학상을 받은 연구 내용을 쉽게 이해하는 기쁨을 만끽할 것이다.

보통의 과학 서적은 특정 연구자, 특정 실험실, 특정 실험을 강조하지 않는다. 그러나 이 책은 노벨상 수상자의 실험을 눈으로 보는 것처럼 설명하는 것이 목적이기 때문에 특정 내용을 과장되게 강조한 것처럼 보일 수도 있다. 일반적으로 생리 · 의학 분야에서 특정 실험으로 보편적인 가치를 이야기하는 것은 위험하다. 생명현상에는 예외가 많기 때문이다. 따라서 물리학이나 화학과는 달리 생명현상을 하나의 수식으로 설명할 수도 없으며 설명하지도 않는다. 한 가지 실험으로 보편적인 의미를 강조하는 것이 이처럼 위험하지만 이 책에서는 이해를 극대화하기 위해 그러한 위험을 감수하였다. 독자들이 현명한 판단을 내리리라 믿는다.

대부분의 실험이 사람을 대상으로 하지 않았다는 점이 독자들의 관심을 불러일으키지 못할 것이라는 점도 걱정된다. 사람은 윤리적인 이유 또는 현실적인 이유로 연구 대상으로 사용되지 못하는 한계가 있다. 그러나 대부분의 연구 결과가 사람에게도 적용되기 때문에 이 문제 역시 독자들이 이해해줄 것으로 믿는다. 일반인의 관심을 끌기 위해 각 장의 제목을 과장되게 정한 것이 학문의 격을 떨어뜨리는 것은 아닐지도 역시 걱정이다.

처음의 원대한 의도와는 달리, 책을 꾸미고 나서 다시 살펴보니 부족한 점이 많이 보인다. 만약, 책을 읽는 여러분이 내용을 이해하는 데 어려움이 있다면 내용을 바르게 전달하지 못한 글쓴이의 능력이 떨어지기 때문이지 독자의 이해력 문제가 아니다. 아무쪼록 모든 독자가 노벨 생리의학상의 내용을 즐기게 되기를 진심으로 기원한다.

차례

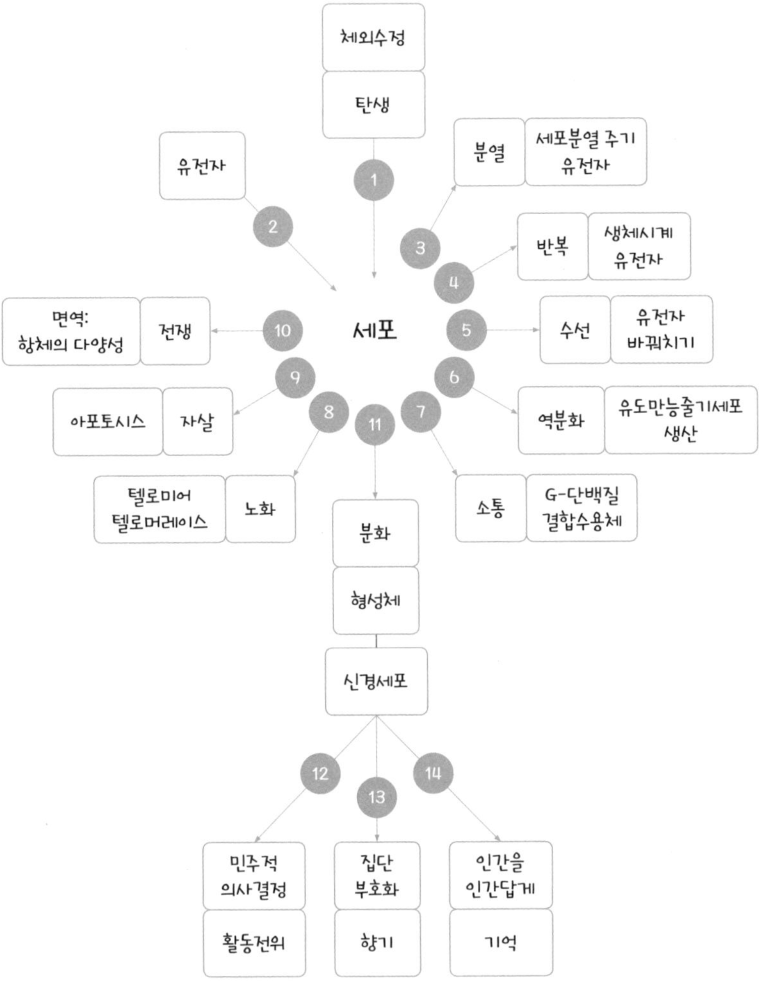

체외수정
탄생
유전자
분열
세포분열 주기 유전자
반복
생체시계 유전자
면역: 항체의 다양성
전쟁
세포
수선
유전자 바꿔치기
역분화
유도만능줄기세포 생산
아포토시스
자살
텔로미어 텔로머레이스
노화
분화
소통
G-단백질 결합수용체
형성체
신경세포
민주적 의사결정
활동전위
집단 부호화
향기
인간을 인간답게
기억
1
2
3
4
5
6
7
8
9
10
11
12
13
14

1장

진, 마침내 태어나다

체외수정 시술의 개발

노벨상 수상자

생리의학상

로버트 에드워즈 Robert Edwards(2010)

진의 초롱초롱한 눈망울, 천진난만한 웃음, 맑고 순수한 마음씨, 진지한 호기심, 부드럽고 성실한 태도, 삶에 대한 치열한 열망을 볼 때마다, 진의 부모는 진의 탄생을 가능하게 만든 로버트 에드워즈Robert Edwards 박사와 패트릭 스텝토Patrick Steptoe 박사에게 진심으로 감사한 마음이 생긴다. 눈치 빠른 당신은 이미 짐작했겠지만, 진의 탄생은 조금 특별하였다. 진은 보통의 아기들과는 달리 조그마한 배양접시에서 삶을 시작하였다. 물론 조금 후에는 여느 아기들처럼 우주처럼 깊고 아늑한 엄마의 자궁에서 많은 시간을 보냈지만 말이다.

어렵사리 진을 맞이한 진의 부모는 건강하게만 자라줬으면 하는 소박한 꿈을 가지고 있었다. 그러나 모든 부모가 그러하듯 진이 성장하면서 보여준 조그마한 재주에 진을 천재로 착각하게 되었고, 오랫동안 마음고생을 한 자신들에게 신께서 과한 선물을 준 것 같아 항상 감사한 마음으로 신께 기도하였다. 물론, 진을 훌륭한 사람으로 키울 것을 거듭 다짐하였고, 급기야 진은 어린 시절부터 과도한 관심과 교육에 노출되었다. 자연과학에 문외한인 진의 부모는 진이 판사나 검사가 되어 공정한 사회를 이루는 데 이바지하는 꿈을 꾸었다. 때로는 진이 세계적인 기업인으로 자라나 사회를 풍요롭게, 사람들을 행복하게 만들기를 바라기도 했다. 또 다른 날에는 따뜻한 마음으로 국민을 위하는 큰 정치인이 되는 꿈을 꾸기도 했다. 그러나 당신들의 삶도 마음먹은 대로 되지 않는 마당에 자식의 삶을 계획대로 할 수는 없는 노릇이었다.

진은 부모님의 바람과는 달리 사람이 살아가는 일보다 자연의 소리에 더 많은 관심을 보였다. 밤하늘의 별을 바라보면서 오리온자리, 카시오페이아자리, 전갈자리가 만들어낸 신화 이야기에 매혹되는 대신, '저 별은 얼마나 멀리 떨어져 있을까?', '저 별에는 나와 같은 생명체가 살고 있을까?', '저 별은 어떻게 탄생하였을까?' 하는 구체적인 문제에 더 큰 관심을 보였고 혼자만의 상상에 빠지곤 했다. 진은 사람 사는 이야기만 중요하게 여기는 부모님을 이해할 수 없었고, 자연이 들려주는 아름다운 소리를 멋지게 표현할 수 없는 자신의 부족한 언어 능력이 안타까웠다.

좋은 의도로 포장된 부모의 바람이 사실은 자식이 출세하여 안락한 삶을 살기를 바라는 지극히 현실적인 사랑이라는 것을 이해하지 못하는 것은 아니지만, 진은 우주의 탄생과 생명의 탄생에 대한 비밀을 알고 싶은 유혹을 결코 떨쳐내지 못하였다. 사실 진의 탄생에는 체외수정보다 더 큰 비밀이 숨겨져 있다. 조금 지루할지도 모르지만, 진의 탄생에 대한 기나긴 사연을 들어보자.

일부 소수의 똑똑한 사람들이 알아낸 바에 의하면 최초에 무한에 가까운 유한 개의 소립자들•이 한 점에 빽빽이 모여 있었다. 이 점은 누구도 알지 못하는 어떤 이유로 대폭발을 일으켰고, 그로 인해 우주가 탄생하였다. 폭발 과정의 혼란 속에서 불과 0.0001초 만에 3개의 서로 다른 쿼크들이 모여서 양성자와 중성자를 만들었다. 그리고 폭발 후 3분쯤 지날 무렵에는 양성자 1개만을 가진 수소 원자핵, 양성자 1개와 중성자 1개가 결합한 중수소 원자핵, 양성자 1개와 중성자 2개가 결합한 삼중수소 원자핵, 양성자 2개와 중성자 2개가 결합한 헬륨 원자핵, 그리고 아주 적은 양의 리튬, 베릴륨, 붕소 원자핵도 만들어졌다.

폭발과 함께 점은 팽창을 시작하여 공간을 만들기 시작했는데, 이에 따라 온도가 내려갔고, 38만 년이 지날 무렵에는 어지럽게 날아다니던 전자들이 원자핵의 양성자에게 붙잡히게 되었다. 양성자가 1개인 수소 원자핵에는 전자 1개가 붙잡혀 수소 원자가 만들어졌고, 전자 2개가 헬륨, 3개가 리튬, 4개가 베릴륨, 5개가 붕소 원자핵에 붙잡혀 각각의 원자들이 생겨났다. 그러나 붕소보다 더 큰 원자핵은 최초의 대폭발에서 만들어지지 않았다.

시간이 흘러 대폭발 후 4억 년이 지날 무렵, 주로 수소가 모여 형성된 최초의 별에서 그 내부온도가 1000만 도까지 올라가자 핵융합 반응이 일어났다. 핵융합 반응으로 만들어진 더욱 무거운 원자핵은 중력 수축 때문에 중심부에 높은 열과 밀도를 만들어냈고, 이는 새로운 핵융합 반응을 연쇄적으로 일으켰다. 수소의 핵융합 반응으로 헬륨이 생기고, 헬륨의 핵융합 반응으로 탄소가 생기고, 탄소의 핵융합 반응으로 산소, 네온, 규소 등의 원소가 생겨났다. 그러나 초기에 탄생한 별에서는 원자핵이 가장 안정된 철이 될 때까지만 핵융합이 일어났다.

철보다 무거운 원소가 어떻게 만들어졌는지는 아직 정확히 알지 못하지만, 아마도 초신성의 폭발 때문에 생겨났을 것으로 추측된다. 초신성 폭발*은 태양보다 10배 이상 무거운 별이 내부에서 핵융합을 마치고 나서, 급격히 중력 수축을 일으켜 그 충격으로 폭발하는 것을 말한다. 이때 초신성 내부에서는 온도와 압력이 급격히 올라가서 짧은 시간에 엄청난 핵반응을 통해 보통 크기의 별 내부에서 일어나는 핵융합으로는 생성할 수 없는 무거운 원소들을 만들어낸다. 그리고 초신성 폭발은 새롭게 만들어진 원소를 우주 공간에 퍼트리는데, 이때 흩뿌려진 성간 물질들이 중력에 의해 서로 뭉쳐서 새로운 별을 만들어낸다. 그러니 당연히 새로 태어난 별들이 오래된 별들보다 무거운 원소를 더 많이 가지고 있다. 우리가 사는 지구는 한 점이 폭발한 지 95억 년이 지날 무렵, 그러니까 지금부터 45억 년쯤 전에 생성되었다. 당연히 지구는 생명체에 필요한 무거운 원소들을 많이 가지게 되었다. 현재 지구에는 118종의 원소가 있는데, 이들 중에서 진의 탄생에 가장 중요한 역할을 한 것은 탄소이다. 탄소 원자는 다른 원자와 결합할 수 있는 전자를 4개나 가지고 있어서 다양한 화합물을 만들어낼 수 있기 때문이다. 탄소는 주로 자기들끼리 또는 수소, 산소, 질소 등과 결합하여 다양한 화합물을 만드는데, 이를 유기(화합)물이라고 한다.* 유기물이라고 이름 붙여진 이유는 이들 화합물이 주로 생물체에서 발견되었기 때문이다. 실제로 진의 몸을 구성하는 중요 성분인 탄수화물, 지방, 단백질, 핵산DNA와 RNA은 모두 탄소가 만들어낸 화합물들이다.

지구상에 생명체가 어떻게 처음 생겨났는지에 대해서는 아직 확실히 밝혀지지 않았으며, 몇 개의 가설이 있을 뿐이다. 생명의 탄생에 관한 이야기는 유기물의 탄생에 관한 이야기로부터 시작된다. 원시대기에 가해진 번개, 자외선 등의 에너지에 의해 유기물이 합성되었다는 오파린의 가설, 깊은 바닷물 속의 화산에서 분출되는 무기물로부터 유기물이 생성되었다는 심해 열수구설, 운석에 의해 우주로부터 지구에 전달되었다는 외계 유입설 등이 알려져 있다.

지구상에 최초의 단세포가 탄생한 것은 대략 35억 년쯤 전으로 추측되는데, 이는 지구가 생긴 지 대략 10억 년 정도가 지날 무렵이다. 단세포들은 정말 오랜 시간 동안 홀로 외롭게 삶을 유지하였다. 20억 년쯤 전에는 좀 더 복잡한 형태의 진정한 핵을 가진 진핵세포가 탄생했는데, 아마도 미토콘드리아나 엽록체가 다른 단세포들과 합쳐 만들어졌을 것으로 추측된다. 이후, 15억 년 동안의 끈질긴 노력 끝에 마침내 다른 세포들과 의사소통하는 방법을 찾은 일부 단세포들은 모여서 살기 시작했다. 드디어 다세포 생물의 시대가 열렸는데, 이건 불과 5억 년쯤 전의 이야기이다. 다세포 생물은 균류, 식물, 동물이라고 하는 3개의 생물계로 나뉘었다. 이들이 바로 현재 지구상에 사는 대부분 생명체의 조상들이다.

『이기적 유전자』라는 책으로 유명한 리처드 도킨스Richard Dawkins 박사의 또 다른 책인『조상 이야기』는 인간의 조상을 찾아 시간을 거슬러 올라가는 내용을 소개하고 있는데, 600만 년쯤 전으로 거슬러 올라가면 처음으로 침팬지와 보노보를 만나고, 700만 년쯤 전으로 올라가면 두 번째로 고릴라와 만난다. 그리고 36번째에 식물과 만나고, 37번째 랑데부에서 단세포 미생물의 세계로 들어간다. 인간과 단세포 미생물의 차이가 불과 37이라니……! 아무튼 기적이라고밖에 할 수 없다. 35억 년 전에 우연히 만들어진 하나의 단세포가 생명의 불씨를 꺼트리지 않고 끈질기게 살아남아, 현재의 진을 탄생하게 했다니 말이다. 인생이 조금은 덜 외롭고 덜 허전하다고 느껴지지 않는가! 이제 본격적으로 진의 탄생에 관한 이야기로 들어가자. 그러나 앞에서도 잠시 이야기했지만, 진의 탄생은 다른 아기들과는 달리 조금 특별했기 때문에 우선 일반적인 아기들의 이야기부터 해볼 것이다.

아기의 탄생 과정과 불임의 원인

아기가 태어나기까지는 몇 단계의 중요한 과정을 거쳐야 한다. 엄마의 난소에서 건강한 난자가 만들어져 수란관으로 배란되어야 하며, 아빠의 정소에서도 건강한 정자가 만들어져 엄마의 질에서부터 수란관까지 무사히 이동해야 한다. 엄마의 수란관에서 만난 난자와 정자는 성공적으로 수정하여 수정란을 생성해야 하고, 수정란은 자궁으로 이동한 후 자궁벽에 착상하여 태어나기 전까지 건강하게 잘 자라야 한다. 얼핏 생각하면 자연스럽고 간단한 과정이지만, 이 과정 중에 사소한 잘못이 일어나 10% 정도의 부부들에게서 불임이 생긴다.

엄마의 난소부터 살펴보자. 엄마의 난소에는 아직 성숙하지 않은 난자들이 모여 있는데, 이 난자들은 모두 엄마가 할머니의 뱃속에 있던 태아 시기에 만들어진 것이다. 엄마가 5개월쯤 된 태아 시기에는 700만 개의 미성숙 난자가 있었으나, 태어날 때는 100만 개, 사춘기가 시작될 때에는 40만 개 정도로 줄어든다. 사춘기 이후에는, 매달 400~1000개의 미성숙 난자가 난포자극호르몬Follicle stimulating hormone, FSH의 자극을 받아 성숙을 시작하지만, 가장 빨리 성숙한 1개의 난자만이 황체형성호르몬Leuteinizing hormone, LH의 도움을 받아 수란관의 팽대부로 배란된다(그림 1A). 만약, 다낭성난소증후군처럼 난소에 이상이 있거나, 난자가 배란되는 수란관이 염증 등의 이유로 막히거나, 난자 성숙 및 배란과 관련된 호르몬의 분비에 이상이 생겨 성숙한 난자가 수란관으로 배란되지 못하면 불임이 된다.

난자와 달리 정자는 사춘기 이후에 아빠의 정소에서 엄청난 수가 만들어진다. 정자는 정소의 세정관 벽에 있는 둥근 모양의 정원세포로부터 2달 동안의 성숙 과정을 통해 만들어지는데, 성숙 과정 동안 이동에 필요한 꼬리와 첨체Acrosome로 된 머리 부분이 만들어진다. 첨체에는 수정할 때 난자의 막을 뚫기 위한 효소가 있다(그림 1B). 성숙한 정자는 부정소에 저장되어 있다가 정관, 전립선, 요도를 거쳐 체외로 배출된다. 정자가

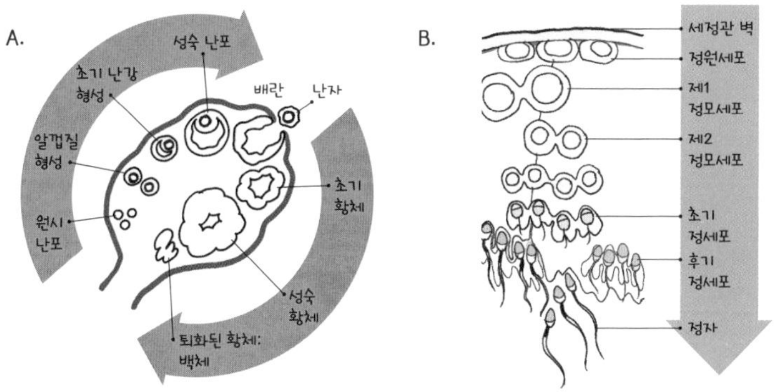

그림 1. 난자와 정자의 성숙 과정

A 난자의 성숙 과정. 난소에는 배아 시기에 만들어진 미성숙한 난자들이 모여 있는데 개별 난자는 난포에 둘러싸여 있다. 난포자극호르몬의 자극을 받아 난포는 500배 이상 커지며 난자도 10배 이상 커진다. 난포가 충분히 성숙하면 황체형성호르몬과 프로게스테론의 작용에 의해 난자는 수란관으로 배란된다. 배란 후 남은 난포세포는 황체를 형성하여 임신을 유지하는 기능을 한다. **B** 정자의 성숙 과정. 정소에는 세정관이 꼬불꼬불 모여 있는데, 세정관을 잘라 단면을 보면 관의 가장 바깥 표면에 정자의 줄기세포인 정원세포가 자리 잡고 있다. 정원세포는 감수분열을 통해 제1정모세포와 제2정모세포를 만들며 계속 분화하여 정세포가 된다. 정세포는 마지막으로 정자로 분화하여 세정관의 중심 부분의 빈 곳을 통해 부정소로 이동하여 보관된다.

아예 만들어지지 않거나 충분히 만들어지지 않으면 당연히 문제이지만, 정관이 막히거나*, 전립선비대증 때문에 생성된 정자가 밖으로 배출되지 않아도 불임의 원인이 된다.

난자와 정자가 만나서 합쳐지는 수정은 생명 탄생을 위한 가장 중요한 사건 중 하나이다. 엄마의 질에 도착한 정자는 자궁경부를 지나고, 자궁을 통과한 후 난자가 있는 수란관의 팽대부까지 이동해야 한다. 한 번에 대략 2억 8000만 개의 정자가 이동을 시작하는데, 난자 근처에 도달하는 정자의 수는 200개에 불과할 정도로 정자의 이동은 어려운 일이다. 정자의 이동을 가로막는 가장 큰 난관은 좁은 협곡과 같은 자궁경부이다. 배란기에는 자궁경부에 점액질이 분비되어 정자가 통과하기 쉬운 환경이 된다. 그러나 자궁경부에 점액질이 분비되지 않거나, 만성적인 자궁경부 염증이 있거나, 아주 드문 경우이지만 점액 내에 정자에 대한 항체가 있으면, 정자가 자궁경부를 통과하지 못하여 불임의 원인이 된다. 자궁경부를 통과하더라도 수란관의 팽대부까지는 정자의 운동 능력만으로는 도달하기에 너무 먼 거리인데, 아마도 자궁의 수축 운동으로 수란관까지 운반되는 것으로 추측된다. 수란관에 도착한 정자는 난자가 있는 곳까지 헤엄쳐서 이동해야 한다. 이때 운동 능력이 없는 정자는 불임의 원인이 된다. 난자가 있는 곳에 도착한 정자는 난자를 둘러싸고 있는 투명한 막을 뚫고 난자의 세포막과 융합하여 난자 속으로 들어가야 하는데, 이때 첨체에서 분비되는 효소의 작용이 매우 중요하다. 첨체 반응에 실패할 때도 불임이 된다.

수정을 성공적으로 마친 수정란은 자궁으로 이동하여 자궁벽에 착상한다. 자궁은 착상된 배아가 출생하기 전까지 자라는 곳인데, 자궁내막에 이상이 있어 수정란이 착상하지 못하거나, 자궁에 형태적 기형이 있는 경우에도 불임을 일으킨다. 생각해보면, 불임이 생기는 경우는 헤아리기 벅찰 정도로 다양하다. 한 명의 아기가 정상적으로 태어난다는 것이 기적으로 느껴질 정도이다. 영국의 생리학자인 로버트 에드워즈 박사와 부인과 의사인 패트릭 스텝토 박사는 체외수정 방법을 개발하여 다양한 원인의 불임을 해결하였다. 로버트 에드워즈 박사는 그 공로를 인정받아 2010년 노벨상을 받았다. 그러나 노벨상은 3인 이상에게 수여할 수 없으며 사망한 사람에게는 줄 수 없다는 규정 때문에, 1988년 사망한 패트릭 스텝토 박사는 안타깝게도 노벨상을 받지 못하였다.

체외수정 시술

에드워즈 박사와 스텝토 박사에 의해 최초로 체외수정In Vitro Fertilization, IVF 시술로 태어난 아기는 1978년 7월 25일생인 루이스 조이 브라운Louise Joy Brown이다. 루이스의 엄마는 수란관의 입구가 막혀서 성숙한 난자가 수란관으로 배란되지 못함에 따라 아이를 갖지 못하고 있었다. 루이스가 태어난 지 4년 후, 루이스의 엄마인 레슬리 브라운Lesley Brown은 또 한 번의 체외수정 시술을 받았고, 이를 통해 루이스의 동생인 나탈리 브라운Natalie Brown이 태어났다. 나탈리는 40번째 시험관 아기였다. 나탈리는 결혼하여 1999년 자연수정을 통해 딸 케이시 데릭Casey Derrick의 엄마가 되었다. 시험관 아기로는 최초의 엄마이다. 루이스 브라운 역시 2004년 결혼하였고, 2006년 자연수정을 통해 아들 카메론 멀린더Cameron Mullinder의 엄마가 되었다. 루이스 브라운이 태어난 이후로 2010년 로버트 에드워즈 박사가 노벨상을 받을 때까지 대략 400만 명의 시험관 아이들이 태어났는데, 오늘의 주인공인 진도 그중의 한 명이다. 우리나라의 경우, 보건복지부에서 제공한 통계 자료에 의하면, 2016년 5만 2436건의 체외수정 시술이 이루어졌고, 1만 9736명의 아기가 태어났는데(임신율 37%), 이는 2016년 태어난 아기(40만 6300명)의 4.8%를 넘어선 수치이다.

체외수정 시술에 의한 아기의 탄생 과정은 과배란 유도, 난자 채취, 체외수정, 수정란(배아) 배양, 배아 이식, 황체기 보강, 임신 관리라는 순서를 따르는데, 수정까지의 과정이 엄마의 뱃속이 아닌 체외에서 이루어지는 것을 제외하고는, 기본적으로 일반적인 아기의 탄생 순서와 같다(그림 2).

체외수정 시술의 첫 단계는 과배란 유도를 통해 다수의 건강한 난자를

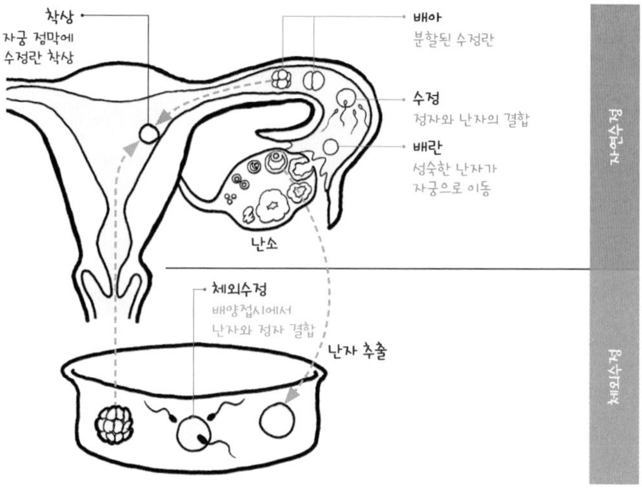

그림 2. 자연수정과 체외수정 비교

자연수정 난소에서 성숙한 난자가 수란관으로 배란되어 정자와 수정이 일어나고, 수정란이 자궁으로 이동한 다음 자궁에 착상한다. **체외수정** 난소로부터 채취한 난자와 정자를 배양접시에서 수정시켜 포배기까지 발생시킨 다음 자궁에 착상시킨다.

얻는 것이다. 최초로 체외수정 시술로 태어난 루이스 브라운은 난자 1개만 배란되는 자연 주기 시술법으로 태어났다. 이후 호르몬 주사에 의해 다수의 난자를 획득하는 과배란 유도 기술의 발달로 체외수정에 의한 임신율이 급격히 높아져, 현재는 과배란 유도를 사용한다. 과배란 유도를 위해 일반적으로 사용되는 방법은 8개 이상의 성숙한 난자를 획득하는 것을 목표로 하는 표준자극법이다. 표준자극법은 엄마의 나이, 난소 예비력(난소에 남아 있는 난자의 개수), 분비되는 호르몬의 농도에 따라 개인차가 있는데, 보통 난포자극호르몬을 7~12일 동안 주사하여 난포 성숙을 유도하고, 마지막 단계에서 난포 발달을 자극하기 위하여 인간융모막성선자극호르몬Human chorionic gonadotropin, hCG을 주사한다(그림 3).

그림 3. 과배란 유도를 위한 호르몬 주사 일정

150~300I.U.[*]의 난포자극호르몬을 7~12일 동안 주사하여 난포 성숙을 유도하고, 마지막 단계의 난포 발달을 자극하기 위하여 500~1000I.U.의 인간융모막 성선자극호르몬을 주사한다. 그러나 난포자극호르몬만을 사용하면, 인간융모막 성선자극호르몬을 주사하기 이전에 엄마의 황체형성호르몬이 급격히 상승하여 배란 시기의 조절을 힘들게 하고, 난포의 황체화를 유발하여 임신의 효율을 떨어뜨리기 때문에 생식샘자극호르몬 방출호르몬Gonadotropin releasing hormone, GnRH을 함께 사용한다. 생식샘자극호르몬 방출호르몬은 난포자극호르몬의 분비를 조절하여 생식 주기를 유지하며, 여러 개의 난포가 적당한 크기로 자라도록 하고, 황체형성호르몬의 급격한 증가를 방지하여 배란을 억제하는 기능을 한다. 생식샘자극호르몬 방출호르몬을 사용하는 방법은 다양하지만, 배란일로부터 1주일 후인 황체기 중기부터 주사하는 방법이 일반적이다. (인간융모막 성선자극호르몬은 황체형성호르몬의 효현제agonist이다.)

인간융모막 성선자극호르몬 주사 후 36~38시간이 지나면 초음파를 이용하여 성숙한 난포를 관찰하면서, 난포에 바늘을 찔러 진공흡입법으로 난자를 채취한다.[*] 채취한 난자를 현미경으로 관찰하여 충분히 성숙한 난자 중에서 세포질과 난구세포의 형태가 건강한 난자를 선별한다. 난자 채취 전후로 정액도 채취한 후, 농도기울기 원심분리법을 이용하여 건강한 정자를 분리한다. 분리된 정자는 수정 능력을 얻기 위한 전처리 과정을 거친 다음, 난자 1개당 정자 10만 개의 비율로 혼합하여 체외에서 수정시킨다. 만약 불임의 원인이 정자의 운동성 부족 및 첨체 반응의 이상에 있다면 유리 바늘을 이용하여 정자를 강제로 난자에 주입하는 난자세포질 내 정자주입술Intracytoplasmic Sperm Injection, ICSI을 시행한다. 체외수정 후에는 어머니의 핵과 아버지의 핵이 융합하기 전인 수정란에서 전핵이 2개인지를 관찰하여, 여러 개의 정자가 난자와 수정된 '다수정'인지 아닌지를 판단한다.* 정상적으로 수정된 수정란을 배양기에서 24~48시간 정도 배양하여 4~8세포기에 엄마의 자궁에 착상시킨다. 하지만 최근에는 배양 기술의 발달로 포배기까지 배양하여 착상시키기도 하는데, 체외에서 오래 배양할수록 비정상적인 발생을 선별할 수 있으므로 체외수정 시술의 성공률을 높일 수 있다.

체외수정 시술의 문제점

체외수정 시술의 가장 빈번한 문제점은 다둥이를 임신하는 것인데, 이는 체외수정 시술의 성공률을 높이기 위해 2개 이상의 수정란을 착상시키기 때문이다. 이와 관련하여서는 영국, 캐나다, 호주, 뉴질랜드, 벨기에 등 일부 나라에서만 '착상시키는 배아의 수'를 제한하는 법이 있을 뿐이다. 통계적으로 체외수정 시술을 한 경우 쌍둥이가 태어난 비율은 50%에 이른다. 다둥이 임신의 가장 큰 문제는 유산, 사산, 미숙아 출산 등의 위험이 있다는 점이다.

체외수정 시술의 또 다른 문제점은 난자의 배란을 유도하기 위해 주사한 인간융모막 성선자극호르몬에 의해 난소과자극증후군이 생길 수 있다는 점이다. 난소과자극증후군이 생기는 비율은 30% 정도인데 난소가 부풀어 오른 데 따른 통증, 복수의 생성 등 가벼운 것에서부터 심각한 상태에 이르기까지 증상이 다양하다. 아직 정확한 원인이 규명되지 않았으며, 완벽한 대비책은 없지만 대부분 통제가 가능한 것으로 알려져 있다.

체외수정 시술의 중요한 윤리적 문제 중 하나는 과배란에 따른 여분의 수정란 처리 문제이다. 수정과 동시에 인권이 생성된다고 가정하면, 수정란을 처분하는 것은 낙태와 다를 것이 없으며, 더욱이 여분의 수정란을 이용한 실험은 아무리 인류를 위한다는 미사여구美辭麗句를 갖다 붙인다 해도 근본적으로는 마루타 실험과 다를 것이 없다. 더 이상의 논쟁을 없애기 위해서는 인권이 수정과 동시에 생기는지, 착상 시기에 생기는지, 혹은 출생과 더불어 생기는지에 대한 사회적 논의와 합의가 필요하다.

체외수정 시술이 몰고 올 또 하나의 사회적 과제는 결혼하지 않은 싱글 엄마, 싱글 아빠, 여러 명의 엄마와 아빠, 그리고 동성의 부모가 생겨날 수 있다는 점이다. 체외수정은 성관계를 통하지 않고 단순히 아기를 원하는 미혼의 엄마, 아빠, 동성연애자가 선택할 수 있는 유일한 방법이다. 이 경우 필연적으로 익명의 난자 제공자 혹은 정자 제공자가 필요하며, 결국 생명을 담보로 돈이 오가는 음성적인 산업을 성장하게 할 수 있다.

또 체외수정 시술을 통해 시험관 아기를 출산할 경우, 자연수정에서는 불가능한 착상 전 유전자 검사가 가능하다. 유전자 검사는 극체, 6~8할구 시기의 1개 할구, 또는 포배기 상태의 영양외배엽 세포 일부를 분리하여 시행한다. 우리나라의 경우, 보건복지가족부 장관이 지정하고 고시한 염색체의 수와 구조 이상, 연골무형성증, 낭성섬유증, 혈우병과 같은 62개 유전 질환에 대해 유전자 검사를 시행할 수 있다. 그러나 착상 전 유전자 검사는 필연적으로 선택의 문제에 부딪힌다. 장애가 있는 배아를 추려내는 것이 미래에 있을 고통을 감소시킬 수 있지만, 이것이 우생학과 다르지 않다고 볼 적절한 이유는 없다. 더욱더 심각한 문제는 유전자 조작 기술을 이용한 '맞춤형 아기'가 생겨날 수 있다는 점이다.

우려스럽게도 중국에서는 이미 크리스퍼-캐스9 유전자가위 기술을 이용하여 인간 배아에서 유전자를 조작하는 실험이 시도되었으며, 영국과 일본에서도 실험 목적에 따라 인간 배아에서 유전자 조작을 조건부로 허용한 상태이다. 맨해튼 프로젝트를 통한 원자폭탄의 개발 사례에서 볼 수 있듯이, 과학 기술의 개발은 과학자의 몫이지만, 과학 기술의 사용은 정치인 혹은 이해관계가 있는 사람들의 몫이다.

당신의 가계도에 유전적 불치병이 있다면, 그리고 현대의 의학 기술로 불치병을 영원히 제거할 수 있으며, 더 나아가 생존에 유리한 유전자를 획득할 수 있는 길이 당신 앞에 놓여 있다면 당신은 어떻게 할 것인가? 당신은 이 유혹을 뿌리칠 수 있는가? 아무리 법으로 통제한다고 해도 한 번의 예외는, 비록 그것이 불법적으로 시도되었을지라도, 사건을 통제 불능의 상태로 몰고 갈 것이 분명하다. 이제는 인정하기 싫더라도 유전자 조작을 통한 맞춤형 아기의 탄생에 대한 윤리 문제에 대해 온갖 지혜를 모아 열린 마음으로 토론해야 할 때이다.

진의 미래, 진화

한 세기 전이라면 진은 태어나지 못했을 것이다. 체외수정 시술로 태어난 진은 현재 27세의 젊은 여성인데, 인생의 작은 성공과 실패를 경험하면서 건강한 삶을 살고 있다. 진의 미래가 어떻게 진행될지 예측할 수는 없지만, 혹시 아기를 낳을지도 모른다. 과학의 발달로 인해 태어난 진의 아기와 또 아기의 아기들은 현재의 우리와는 다른 인간일지도 모른다. 진의 아기의…… 아기들의 미래에 대해 사소한 상상을 펼쳐보자.

인간이 발견한 생명체의 특성은 대체로 이런 것들이다. 세포로 이루어져 있으며, 태어나서 자라고 자손을 남긴다(성장, 생식). 에너지 대사를 통해 생명을 유지하고, 물질대사를 통해 필요한 물질을 만든다(에너지 대사, 물질대사). 내부 환경을 일정하게 유지하는 항상성을 가지지만, 외부 환경에 대해서도 반응하고 적응하면서 진화한다(항상성, 적응, 진화).

분자 수준에서 좀 더 자세히 살펴보면, 이러한 특징을 가진 생명체는 모두 유기물로 구성되어 있으며 DNA를 생명 활동의 기본 정보로 사용한다. 바이러스는 DNA 또는 RNA를 가지고 있지만 에너지 대사와 물질대사를 하지 않는 등 인간이 발견한 몇몇 특성들을 가지고 있지 않아서, 과학계에서는 생명체로 인정해야 할지 말지를 두고 고민하다가 결국은 생명체의 범주에 포함시키지 않았다.

만약, 영화에서처럼 어느 날 갑자기 인간이 여태껏 관찰하지 못한 유사 생명체가 우주로부터 출현하였다고 가정해보자. 이 유사 생명체 역시 바이러스처럼 인간이 발견한 특성 중 일부만 가지고 있을 뿐만 아니라 판단하기 곤란한 특성들도 가지고 있고, 더군다나 이 특성들이 인간의 생존을 위협할 정도로 강력하여 도저히 무시할 수 없다면, 우리는 이를 생명체로 인정해야 할까? (생존 앞에서는 생명체의 정의 따위를 따지는 것이 부질없어 보이기도 하지만…….)

신의 계시를 진리로 믿었던 중세를 지나 계몽주의 시대에 인간은 진리를 찾는 원천으로 지성을 사용하고자 했다. 계몽주의 시대의 과학자와 철학자는 실험과 관찰의 결과(경험)와 논리적 사유(이성)를 통해 세계를 인식하였다. 이성론자들은 이성이 구축한 형이상학적 체계를 진정한 진리로 믿었으나, 경험론자들은 이성의 인식 가능성을 경험의 한계 안에 가두고자 했다. 경험론의 끝자락을 붙잡고 있던 데이비드 흄David Hume은 『인간 본성에 관한 논고』에서 이성의 한계는 경험이며, 이성이 경험을 넘어서면 잡생각을 하게 되어 결국은 망상을 진리로 착각하는 독단에 빠지게 되거나, 혹은 진리를 망상으로 착각하여 회의에 빠지게 된다고 주장했다.

흄의 논의를 좀 더 확장하여 반대로 질문해보자. 그렇다면 경험의 한계는 어디까지일까? 흄에 따르면 지성은 인상과 관념에 의존하며, 인상은 감각, 정념, 정서에 의존한다. 흄이 강조하여 지적한 바로는 모든 경험은 일차적으로 감각 인상에 의존한다고 하는데, 그렇다면 인간 지성의 원천인 감각 인상은 믿을 만한 것인가? 인간은 코끼리나 개가 맡을 수 있는 냄새를 맡지 못하며, 박쥐나 돌고래가 들을 수 있는 소리를 듣지 못하고, 올빼미나 매가 볼 수 있는 사물을 보지 못한다. 이러한 사실은 인간은 동물이 감각기관을 통해 인지하는 냄새, 소리, 사물의 존재조차 알지 못한다는 뜻이다. 슬프게도 인간의 감각은 인간으로서 살아가는 데에만 필요할 뿐, 세상을 인식하고 설명하기에는 턱없이 부족해 보인다.*

이쯤 되면 지성을 기반으로 만들어진 세상의 원리 또는 생명체의 정의는 수정되어야 하지 않을까? 또 다른 경험론자인 존 로크John Locke는 『인간지성론』에서 지성(지식)을 감각을 통해 형성된 관념들의 일치와 불일치의 구별이라 규정하였다. 따져보지 않아도 일치와 불일치를 구별할 수 있는 것을 직관적 지식이라 하고, 차근차근 논리적으로 따져보아야 구별할 수 있는 지식을 논증적 지식이라고 한다. 만약, 경험하지 않고도 관념들을 조합하여 새로운 복합 관념을 형성하는 능력을 창의력이라고 한다면, 여기서 잠깐 생명체의 기원 및 진화의 방향에 대해 과감하게 한번 창의력을 발휘해보자.

신은 태초에 물질(원자)과 세상(시간과 공간)을 만들었고, 물질 중에서 특별히 몇 가지 원자들을 모아 유기물을 합성하고, 유기물들을 조합하여 최초의 생명체인 단세포를 창조했다(그렇다고 하자). 신은 생명체가 복잡한 단계로 변화하는 진화를 설계하였지만, 조금은 귀찮아져서 그 과정에는 일절 개입하지 않기로 했다. 다만 생명체가 자발적으로 진화하되 진화의 마지막 목적은 인간이 되도록 설계했다. 이 이야기는 지적설계론(지적 존재가 세상을 설계했다는 가설)을 옹호하는 일부 인간들의 바람대로 해피엔딩으로 대단원의 막을 내린 것처럼 보인다. 그런데 미래는 어떻게 될까? 인간이 더 진화하지 않고 세상이 멈출 때까지 이 상태를 유지한다면 싱거운 2부는 필요 없겠지만, 인간의 시간만이 멈춘 채 세상이 흘러가는 일은 없을 것 같지 않은가! 그렇다면 흥미로운 2부가 기다리고 있을 것 같은데, 인간 진화의 2부는 어떻게 전개될까?

신은 물질을 만들 때 무기물도 함께 만들었는데, 이 부분에 주목해보자. 무기물은 생명체가 될 수 없을까? 신이 인간의 손을 빌려 무기물을 이용하여 생명체를 만들기로 진화의 2부를 계획했다면, 이는 제대로 실천되고 있는 것처럼 보인다. 인간의 손에 의해 만들어진 로봇은 마치 신에 의해 만들어진 최초의 코아세르베이트Coacervate처럼 생명체의 특성을 거의 갖추고 있지 않지만, 머지않아 스스로 입력장치를 만들어 세상에 대한 모든 정보를 받아들이고, 인간이 만들어준 인공지능을 이용하여 자발적으로 생각하고 판단하는 능력을 갖춘 생명체로 진화할 태세이다. 생명체의 기본 구성요소가 유기물에서 무기물로 바뀐 것만 고려한다면, 지능을 갖춘 로봇이 스스로 로봇을 만들고(생식), 에너지를 사용하여 활동을 유지하고(에너지 대사), 유지 보수에 필요한 물질을 생산하여 이용하고(물질대사), 외부 환경의 변화에 대응하여 새로운 기능을 추가하는 '진화'의 모습을 보인다면(항상성, 진화), 로봇을 생명체라 정의 내리지 못할 이유도 없지 않은가! 먼 훗날 DNA에 보관된 인간의 모든 정보는 인공지능 로봇에게 전달되고, 마침내 현재 모습의 인간은 사라지고, 인간으로부터 진화한 로봇 인간만이 세상에 남을 것이다. 또다시 시간이 흐른 뒤에 로봇 인간은 가상의 공간을 만들어 모든 정보를 가상의 공간에 저장하고, 스스로 물질을 벗어나 영적인 존재로 진화할지도 모른다. 이로써 최초로 신이 계획한 생명의 목적인 '하나님이 자기형상 곧 하나님의 형상대로 사람을 창조하시되……'는 비로소 완성된다.

2장

단백질을 만드는 정보

유전자

노벨상 수상자

생리의학상

알브레히트 코셀Albrecht Kossel(1910), 토머스 모건Thomas Morgan(1933), 에드워드 테이텀Edward Tatum(1958), 조지 비들George Beadle(1958), 조슈아 레더버그Joshua Lederberg(1958), 세베로 오초아Severo Ochoa(1959), 아서 콘버그Arthur Kornberg(1959), 제임스 왓슨James Watson(1962), 프랜시스 크릭Francis Crick(1962), 모리스 윌킨스Maurice Wilkins(1962), 프랑수아 자코브François Jacob(1965), 자크 모노Jacques Monod(1965), 앙드레 루오프André Lwoff(1965), 하르 고빈드 코라나Har Gobind Khorana(1968), 마셜 워런 니런버그Marshall Warren Nirenberg(1968), 로버트 윌리엄 홀리Robert William Holley(1968), 막스 델브뤼크Max Delbruck(1969), 앨프리드 데이 허시Alfred Day Hershey(1969), 샐비도어 루리아Salvador Edward Luria(1969), 데이비드 볼티모어David Baltimore(1975), 하워드 테민Howard Temin(1975), 레나토 둘베코Renato Dulbecco(1975), 대니얼 네이선스Daniel Nathans(1978), 해밀턴 스미스Hamilton Smith(1978), 베르너 아르버Werner Arber(1978), 바버라 매클린톡Barbara McClintock(1983), 리처드 로버츠Richard Roberts(1993), 필립 앨런 샤프Phillip Allen Sharp(1993), 시드니 브레너Sydney Brenner(2002), 존 설스턴John Sulston(2002), 로버트 호비츠Robert Horvitz(2002), 앤드루 파이어Andrew Fire(2006), 크레이그 멜로Craig Mello(2006), 마리오 카페키Mario Capecchi,(2007), 올리버 스미시스Oliver Smithies(2007), 마틴 에번스Martin Evans(2007), 엘리자베스 블랙번Elizabeth Blackburn(2009), 캐럴 그라이더Carol Greider(2009), 잭 쇼스택Jack Szostak(2009)

화학상

폴 버그Paul Berg(1980), 월터 길버트Walter Gilbert(1980), 프레더릭 생어Frederick Sanger(1980), 애런 클루그Aaron Klug(1982), 시드니 올트먼Sidney Altman(1989), 토머스 로버트 체크Thomas Robert Cech(1989), 캐리 멀리스Kary Mullis(1993), 마이클 스미스Michael Smith(1993), 로저 콘버그Roger Kornberg(2006), 벤카트라만 라마크리슈난Venkatraman Ramakrishnan(2009), 토머스 스타이츠Thomas Steitz(2009), 아다 요나트Ada Yonath(2009)

김춘수 시인의 '꽃'이란 시는 사물(대상)의 본질과 형식의 관계에 관한 내용을 담고 있다. 아래의 두 연이 나타내고자 하는 내용은 무엇일까?

> 내가 그의 이름을 불러 주기 전에는
> 그는 다만
> 하나의 몸짓에 지나지 않았다.
>
> 내가 그의 이름을 불러 주었을 때
> 그는 나에게로 와서
> 꽃이 되었다.

시의 감상은 독자 마음이니까 한번 해석해본다면, 사물(대상)은 관심을 두기 전에는 의미가 없는 존재이지만 관심을 가지는 순간 비로소 중요한 의미가 있는 대상이 되어 다가온다는 내용인 듯하다. 그런데 왜 굳이 이름을 부른다고 했을까? 프랑스의 언어학자인 페르디낭 드 소쉬르Ferdinand de Saussure는 시니피에signifié(소리로 표시되는 의미)와 시니피앙signifiant(소리 혹은 청각적 심상)으로 사물의 본질과 형식의 관계를 설명했다. 사실 시니피에와 시니피앙의 관계에는 필연성이 존재하지 않는다. 아름답고 향기로운 꽃인 장미를 '장미'라는 문자로 표시하고 /jangmi/라고 발음하는 데에는 아무런 필연성이 존재하지 않는다. 만약 필연성이 존재한다면 지구상의 모든 언어에서 장미꽃을 /jangmi/라고 발음해야 할 것이다. 필연성이 존재하지 않음에도 불구하고 시니피앙은 언어 체계 속에서 의미작용을 일으킨다. 한국어를 이해하는 사람은 '장미'라는 글자를 보거나 /jangmi/

라는 소리를 들었을 때 필연적으로 장미꽃과 관련된 이미지나 사연을 상상하게 된다. 그러나 '장미꽃을 왜 /jamgmi/라고 부르는가?'와 같이 우둔해 보이는 물음*과 마찬가지로 '장미꽃의 본질을 설명하는 것' 역시 쉽지 않다. 물론 장미꽃처럼 감각을 통해 인지할 수 있는 대상은 그냥 보여주거나 또는 향기를 맡게 하는 것만으로도 시니피에와 시니피앙의 관계를 유추하게 할 수 있을 것이다. 그러나 감각을 통하지 않고 언어를 사용하여 장미꽃을 설명하는 것은 결코 쉬운 일이 아니다. 이 설명은 어떤가? '높이는 2~3m이며 잎은 어긋나고 깃 모양이다. 4~6월에 담홍색, 담자색, 흰색 따위의 꽃이 핀다. 개량 품종이 많은 관상 꽃나무이다. 북반구의 온대와 아한대에 주로 분포한다.' 표준국어대사전에 나와 있는 이 설명으로 장미를 떠올리는 사람은 얼마 되지 않을 것이다. 장미꽃에 대한 설명에서 볼 수 있듯이 대상은 대개 하나의 속성만을 가지고 있지 않고 다양한 속성을 지닌다. 살아가면서 대상의 다양한 속성을 모두 알고 난 다음에야 비로소 그 대상을 이해했다고 고백하는 순간은 얼마나 될까? 인간사에서 생겨나는 많은 오해와 편견과 갈등은 아마도 대상의 다양한 속성에 대해 서로 다른 의미를 부여하기 때문인지도 모른다.

이번 이야기의 주제인 유전자는 노벨 생리의학상의 내용을 이해하기 위해서 반드시 알아야 할 개념이다. 대부분의 생명현상이 유전자를 중심으로 일어날 뿐만 아니라, 많은 노벨 생리의학상이 중요한 생리 기능을 담당하는 유전자를 발견하거나, 유전자로부터 만들어진 단백질의 기능을 밝힌 과학자에게 주어졌기 때문이다. 이 책에서도 세포분열 주기를 조절하는 유전자, 일주기리듬을 조절하는 유전자, 분화 및 역분화를 유도하는 유전자, 지산 유전자, 노화 유전자 등 다양한 유전자에 관한 이야기를 소개하고 있다. 유전자는 다양한 속성을 가지고 있지만, 우리의 감각기관으로는 인지할 수 없기 때문에 이해하기가 쉽지 않다. 그렇지만 차근차근 유전자의 특성들을 살펴보고 어렵다는 편견과 오해를 없애보자.

유전자의 이름

분자생물학 연구가 정상 궤도에 오른 1980년대부터 2000년 초반까지, 마치 골드러시처럼 새로운 유전자를 찾는 연구가 유행했다. 유전자 이름에 대한 아무런 규칙이 없었기에 발견자는 제 나름대로 이름을 지었다. 가장 양심적인 연구자는 유전자의 기능에 따라 이름을 지었는데, 예를 들면 '뼈형성단백질Bone morphogenic protein, BMP' 같은 이름이다. 이름만 들어도 유전자가 어떤 기능을 하는지 대충 짐작할 수 있으니 공부하는 처지에서는 무척이나 고마운 일이다. 그런데 나중에 뼈형성단백질이 뼈만 만드는 것이 아니라 피부도 만든다는 사실이 밝혀졌다. 그 와중에 머리카락은 자라지 않도록 한다는 사실까지 밝혀져 상황을 더욱 헷갈리게 했는데, 발견자도 이를 짐작하지 못했을 테니 그를 탓할 수만도 없는 일이다. 유전자에 관한 연구가 쌓일수록 대부분의 유전자가 때와 장소에 따라 다른 기능을 한다는 것이 밝혀졌으니 불만을 품지 말고 때와 장소를 구분하여 유전자의 기능을 공부하는 수밖에 없다.

유전자 이름의 두 번째 부류는 은유 및 상징을 사용하는 경우이다. '케르베로스Cerberus' 유전자는 머리를 만드는 역할을 하는데, 그리스 신화에 나오는 머리 3개 달린 개의 이름에서 따온 것이다. 이 경우 대충의 연관은 있지만, 유전자의 이름만 보고 기능을 유추하기는 쉽지 않다. 초파리 유전자 중에는 '곰단지Gomdanji'라는 이름을 가진 것이 있는데, 이는 '미련 곰단지'를 줄인 것이다. 곰단지 유전자 돌연변이 초파리는 기억이 망가져서 같은 행동을 곧바로 반복하는데, 발견자가 이를 빗대서 지은 이름이다. 유전자의 정체를 알아내는 데는 큰 도움이 되지 않지만, 어렵사리 보는 정겨운 한국어 이름이라 친근하게만 느껴진다. '머리없음Headless' 유전자는 돌연변이를 만들었을 때 머리가 만들어지지 않아 붙인 이름인데, 발견자는 나중에 이미 다른 이름을 가지고 있다는 사실을 알게 되었다. 하지만 논문에는 '머리없음'이라는 이름을 잠시 사용하였고, 저자와 알력이 있던 동료는 '목걸이Necklace'라는 이름을 사용하지 않았다고 불만을 터뜨렸다. 아무리 자연과학을 전공하지만 '머리없음' 같은 무지막지한 이름을 사용하지 않을 정도의 인문학적 교양은 있어야 한다는 것이 그의 주장이다. 누구의 주장이 맞는지는 판단할 수 없지만 공부하는 처지에서는 '목걸이'보다는 '머리없음'이 편한 이름임은 틀림없다.

세 번째 부류는 아무런 관련 없이 자신이 선호하는 이름을 가져다 붙이는 황당한 경우인데, 대표적인 것이 '소닉헤지혹Sonic hedgehog, SHH'이다. '소닉헤지혹'이 발견될 당시에 유전자에 고슴도치 이름을 붙이는 것이 잠시 유행했는데, 일본 게임 캐릭터인 슈퍼소닉에 흠뻑 빠진 발견자가 이런 터무니없는 이름을 붙인 것이다. 나중에 알고 보니 '소닉헤지혹' 유전자는 하는 일이 너무 많아서 어떤 이름을 붙였어도 헷갈리기는 마찬가지였을 것이다. 기억하기 좋은 이름을 붙인 것이 차라리 잘된 일인지도 모른다. 이처럼 유전자의 이름은 전공자도 알아보기 힘들 정도로 규칙도 없고 생소하다. 유전자의 이름에도 시니피에와 시니피앙의 관계에는 아무런 필연성이 존재하지 않는다. 그러니 유전자의 이름에 지레 겁먹지 말고, 의미도 부여하지 말고, 그저 그러려니 하고 지나가면 될 일이다.

유전자

유전자라는 단어를 보거나 소리를 들으면 무엇이 상상되는가? 부모로부터 물려받은 표현형Phenotype들, 예를 들면 검은 피부색, 작은 키, 뚱뚱한 몸매, 까칠한 성격, 공부는 별로지만 상황 파악은 빠른 비상한 머리, 혈액형, 마른 귀지, 왼쪽 목덜미의 큰 점 등이 떠오르는가? 많은 것들이 상상되는 만큼 유전자의 본질을 한마디 문장으로 설명하기는 쉽지 않다. 특히 유전자遺傳子라는 이름에는 이미 위에서 예를 든 것처럼 대를 이은 표현형의 전달이라는 개념이 우세하게 자리 잡고 있어 다른 설명은 더욱 어려워진다.

지금부터는 전달이라는 개념은 잠시 접어두고, '유전자는 단백질을 만드는 정보'라는 내용을 중심으로 유전자에 대한 분자생물학적 지식을 알아보자. 분자생물학은 생명현상의 본질을 분자 수준에서 연구하는 학문이다. 가장 단순하게는 유전자로부터 단백질이 만들어지는 과정에 대한 학문이라고 정의할 수 있다. 유전자는 정보이고 단백질은 정보에 의해 생긴 결과물에 해당하는데, 단백질은 생명현상 대부분을 담당한다. 흔히 '붉은색 고기'로 알고 있는 단백질은 온몸 구석구석에 자리 잡고 있다. 몸을 구성하는 근육뿐만 아니라, 생체 내의 다양한 화학 반응을 매개하는 효소, 면역을 담당하는 항체와 사이토카인, 생리현상을 조절하는 호르몬, 세포 간의 의사소통을 담당하는 리간드와 수용체, 그리고 연골, 피부, 털 등의 주성분인 콜라젠과 케라틴 등 단백질의 종류와 기능은 실로 다양하다. 무려 10만 종류 이상 있다고 알려진 단백질들은 고작 20종류의 아미노산들이 다양한 순서로 길이에 제한 없이 연결되어 만들어진다. 이 연결 순서를 결정하는 것이 바로 유전자이다. 예를 들면 혈액 내의 포도당 농도를 조절하는 인슐린이란 호르몬은 110개의 아미노산이 일정한 순서로 연결된 단백질인데, 110개 아미노산의 순서를 결정하는 것이 바로 인슐린 유전자이다. 그런데 유전자는 고작 4종류의 뉴클레오타이드Nucleotide가 길게 연결된 모습이다. 어떤 방법으로 고작 4종류의 뉴클레오타이드가 20종류의 아미노산 순서를 결정하여 10만 개 이상의 단백질을 만들어낼 수 있을까? 생명현상의 단순함과 복잡함의 놀라운 비밀이 바로 이들에게 달려 있다.

핵산(DNA와 RNA)

스위스의 생화학자인 프리드리히 미셰르Friedrich Miescher는 핵 속에 존재하는 산성 물질을 발견하고 이를 핵산이라고 명명했다. 핵산에는 DNADeoxyribonucleic acid(데옥시리보핵산)와 RNARibonucleic acid(리보핵산), 두 종류가 있다. 우선 DNA에 대해 살펴보자. 단백질의 구성 성분이 아미노산인 것처럼 DNA의 구성 성분은 뉴클레오타이드이다. 1957년 노벨 화학상을 받은 알렉산더 토드Alexander Todd는 한 개의 뉴클레오타이드는 당, 인산, 염기로 이루어져 있으며, 염기는 네 종류로 아데닌Adenine, A, 구아닌Guanine, G, 사이토신Cytosine, C, 티민Thymine, T이 있다는 사실을 밝혔다. 즉 DNA는 4종류의 뉴클레오타이드로 구성된 셈이다. 미국의 생화학자 어

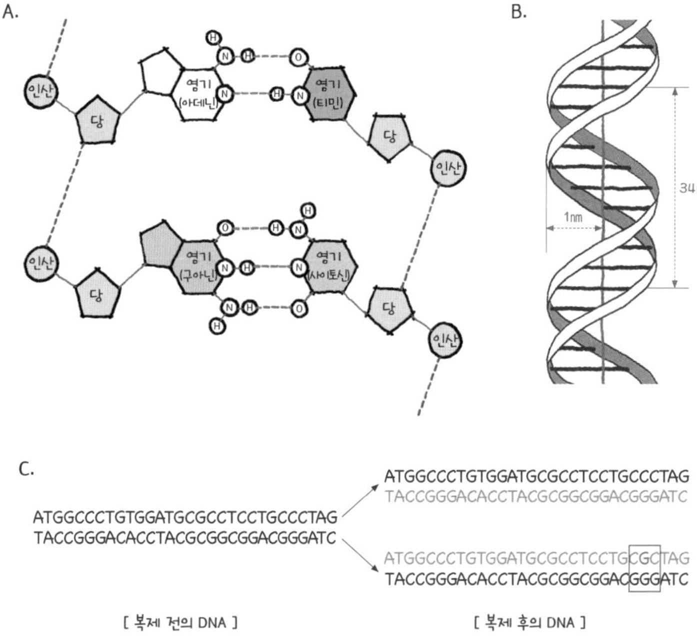

그림 1. DNA 이중나선 구조 모식도와 DNA 염기쌍의 상보적 결합

1953년 제임스 왓슨과 프랜시스 크릭은 라이너스 폴링이 단백질 구조를 밝히는 데 사용한 알파나선 구조, 어윈 샤가프가 밝힌 염기쌍 비율, 그리고 모리스 윌킨스와 로절린드 프랭클린이 제작한 DNA의 X-선 사진 등을 종합적으로 분석하여 DNA는 A와 T 그리고 G와 C가 결합한 이중나선 구조라는 모델을 제시하였다. **A** 염기쌍은 항상 A와 T 그리고 G와 C의 수소결합을 통해 이루어진다. **B** 두 개의 나선 모양 리본은 염기쌍을 이루고 있는 DNA 가닥을 나타내며, 염기 10개당 한 바퀴 회전한다. **C** A와 T 그리고 G와 C가 결합하는 상보적 결합으로 DNA 복제가 일어나면, 복제 후에는 복제 전과 같은 2개의 DNA 염기서열이 만들어진다. 파란 글씨는 원래의 DNA를 주형으로 상보적 결합에 의해 새로 합성된 DNA 가닥을 나타낸다. 붉은 글씨는 복제 과정의 실수로 C 대신 G가 합성된 돌연변이를 나타낸다.

윈 샤가프Erwin Chargaff는 세포에 A와 T가 같은 양으로 존재하며, G와 C가 같은 양으로 존재한다는 사실을 밝혔다. 이는 A와 T가 염기쌍을 이루고, G와 C가 염기쌍을 이룬다는 단서를 제공하였다(그림 1A).

DNA가 유전물질이라는 사실이 밝혀지자* DNA의 구조를 밝히려는 연구가 경쟁적으로 진행되었고, 마침내 1953년 제임스 왓슨James Watson과 프랜시스 크릭Francis Crick은 DNA는 A와 T, G와 C가 결합한 이중나선 구조라는 모델을 제시하였다(그림 1B). 왓슨과 크릭이 제시한 DNA 이중나선 구조 모델은 생물학 분야에서 20세기 최고의 발견으로 평가받는데, 이를 계기로 생명현상을 분자 수준에서 연구하는 분자생물학이 탄생하였기 때문이다. 왓슨과 크릭 그리고 모리스 윌킨스Maurice Wilkins는 DNA의 구조를 발견한 공로를 인정받아 1962년 노벨상을 받았다.*

A,G,T,C, 이 네 종류의 뉴클레오타이드가 연결된 순서를 DNA 염기서열이라 하고, 이중나선 구조에서 A와 T 그리고 G와 C가 서로 염기쌍을 이루는 것을 상보적 결합이라고 한다. A는 반드시 T와 결합하고, G는 반드시 C와 결합해야 하는, 서로 상호보완적 관계라는 의미이다. 상보적 결합은 부모 세포와 같은 DNA 염기서열 정보를 각각의 딸세포에 전달하는 데 매우 중요하다. 두 가닥의 DNA가 분리된 다음, 각각의 가닥을 주형Template으로 삼아 새로운 DNA가 A와 T 그리고 C와 G의 상보적 결합으로 합성되면, 새로 만들어진 2개의 DNA 염기쌍은 같다(그림 1C). 우리가 생각하는 그 복잡하고 어려운 유전 현상은 A와 T 그리고 G와 C의 상보적 결합에 불과하다. 생식세포의 분열 과정에서 새로운 DNA 가닥을 합성할 때, 그림 1C에서 보듯이 G에 C가 결합하지 않고 상보적 결합 법칙에 어긋나는 G가 실수로 붙으면 돌연변이가 생기고, 이는 나중에 치명적인 결함을 일으킬 수 있다. 반대로 아주 낮은 확률이지만 정말 운이 좋다면 생존에 유리한 표현형을 획득하게 될지도 모른다.

인간의 세포 하나하나에는 30억 개 남짓의 DNA 염기쌍이 23개의 염색체에 나뉜 채 길게 연결되어 있다. 물론 헝클어진 실몽당이처럼 되지 않기 위해서 히스톤이라는 단백질을 실패 삼아 질서정연하게 감겨 있는 모양을 하고 있다.

인간의 세포에 들어 있는 30억 개의 DNA 염기서열 전부가 단백질을 만드는 정보를 가진 것은 아니다. 단백질을 만드는 정보를 가진 부분을 (좁은 의미로) 유전자라고 부르고, 단백질 합성 정보를 가지고 있지 않은 부분을 '쓸모없는 DNA를 보관하고 있다'는 의미로 정크junk DNA라고 한다. 그러나 최근에는 정크 DNA에 숨겨져 있는 또 다른 기능에 관한 연구도 활발히 진행되고 있다. 일반적으로 유전자를 표시할 때는 DNA 염기쌍을 모두 표시하지 않고, 단백질 합성의 정보를 나타내는 한 가닥의 센스 DNA 염기서열만을 표시한다. 두 가닥의 염기쌍 중에서 단백질 합성에 필요한 mRNA와 같은 염기서열을 센스Sense DNA라고 하고, 이와 상보적인 DNA 서열을 안티센스Antisense DNA라고 한다.

중심원리

DNA로부터 단백질은 어떻게 만들어지는 것일까? DNA의 구조를 밝힌 프랜시스 크릭 박사는 DNA로부터 mRNA가 만들어지고, mRNA로부터 단백질이 만들어진다는 중심원리Central dogma를 주장하였는데, 로버트 홀리Robert Holley, 고빈드 코라나Gobind Khorana, 마셜 니런버그Marshall Nirenberg 박사는 이 가설이 옳음을 실험적으로 증명하여 노벨상을 받았다. 그들은 DNA를 틀로 사용하여 만들어진 mRNA의 유전정보는 염기 3개가 하나의 아미노산을 지정하는 방식으로 단백질을 합성한다는 사실을 발견하

DNA 염기서열	ATG - GCC - CTG - TGG - ATG - CGC - CTC - CTG - CCC–TAG TAC - CGG - GAC - ACC - TAC - GCG - GAG - GAC - GGG–ATC
mRNA 염기서열	AUG - GCC - CUG - UGG - AUG - CGC - CUC - CUG - CCG–UAG
아미노산 서열	Met - Ala - Leu - Trp - Met - Arg - Leu - Leu - Pro(Arg)

표 1. DNA → mRNA → 단백질로의 유전정보 흐름

DNA로부터 전사Transcription를 통해 mRNA가 만들어지고, mRNA로부터 번역Translation을 통해 단백질이 만들어진다. mRNA로부터 단백질을 만들 때 첫 번째 아미노산은 항상 시작 코돈인 AUG에 의해 지정되는 메싸이오닌이며, UAG와 같은 정지 코돈이 나타나면 단백질 합성이 정지된다. 붉은 글씨는 CCC가 CCG로 바뀌면 프롤린 대신 아르지닌이 합성되는 돌연변이가 나타남을 보여준다.

였다. 예를 들면 CTG라는 DNA 정보는 CUG라는 mRNA 정보로 바뀌고(mRNA는 T 대신에 U로 구성되어 있다), 이는 류신이라는 아미노산을 지정하는 방식으로 정보가 전달된다(표 1 파란색 글자).

논리적으로 따져보면 4종류의 염기 2개가 만들 수 있는 조합은 16가지이므로 20종류의 아미노산을 지정하는 것이 불가능하고, 염기 4개가 만들 수 있는 조합은 256가지이므로 20종류의 아미노산을 지정하기에 너무 많은 중복이 생긴다. 따라서 3개의 염기가 1개의 아미노산을 지정하는 것은 수학적으로 최적의 조합임을 알 수 있다. 합리적인 생명현상의 법칙을 엿볼 수 있는 부분이다. 아미노산을 지정하는 mRNA의 3개 염기서열을 코돈Codon이라 하며, 이들 코돈의 조합을 유전암호Genetic code라고 한다. 4개의 염기를 이용하여 3자리의 염기서열 조합인 '코돈'을 만들 수 있는 경우의 수는 64가지이므로 유전암호는 64가지가 존재하는데, 각각의 유전암호는 1개의 아미노산을 지정한다. 염기서열 3개가 하나의 아미노산을 지정하는 방식의 문제점은, 염기서열 3개가 만들 수 있는 조합은 64가지인데 비해 아미노산의 수는 20가지이기 때문에 일대일 대응이 아니라는 점이다. 필연적으로 어떤 경우는 여러 개의 코돈이 하나의 아미노산을 지정할 수밖에 없다. 실제로 GCU, GCC, GCA, GCG 등은 모두 알라닌Ala을 지정하고, AUU, AUC, AUA 등은 모두 아이소류신Ile을 지정한다(박스 글 녹색 글씨 참조). 자세히 살펴보면 같은 아미노산을 지정하는 코돈들은 두 번째 염기까지는 같고 세 번째 염기만 다르다는 것을 알 수 있는데, 이는 두 번째 염기까지의 조합은 16가지로 20개의 아미노산을 지정하는 데 있어 중복이 필요 없기 때문이다. 한 가지 주목할 만한 사실은 세 번째 염기가 달라도 같은 아미노산을 지정할 가능성이 있으므로 실수로 3번째 염기가 바뀌더라도, 운이 좋다면, 아무 피해 없이 그냥 지나칠 수도 있다는 점이다. 실로 자연이 생명에 주는 관대한 은혜라 아니할 수 없다. 그러나 만약 세포분열 과정에서 CCC 자리에 실수로 CCG를 합성하는 돌연변이가 발생한다면, 단백질 합성 과정에서 프롤린 아미노산 자리에 아르지닌 아미노산이 끼어들게 되어 단백질의 구조 및 기능에서 치명적인 결함을 일으킬 수도 있다(표 1). 아미노산이 연결되어 단백질을 합성할 때, 첫 번째 아미노산은 반드시 시작 코돈인 AUG에 의해 지정되는 메싸이오닌이며, UAA, UAG, UGA라는 3개의 정지 코돈 중 하나라도 나타나면 아미노산이 더는 연결되지 않고 단백질 합성은 종료된다.

유전자 발현

DNA로부터 mRNA가 만들어지는 전사Transcription 과정과 mRNA로부

인슐린 유전자의 염기서열과 유전암호에 의한 아미노산 서열의 결정

● **인슐린 유전자의 염기서열(센스 DNA)**

001 ATGGCCCTGTGGATGCGCCTCCTGCCCCTGCTGGCGCTGCTGGCCCTCTGGGGACCTGAC
061 CCAGCCGCAGCCTTTGTGAACCAACACCTGTGCGGCTCACACCTGGTGGAAGCTCTCTAC
121 CTAGTGTGCGGGGAACGAGGCTTCTTCTACACACCCAAGACCCGCCGGGAGGCAGAGGAC
181 CTGCAGGTGGGGCAGGTGGAGCTGGGCGGGGGCCCTGGTGCAGGCAGCCTGCAGCCCTTG
241 GCCCTGGAGGGGTCCCTGCAGAAGCGTGGCATTGTGGAACAATGCTGTACCAGCATCTGC
301 TCCCTCTACCAGCTGGAGAACTACTGCAACTAG

● **유전암호**genetic code

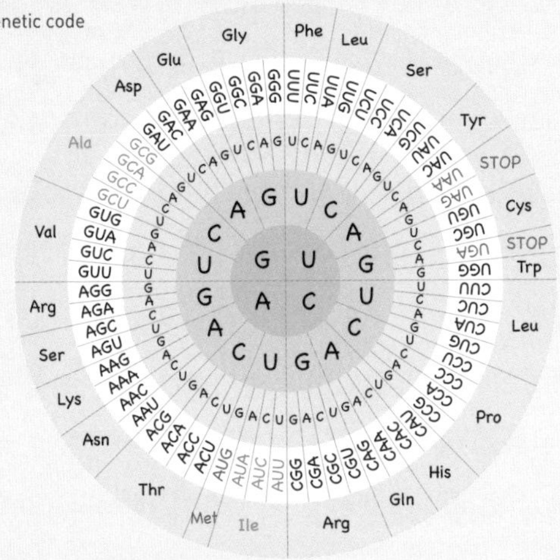

● **인슐린 단백질의 아미노산 서열**

1 MALWMRLLPLLALLALWGPDPAAAFVNQHLCGSHLVEALYLVCGERGFFYTPKTRREAED
61 LQVGQVELGGGPGAGSLQPLALEGSLQKRGIVEQCCTSICSLYQLENYCN

생명현상에 사용되는 아미노산의 종류는 20종류가 훨씬 넘는다. 그러나 유전암호에 의해 단백질 합성에 사용되는 아미노산은 20종류의 기초 아미노산뿐이다. 20개의 기초 아미노산에는 알라닌(A), 아르지닌(R), 아스파라진(N), 아스팔트산(D), 시스테인(C), 글루탐산(E), 글루타민(Q), 글리신(G), 프롤린(P), 세린(S) 티록신(Y) 등 11개의 비필수 아미노산과 히스티딘(H), 이소루신(I), 루신(L), 라이신(K), 메싸이오닌(M), 페닐알라닌(P), 트레오닌(T), 트립토판(W), 발린(V) 등 9개의 필수 아미노산이 있다. 인간은 필수 아미노산 9종류를 몸에서 생합성하지 못하므로 반드시 음식물을 통해 흡수해야 한다.

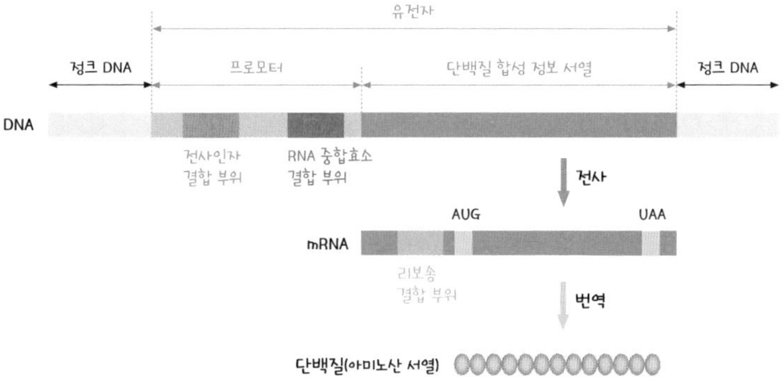

그림 2. DNA의 구성 및 유전자 발현 과정

DNA는 단백질을 합성하는 정보를 가진 유전자 부위와 정보가 없는 정크 DNA로 구성되어 있다. 유전자는 다시 유전자 발현을 조절하는 프로모터Promoter 부위와 단백질 서열을 결정하는 부위로 나눌 수 있다. 전사인자와 RNA 중합효소가 프로모터에 결합하여 mRNA를 합성하는 전사가 진행되고, 리보솜이 mRNA에 결합하여 단백질을 합성하는 번역이 진행된다.

터 단백질이 만들어지는 번역Translation 과정을 통틀어서 유전자 발현Gene expression이라고 한다(그림 2).

중요한 사실은 유전자가 있다고 해서 반드시 단백질이 만들어지지는 않는다는 점이다. 만약 모든 유전자가 동시에 발현되어 모든 단백질을 한꺼번에 만든다면 세포는 일대 혼란에 빠질 것이다. 사용할 수 있는 뉴클레오타이드와 아미노산 등 자원이 부족하여 우선순위를 지키지 못할 수도 있고, 최악의 경우는 부실로 인해 만들어지다 중단된 기형의 단백질들이 넘쳐나 세포의 생존이 위험해질 수도 있다. 세포의 생존을 위해 항상 필요한 단백질을 만드는 유전자는 계속해서 mRNA를 만들어야 하는데, 이처럼 항상 유전자 발현이 일어나는 유전자를 집안일 유전자Housekeeping gene라고 한다. 대표적인 집안일 유전자는 세포의 골격을 유지하는데 필요한 β-actin 유전자와 에너지를 생산하기 위해 포도당을 분해하는 효소인 GAPDH Glyceraldehyde 3-phosphate dehydrogenase 유전자 등이다. 그러나 대부분 단백질은 항상 필요한 것이 아니다. 따라서 유전자들은 단백질이 필요한 장소에서 필요한 순간에 유전자 발현을 일으킨다. 모든 유전자 발현 과정에서 반드시 일어나는 공통적인 사건은 RNA 중합효소가 각 유전자의 프로모터 Promoter에 결합하여 mRNA의 합성을 시작하는 일이다.[*] RNA 중합효소의 결합을 조절하는 것은 전사인자들인데, 이들 전사인자의 조절 방식에 따라 각 유전자의 발현 조절은 독특한 특징을 가진다.

자크 모노 Jacques Monod 박사와 프랑수아 자코브 François Jacob 박사는 최초로 대장균에서 젖당 오페론 Lac operon이라는 유전자 발현 조절 방식을 밝혀 1965년 노벨상을 받았다. 젖당 오페론은 대장균이 젖당 Lactose 배양액에서 자랄 때 젖당을 포도당 Glucose으로 분해하는 유전자들의 발현 방식이다. 대장균을 포도당 배양액에서 키우면 대장균은 포도당을 양분으로 사용하지만, 포도당이 없는 젖당 배양액에서 키우면 젖당을 포도당으로 분해하여 양분으로 사용한다. 젖당을 포도당으로 분해하는 유전자들은 포도당 배양액에서는 발현되지 않는데, 억제자 Repressor가 프로모터 부위의 작동자 Operator에 결합하여 RNA 중합효소의 작용을 방해하기 때문이다. 그러나 젖당 배양액에서는, 젖당이 작동자에 결합하고 있는 억제자를 분리해 젖당을 포도당으로 만드는 효소인 Lac 유전자가 발현된다(그림 3).

젖당 오페론의 유전자 발현에서 보는 것처럼 세포는 마치 언제 일어날지도 모르는 전쟁에 대비해 모든 물자와 무기를 준비해둔 군대처럼 보인다. 유전자는 항상 만일의 사태에 대비하고 있다가 필요한 순간에 단백

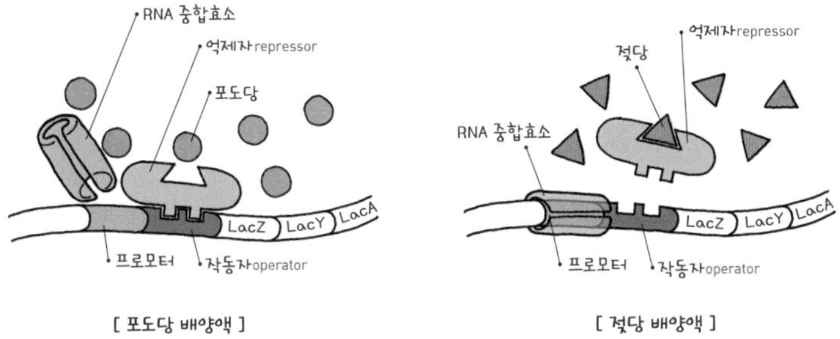

그림 3. 젖당 오페론

포도당 배양액에서는 억제자가 작동자에 결합하여 RNA 중합효소가 결합하지 못하도록 방해하기 때문에 lac 유전자가 발현되지 않는다. 그러나 젖당 배양액에서는 젖당이 억제자와 결합하여 작동자에서 분리하기 때문에 RNA 중합효소가 유전자 발현을 일으킨다. 대장균과 같은 원핵세포는 하나의 프로모터에서 여러 개의 단백질을 만든다. 젖당을 분해하여 포도당으로 만드는 젖당 오페론은 하나의 프로모터에서 LacZ, LacY, LacA 등 3개의 단백질을 만든다. 이에 반해 사람과 같은 진핵세포는 하나의 프로모터에서 하나의 단백질만을 만든다.

질을 만들어낸다. 대표적인 예로 열충격단백질Heat shock protein, HSP 유전자는 mRNA 합성을 시작한 후 멈춘 상태로 있는데, 이는 스트레스를 감지하면 곧바로 스트레스에 대항하는 단백질을 만들어내기 위해서이다.

인체의 발생 과정에서 보여주는 순차적인 유전자 발현 조절은 마치 잘 짜인 한 편의 연극을 보는 듯 정교하다. 심장의 발생 과정에는 Gata4, Xin, Hand1/2 등의 유전자가 차례대로 발현하는데, 먼저 Gata4 유전자가 심장을 만들기 위한 하나의 관을 형성하면, 뒤이어 Xin 유전자가 발현하여 관을 꼬아서 U자 관 모양을 형성하고, 곧바로 Hand1/2 유전자가 발현하여 U자형으로 휘어진 관을 분리하여 좌우 심방을 만드는 식이다(그림 4).

유전자 발현과 그 결과 나타나는 표현형 사이의 중요한 특징은 일대일

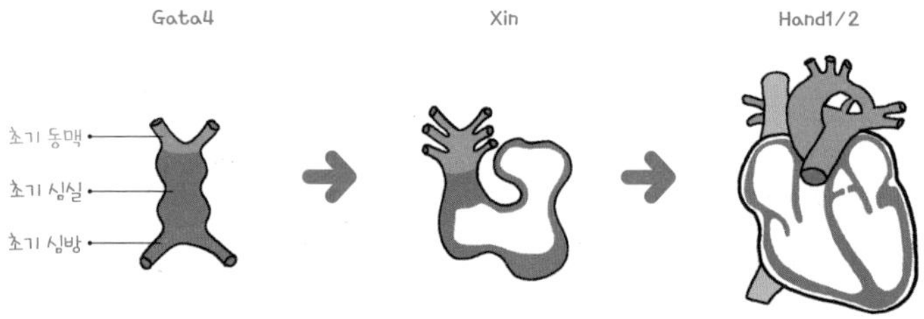

그림 4. 유전자들의 순차적 발현에 의한 심장의 형성 과정

처음에는 Gata4 유전자에 의해 상하로 뻗은 하나의 관이 형성된다. 곧이어 Xin 유전자에 의해 일직선의 관이 U자 모양의 관으로 꼬이면서 심방이 심실 위로 위치하는 모양이 형성된다. 마지막으로 Hand1/2 유전자가 발현되어 좌우 심방과 심실을 형성한다.

대응 관계가 아니라는 사실이다. 하나의 표현형을 나타내기 위한 다양한 유전자 발현 경로들이 병렬적으로 존재하며, 때로는 하나의 경로에도 여러 개의 유전자가 단계마다 관여한다. 이는 위험을 분산하여 표현형을 반드시 나타내겠다는 의지의 표현으로 보인다. 실패는 생존을 위협할 수 있기 때문이다. 여러 개의 유전자가 조화롭게 발현하여 하나의 표현형을 나타내는 것은 다행스럽고 감사하고 경이로운 일이다.

이와는 대조적으로 하나의 유전자가 한 개의 기능만을 수행하는 것이 아니라 다양한 기능을 수행하기도 한다. 이는 마치 당신이 부모, 자녀, 동료, 친구, 애인, 교사, 학생 등 다양한 지위를 가지고 다양한 일을 하는 것과 비슷하다. 이런 이유로 유전자의 기능을 한마디로 규정하는 것은 쉽지 않다. 하물며 인간이 가지고 있는 2만 5000여 개의 유전자가 다양한 조합으로 수행하는 복잡한 일에서 한 유전자의 기능을 규명하는 것이 얼마나 어렵고 귀찮은 일인지 상상해보라!

DNA에서 단백질 합성까지의 험난한 과정

유전자로부터 정상 기능을 가진 단백질이 만들어지기 위해서는 여러 단계의 장애물을 극복해야 한다.

첫째, DNA 염기서열에 변화가 생기는 돌연변이가 없어야 한다. 세포 분열 과정에서 새로운 DNA를 만들 때 뉴클레오타이드의 소실, 첨가, 치환에 의한 돌연변이가 일어날 수 있으며, 세포 내 활동의 부산물로 생긴 고에너지의 활성산소나 태양의 강한 자외선에 의해 DNA가 끊어질 수도 있다. DNA가 끊어지면 세포 내에서는 DNA를 다시 이어붙이는 수선 작업이 일어나지만, 불완전한 수선 작업으로 몇 개의 뉴클레오타이드가 소실되는 돌연변이가 생길 수 있다, 수선 작업이 실패할 때는 끊어진 부분으로부터 DNA가 잘려나가 결국은 세포가 죽기도 한다. 어떤 이유에서건 아미노산 서열을 결정하는 DNA의 염기서열에 이상이 생기면 정상적인 단백질은 만들어지지 않는다.

둘째, DNA로부터 mRNA가 만들어지는 과정을 무사히 마쳐야 한다. mRNA는 세포 자체의 필요 때문에 세포의 자발적인 결정에 따라 만들어지기도 하지만, 외부에서 전달되는 신호에 반응하여 만들어지기도 한다. 외부로부터의 신호는 호르몬, 성장인자, 사이토카인, 형태형성인자 등 다양한 신호전달물질에 의해 전달되며, 세포 역시 다양한 수용체를 통해 이들 신호를 받아들인다. 이처럼 다양한 신호들의 마지막 종착점은 언제나 전사인자를 활성화하여 필요한 mRNA를 만드는 것이다. 신호전달 경로가 차단되어 필요한 mRNA가 만들어지지 않거나, 항상 신호가 전달되어 필요하지 않은 mRNA가 만들어지는 경우에는 심각한 질병을 일으키기도 한다. 따라서 신호전달 이상 때문에 생기는 질병을 치료하는 대부

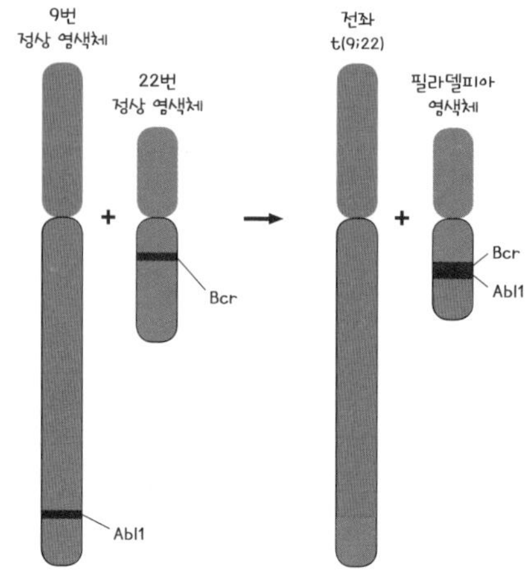

그림 5. 필라델피아 염색체

필라델피아 염색체Philadelphia chromosome는 1960년 필라델피아 대학교의 피터 노웰Peter Nowell 교수 연구팀이 처음 발견하였기에 붙여진 이름이다. 그들은 이 염색체가 21번 염색체보다 큰 비정상적인 21번 염색체라고 발표하였다. 이후 시카고 대학교의 자넷 롤리Janet Rowley 교수 연구팀은 필라델피아 염색체는 9번 염색체 말단이 22번 염색체 말단과 전좌Translocation된, 크기가 22번 염색체보다 조금 작은 22번 염색체라는 사실을 발견하였다. MIT의 데이비드 볼티모어David Baltimore 교수 연구팀은 전좌에 의해 22번 염색체의 Bcr 유전자와 9번 염색체의 Abl1 유전자가 합쳐졌다는 사실을 발견하였다. Bcr-Abl1 유전자에 의해 만들어진 타이로신 인산화효소의 기능만을 선택적으로 억제하는 글리벡(물질명:이마티닙Imatinib)은 임상 의사로서 암 치료의 한계를 느끼고 연구원으로 전향한 알렉스 매터Alex Matter와 브라이언 드러커Brian Druker의 헌신적인 노력으로 만들어졌다.

분 약은 차단된 신호를 전달하게 하거나, 혹은 잘못된 신호를 차단하는 역할을 한다. 만성골수성백혈병을 치료하는 글리벡Gleevec은 신호전달을 차단하는 대표적인 약이다. 만성골수성백혈병을 일으키는 필라델피아 염색체는 혈액세포들을 만드는 조혈모세포가 분열할 때 9번 염색체 말단이 22번 염색체 말단과 바꿔치기 됨에 따라 생긴다. 그 결과 9번 염색체의 Abl1 유전자가 22번 염색체의 Bcr 유전자와 결합하여 정상적인 세포에서는 존재하지 않는 Bcr-Abl1 유전자가 만들어진다. Bcr-Abl1 유전자는 타이로신 인산화효소를 합성하여 잘못된 신호를 계속 전달하는데, 그 결과 조혈모세포의 분열이 과도하게 발생하여 미성숙한 백혈구가 만들어진다. 만성골수성백혈병의 치료제인 글리벡은 타이로신 인산화효소에 의한 신호전달을 선택적으로 억제한다.

셋째로는 mRNA로부터 생성된 단백질이 공정 과정을 거쳐 기능적인 단백질로 만들어져야 한다. 아미노산이 연결되어 만들어진 직선 형태의 단백질은 꼬이기도 하고 다른 부위와 결합하기도 하여 3차원의 기능적인 구조가 만들어지며, 아미노산의 각 부위는 인산화, 아세틸화, 메틸화, 스모화 등 다양한 형태의 변형을 통해 기능적인 단백질로 만들어진다. 그뿐만 아니라, 단백질들은 핵, 세포질, 세포막, 세포 밖 등 기능을 수행할 곳으로 보내어져야 하는데, DNA에는 이동 수단에 대한 정보도 포함되어 있다. 이처럼 DNA로부터 정상 기능을 수행하는 단백질이 만들어지기 위해서는 전사, 전사 후, 번역, 번역 후 단계에 이르기까지 많은 조절 과정을 거쳐야 한다.

후성유전학

일란성 쌍둥이는 같은 DNA 염기서열을 가지고 있으므로 표현형이 같아야 한다. 물론 일란성 쌍둥이는 많은 면에서 닮았다. 그렇지만 태어나자마자 헤어져서 다른 환경에서 자란 일란성 쌍둥이는 겉모습뿐만 아니라, 성격과 병에 대한 취약성이 다르게 나타나는 경우가 많다. 왜 이런 차이가 생기는 것일까? 이는 분명 유전자 외의 다른 요인에 의해 생기는

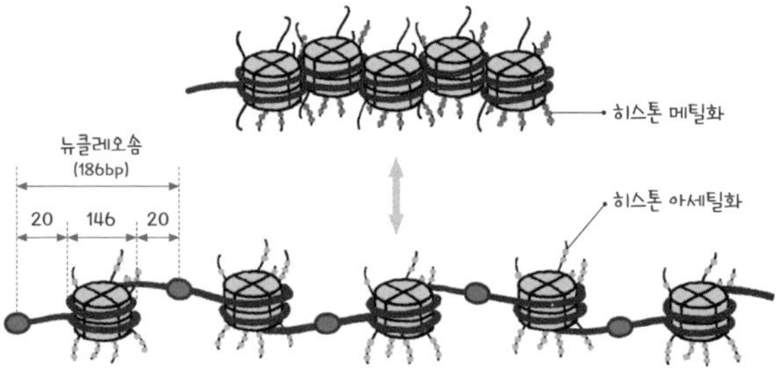

그림 6. 뉴클레오솜의 구조와 히스톤 메틸화 및 아세틸화에 의한 DNA의 엉킴과 풀림

히스톤 단백질은 H1, H2A, H2B, H3, H4가 있다. DNA는 H2A-H2B-H3-H4가 아래, 위로 포개진 8개의 히스톤 복합체(Histone octamer)를 146개의 염기서열이 감싸고 있는 구조가 반복된다. 이들 반복된 구조 사이에 대략 40개의 염기서열이 있으며, 중간 부위에 히스톤 H1이 결합해 있다. 이처럼 DNA가 히스톤을 감고 있는 모양을 뉴클레오솜이라고 한다. 위쪽 그림은 히스톤 H3와 H4의 꼬리 부분에 메틸기가 붙어 뉴클레오솜이 엉켜 유전자 발현이 일어나지 않는 상태를 나타낸 것이고, 아래 그림은 히스톤 H2, H3, H4의 꼬리 부분에 아세틸기가 붙어 뉴클레오솜이 풀림에 따라 유전자 발현이 일어날 수 있는 상태를 나타낸 것이다. DNA의 염기서열이 같더라도 DNA의 상태에 따라 유전자 발현이 다르게 조절될 수 있는데, 이를 주로 연구하는 학문 분야를 후성유전학이라 한다.

일임이 분명하다. 비슷한 예로 인체를 구성하는 모든 세포는 하나의 수정란에서 만들어진 것인데, 즉 같은 DNA 염기서열을 가지고 있는데, 왜 다른 표현형을 나타내는 것일까? 이 현상을 이해하기 위해서는 유전자 발현을 조절하는 프로모터 부위의 DNA 구조와 이와 관련된 후성유전학Epigenetics적 특징에 대한 이해가 필요하다.

앞에서도 언급했듯이 mRNA가 만들어지기 위해서는 RNA 중합효소가 DNA에 결합하여야 하는데, 이를 위해서는 RNA 중합효소가 결합하는 DNA 염기서열 부분이 노출되어 있어야 한다. 만약 DNA가 엉켜서 이 부위가 닫혀 있다면 RNA 중합효소는 DNA에 결합하지 못하고, 결국 유전자 발현은 일어나지 않을 것이다. DNA의 풀림과 엉킴을 조절하는 것은 히스톤Histone 단백질이다. DNA는 히스톤 복합체를 감싸고 있는데, 이를 뉴클레오솜Nucleosome이라고 한다. 일반적으로 히스톤 단백질의 꼬리 부분에 메틸기가 붙으면 뉴클레오솜이 엉키고, 아세틸기가 붙으면 뉴클레오솜이 풀린다. 히스톤 단백질들의 꼬리 부분에는 메틸기 또는 아세틸기가 붙을 수 있는 자리가 다양하게 존재하는데, 이들 자리의 메틸화 또는 아세틸화 양상에 따라 뉴클레오솜의 엉킴과 풀림이 조절된다. 히스톤 단백질 꼬리 부분의 메틸화 또는 아세틸화 양상을 히스톤 코드Histone code라고 한다. 히스톤 코드에 의한 DNA의 엉킴과 풀림은 유전자 발현과 밀접한 관계가 있다(그림 6).

한편, DNA 자체의 미세한 변형도 히스톤 코드에 중요한 역할을 하는데, DNA에 메틸기가 붙으면 히스톤의 메틸화 및 탈아세틸화를 유도하여 DNA를 엉키게 한다. 또한 메틸화된 DNA 부위에는 유전자 발현을 조절하는 전사인자가 결합하지 못한다. 따라서 유전자 발현을 위해서는 DNA가 메틸화되지 않는 것이 필수적이다. 인간을 포함한 진핵생물의 DNA 염기서열에서, 사이토신-구아닌CpG 순서일 경우에는 반드시 사이토신에 메틸화MeCpG가 일어난다. 예외적으로 유전자의 발현을 조절하는 프로모터 부위의 CpG에는 메틸화가 일어나지 않는다. 그러나 더 이상 유전자 발현이 필요하지 않을 때는 프로모터 부위의 CpG에 메틸기를 붙여 영원히 유전자 발현을 억제한다.

그런데, 이와는 반대로 암 발생 억제 유전자* 프로모터 부위의 CpG에 메틸화가 일어남으로써 유전자 발현이 억제되기도 하는데, 이는 대부분 비유전성 암을 발생시킨다. 미국의 영화배우 안젤리나 졸리는 유전자 검사를 통해 BRCA 유전자*의 돌연변이를 발견하고, 유방암을 예방하기 위해 유방절제술을 한 것으로 유명한데, 최근에 유방암 환자의 10~15%에서 BRCA 유전자 프로모터 부위의 메틸화에 의해 BRCA 유전자 발현이 억제된다는 것이 확인되었다. 이제는 BRCA 유전자의 돌연변이뿐만 아니라, 프로모터 부위의 메틸화도 조사해야 할 듯하다.

세포분열 과정에서 새로운 DNA를 합성할 때에는 DNA 염기서열뿐만 아니라 DNA 메틸화에 대한 정보도 함께 전달된다. 이와는 별도로 환경적 변화 때문에 새로운 메틸화가 일어나기도 한다. 일반적으로 새로운 생명이 시작되는 수정 후에는 대부분 DNA에서 메틸기를 제거함으로써 유전자들의 발현을 활성화하여 모든 단백질이 만들어질 가능성을 열어놓고, 분화가 진행될수록 필요 없는 유전자를 메틸화를 통해 비활성화시킨다. 후성유전학은 이와 같은 DNA 메틸화와 히스톤 메틸화 및 아세틸화에 의한 유전자 발현 조절을 연구하는 학문 분야이다.

본성과 양육(유전자와 환경)

사람이 사람을 판단하는 것이 정당한지에 대한 논의와 상관없이, 오래전부터 사람에 대한 판단의 근거로 본성과 양육Nature vs. Nurture 논쟁은 끊임없이 이어져왔다. '사람은 본성적으로 타고나는 것일까? 아니면 환경과 교육에 의해 만들어지는 것일까?' 이에 대한 시시콜콜한 논쟁은 단순히 학자들의 심심풀이로 끝난 게 아니라, 불행하게도 무지막지한 인종차별의 근거나 정치적 행위의 도구로도 사용되었다. 흑인과 정신장애자는 유전적으로 열등하기 때문에 제거되어야 한다는 우생학의 논리에 따라 미국에서는 한때 이들이 자녀를 낳는 것을 금지하는 폭력이 자행되었고,

반대로 구소련에서는 유전학이 인간의 삶이 미리 결정되어 있다고 주장하는 '반동의 학문'이라며 강하게 배척했다.

본성과 양육 중에서 당신은 어느 편인가? 당신의 판단 기준에 따라 본성을 중시할 수도 있으며, 또는 양육을 중시할 수도 있다. 걱정스러운 점은 본성과 양육에 대한 논쟁이 참과 거짓 또는 선과 악을 구분 짓는 이분법적 판단의 근거로 악용된다는 점이다. 본성을 중시하는 유전자 결정론의 추종자는 사람이 가지고 있는 2만 5000여 개의 유전자 중에서 어떤 유전자를 기준으로 판단해야 할까?

만약 그가 인종차별론자라면, 그는 멜라닌 색소를 만드는 데 관련된 효소들인 타이로신 수산화효소, MSH, MC1R, SLC24A5 등 이름조차도 생소한 300여 개 유전자의 추종자인 셈이다(멜라닌 색소는 피부색을 결정하는 색소이다).

만약 그가 외모지상주의자라면 그는 얼굴뼈를 만드는 데 관련된 Runx2를 비롯한 몇 개인지도 정확히 알지 못하는 유전자의 추종자라는 뜻이다. 히틀러가 그토록 주장한 아리아인의 우수성이라는 것이 유전적으로 존재하기는 하는 것일까? 도대체 어떤 유전자들의 조합을 기준으로 판단해야 그런 결론이 나올 수 있을까? 영아기에 습진, 담갈색 모발, 흰 피부색의 증상이 나타나고, 소변 냄새가 지독하며, 앉기, 걷기, 언어 등의 운동 발달이 느리고, 두뇌 발달이 저하되는 페닐케톤요증 Phenylketonuria은 페닐알라닌을 타이로신으로 전환하는 페닐알라닌 수산화효소 유전자의 돌연변이에 의해 생기는 병인데, 이 병을 가진 사람은 열등한 사람일까? 이 병의 발생 빈도는 백인이 아시아인들보다 5배 이상 높다. 그렇다면 백인이 아시아인들보다 5배 이상 열등하다는 뜻일까? 무언가 낯선 곳에 존재하는 알 수 없는 깊은 늪에 빠졌다는 느낌이 들지 않는가? 본성과 양육에 대한 논쟁을 분자생물학의 관점에서 살펴보면 유전학과 후성유전학에 대한 논쟁이다. 표현형을 규정하는 단백질의 생산에 있어 유전자가 중요할까? 아니면 유전자의 발현을 조절하는 환경이 중요할까? 유전자가 없으면 단백질을 만들 수 없으니 유전자는 무엇보다 중요하다. 그러나 유전자가 있다고 해도 유전자 발현이 일어나지 않으면 단백질을 만들 수 없으니, 유전자 발현 역시 중요하다. 둘 사이의 우열을 비교하는 것 자체가 우스꽝스러워 보인다.

노벨상을 받은 유전자 연구들

생리의학상		
1910년	알브레히트 코셀	핵산과 단백질의 화학적 성질 규명
1933년	토머스 모건	유전자의 염색체 내 존재 규명과 염색체 지도 작성법 개발
1958년	에드워드 테이텀 조지 비들 조슈아 레더버그	유전자의 형질 전환과 효소와의 상관관계 규명, 세포의 유전자 재조합 현상 발견
1959년	세베로 오초아 아서 콘버그	RNA Polymerase 발견 및 RNA 생합성 DNA Polymerase 발견 및 DNA 복제
1962년	제임스 왓슨 프랜시스 크릭 모리스 윌킨스	DNA 이중나선 구조 발견
1965년	프랑수아 자코브 자크 모노 앙드레 루오프	유전자 발현 조절 기전(오페론설) 규명

1968년	고빈드 코라나 마셜 니런버그 로버트 홀리	단백질 합성 과정의 유전암호 해독, tRNA 기능 규명
1969년	막스 델브뤼크 앨프레드 허시 샐비도어 루리아	박테리오파지 복제 기전과 유전적 구조 발견
1975년	데이비드 볼티모어 하워드 테민 레나토 둘베코	RNA virus 발견, RNA-DNA로의 복제, 역전사효소Reverse Transcrptase 발견
1978년	대니얼 네이선스 해밀턴 스미스 베르너 아르버	제한효소의 발견과 이의 활용법 개발
1983년	바버라 매클린톡	전이인자transposon의 발견
1993년	리처드 로버츠 필립 샤프	분할 유전자, 엑손, 인트론의 발견
2002년	시드니 브레너 존 설스턴 로버트 호비츠	선충의 발생과 세포자살 현상 규명
2006년	앤드루 파이어 크레이그 멜로	siRNA에 의한 유전자 발현 억제 기전의 발견
2007년	마리오 카페키 올리버 스미시스 마틴 에번스	유전자 적중법 개발(녹아웃 생쥐 생산)
2009년	엘리자베스 블랙번 캐럴 그라이더 잭 쇼스택	텔로미어, 텔로머레이스 발견
화학상		
1980년	폴 버그	대장균을 이용한 재조합 DNA 기술 개발

1980년	월터 길버트 프레데릭 생어	DNA 염기서열법 개발. (생어는 1958년 아미노산 서열분석법으로 노벨 화학상 수상)
1982년	애런 클루그	바이러스 핵산 및 단백질의 구조 규명
1989년	시드니 올트먼 토머스 체크	RNA의 효소 기능 발견
1993년	캐리 멀리스 마이클 스미스	PCR 개발
2006년	로저 콘버그	진핵생물의 유전정보 전사 과정 규명
2009년	벤카트라만 라마크리슈난 토머스 스타이츠 아다 요나트	리보솜의 정밀 구조 및 기능 규명

3장

외로움과의 끝없는 싸움

세포분열

노벨상 수상자

생리의학상

릴런드 하트웰Leland Hartwell(2001),
폴 너스Paul Nurse(2001),
팀 헌트Tim Hunt(2001)

조금은 엽기적이지만, 최근 최고독 군은 바퀴벌레 한 마리와 동거를 시작했다. 장마가 끝나고 본격적으로 더워지기 시작할 무렵, 어두운 자취방에 돌아온 최고독 군이 불을 켜자 바퀴벌레 한 마리가 놀라 달아났다. 최고독 군은 바퀴벌레가 놀라지 않도록 불을 끄고 방바닥에 조용히 앉아 바퀴벌레가 다시 나오기를 기다렸다. 얼마 지나지 않아 바퀴벌레는 다시 돌아다니기 시작했고, 최고독 군은 마치 오랜 친구처럼 한참 동안 바퀴벌레와 함께 앉아 있었다. 그날 이후로 최고독 군은 불 꺼진 방에서 바퀴벌레에게 하루를 이야기하며 외로움을 달랬다.

최고독 군은 강원도 산골 출신으로 서울에 있는 한 대학을 졸업하고 지금은 조그마한 회사에서 일하는 직장인이다. 10여 년간 지속된 도시 생활은 최고독 군의 몸과 마음을 모두 피폐하게 만들었다. 처음 유학 생활을 시작할 무렵에는 학업, 취업, 연애, 결혼 등 미래에 대해 제법 야무진 꿈을 가지고 있었지만, 시간이 지날수록 학업과 취업은 뒷전으로 밀려났다. 일말의 회의도 없이 끊임없는 열정으로 엄청난 스펙을 쌓아가는 동료들과 경쟁하고 싶은 마음도, 승부욕도 다 잃었기 때문이다. 더욱 슬픈 사실은 넉넉지 못한 주머니 사정, 유머는커녕 진지하기만 한 어눌한 말투, 촌스러운 외모와 행동에 스스로 주눅이 들어 여태껏 꿈에 그리던 연애를 제대로 시작해보지도 못했다는 점이다. 희망으로 시작된 도시에서의 생활이 최고독 군에게 남겨준 것은 깊이를 알 수 없는 외로움뿐이었다. 영화 〈죠의 아파트〉에서처럼 바퀴벌레가 최고독 군에게 사랑과 행운을 가져다줄 리도 없건만, 외로움에 지친 최고독 군은 오늘도 바퀴벌레와 함께 외로움을 달래는 중이다.

그러나 외로움으로 힘들어하는 사람은 비단 최고독 군만이 아니다. 신문의 사회면을 보면 거의 매일 고독사로 사망한 사람의 뉴스가 실린다. 고독사에 대한 정부 차원의 실태조사가 이루어지지 않아 무연고 사망 통계로 고독사 현황을 추정할 수밖에 없는데, 2015년 이후 1000명을 넘어섰고 2017년에는 2000명이 넘었다. 고독사의 주요 원인은 가족의 해체와 단절로 인한 외로움이다. 50~60대의 고독사는 1997년 IMFInternational Monetary Fund(국제통화기금) 사태와 경제위기가 만든 가족해체의 상처가 이십 년이 지난 지금 곪아터진 결과이고, 30~40대의 고독사는 젊은이들을 지나친 경쟁으로 몰아세운 결과 만들어진 불평등이 주요 원인이다.

경쟁을 정당화하려는 이들은 진화론의 자연선택 이론을 주장의 근거로 사용한다. 그들은 자연계에 존재하는 모든 생명체는 항상 경쟁 속에서 살고 있으며, 경쟁에서 승리한 개체만이 살아남았고, 인간의 삶도 경쟁에서 벗어날 수 없다고 주장한다.

그러나 자연선택은 동종의 개체들이 생존을 위해 온 힘을 다해 상대를 무자비하게 제압하는 피 튀기는 살육의 현장이 아니다. 자연선택은 할머니의 자궁에 살던 배아 시기의 어머니 난소에서 난자가 만들어질 때, 혹은 적령기의 아버지 정소에서 정자가 만들어질 때 조용히 벌어지는 아주 평화로운 사건이다. 난자와 정자가 만들어질 때 DNA 염기서열상에 우연히 변화가 생겨 다양한 자손들이 생길 수 있으며, 이들에게 생긴 변이가 혹시라도 있을 환경의 변화에 유리하게 혹은 불리하게 작동할 뿐이다. 생존하기 위한 경쟁은 있을 수 있으나, 경쟁해야만 생존할 수 있는 것은 결코 아니다. 인간은 경쟁보다는 협력이라는 선택을 통해 더욱 인간다워졌음이 분명하다. 어설픈 논리로 경쟁을 정당화하고 국민을 경쟁으로 내몰아서는 안 될 일이다.

인간을 인간답게 만든 커다란 뇌는 다른 사람의 감정을 읽고 다른 사람과 소통하고 관계를 맺으면서 살아가는 과정에서 만들어졌다. 인간에게 있어 산다는 것은 다른 사람과 관계를 맺는 것이다. 스미노 요루의 아름다운 소설『너의 췌장을 먹고 싶어』에서 췌장에 병이 생겨 시한부 인생을 사는 야마우치 사쿠라의 말은 우리에게 함께 사는 것의 중요함을 되새겨준다. "산다는 것은 나 아닌 누군가와 서로 마음을 통하게 하는 것, 그걸 가리켜 산다는 것이라고 하는 거야. 누군가를 인정한다. 누군가를 좋아한다. 누군가를 싫어한다. 누군가와 함께 있으면 즐겁다. 누군가와 함께 있으면 짜증난다. 그게 산다는 거야. 나 혼자서는 내가 존재한다는 것을 알 수 없어……."

외로움에 대항하여 싸우는 것은 비단 인간뿐만이 아니다. 46억여 년 전에 지구가 생기고 35억여 년 전에 처음으로 단세포가 생겨난 이래, 이들 단세포는 끊임없이 외로워했다. 외로움을 극복하기 위해 단세포들은 다른 세포와 합치기도 하고* 다른 세포와 대화하는 방법을 터득하기도 했다. 5억여 년 전에 비로소 다른 세포와 대화하는 방법을 깨우친 단세포들이 모여 살기 시작하면서 다세포 생물이 되었으나, 외로움에 허기진 세포들은 환경이 허락하는 한 끊임없이 분열한다. 성인이 된 인간은 대략 60조 개의 세포로 이루어져 있는데,* 이 60조 개의 세포들은 최초에 난자와 정자라는 하나의 단세포가 만나 합쳐진 수정란으로부터 시작된 것이다. 옛날을 기억하는 수정란은 끊임없는 세포분열을 통해 외로움을 극복하고 있으며, 세포분열을 멈추는 순간 인간은 노화되기 시작하고 결국은 죽고 만다.

세포분열은 단순히 생각하면 하나의 세포가 둘로 나누어지는 것이다.

그러나 항상 그렇듯이 사건은 그렇게 간단하게 일어나지 않는다. 세포분열을 할 것인가 말 것인가, 만약 하게 된다면 언제 할 것인가, 어떤 방법으로 세포의 내용물(DNA와 세포질)을 적절하게 분배할 것인가, 세포분열 과정에서 실수가 발생한다면 어떻게 할 것인가 등 해결해야 할 문제점이 한둘이 아니다. 미국 프레드 허치슨 암연구소의 릴런드 하트웰Leland Hartwell 박사와 영국 왕립 암연구 재단의 폴 너스Paul Nurse 박사는 단세포 생물인 효모를 이용하여 사이클린-의존성 인산화효소Cyclin-dependent protein kinase, CDK를 발견하였고, 영국 왕립 암연구 재단의 팀 헌트Tim Hunt 박사는 바다생물인 성게에서 사이클린Cyclin을 발견하였다. 이들 세 명은 사이클린과 사이클린-의존성 인산화효소가 서로 협력하여 세포분열을 조절한다는 사실을 밝힌 공로로 2001년 노벨상을 받았다.

세포분열 주기

다세포 생물인 인간의 발생 과정에서는 세포분열이 끊임없이 바쁘게 일어난다. 몸통을 만들고, 머리를 만들고, 팔다리를 만들고, 내장기관을 만들고, 뼈와 근육을 만들고, 혈관과 혈액을 만들고……, 만들어야 할 것이 너무 많기 때문이다. 만들어야 할 조직들을 모두 만들고, 계획한 크기만큼 몸집이 커지면 세포분열은 급격히 줄어든다. 어른이 된 것이다. 대신 이때부터는 손상되어 죽어 없어진 세포의 빈자리를 채우기 위해 세포는 다시 분열을 시작한다. 인간의 경우, 죽어 없어진 세포의 빈자리를 채우기 위해 분당 대략 300만 개의 세포가 새로 만들어진다. 수치상으로는 38년 만에 몸에 있는 모든 세포를 새것으로 교체하는 셈이다. 그러나 조직마다 세포가 손상되어 죽어 없어지는 속도가 다르므로 교체되는 속도도 제각각이다. 심장세포와 뇌세포는 거의 교체되지 않으며, 뼈세포와 근육세포는 10~15년에 걸쳐 아주 느린 속도로 교체되는 편이다. 간세포는 1~2년의 속도로 교체되고, 피부와 내장의 표피세포, 혈액세포 등은 아주 빠르게 교체된다.

빈자리를 채우기 위한 세포분열의 과정을 자세히 살펴보자. 세포가 죽어 없어진 빈자리가 생기면 이웃한 세포에 신호가 전달된다. 세포분열에서 해방되어 쉬고 있던 휴지기 상태의 세포는 신호를 전달받으면 정신을 가다듬고 빈자리를 채울 궁리를 시작한다. 우선, 세포는 덩치를 키워 빈자리를 메울 수 있을지 가늠한다. 세포는 대략 자기 몸집의 20% 정도까지 덩치를 키울 수 있는데, 빈자리가 이것보다 크면 할 수 없이 분열을 통해 문제를 해결해야 한다. 분열을 시작하기 전에 먼저 해야 할 일은 크기와 에너지 상태 그리고 새로 만들 DNA의 재료가 충분한지 점검하는 일이다(Gap1, G1기). 모든 것이 풍족하면, 세포는 자신의 DNA를 주형으로 새로운 한 벌의 DNA를 복제한다(DNA 합성, S기). DNA의 복제가 끝난 다음에는 실수로 잘못 합성된 곳이 있는지 꼼꼼히 살펴보고 실수가 있는 곳을 바르게 고치는 수선 작업을 시작한다. 수선 작업이 끝나고 나면, 다시 한 번 DNA의 상태와 다음 단계로 넘어갈 때 필요한 에너지의 양과 세포의 크기를 점검한다(Gap2, G2기). 모든 것이 정상이면, DNA를 돌돌 말고 꽁꽁 뭉쳐서 염색체를 만든 다음, 세포의 중앙에 나란히 세우고 세포의 양쪽 끝에 있는 기둥에 끈으로 단단히 묶는다. 염색체들이 양쪽으로 골고루 나누어지도록 짝을 나누어 잘 묶였는지 점검한 후에 끈을 당겨 염색체들을 양쪽으로 분리하고 세포질의 중간 부분을 조여 2개의

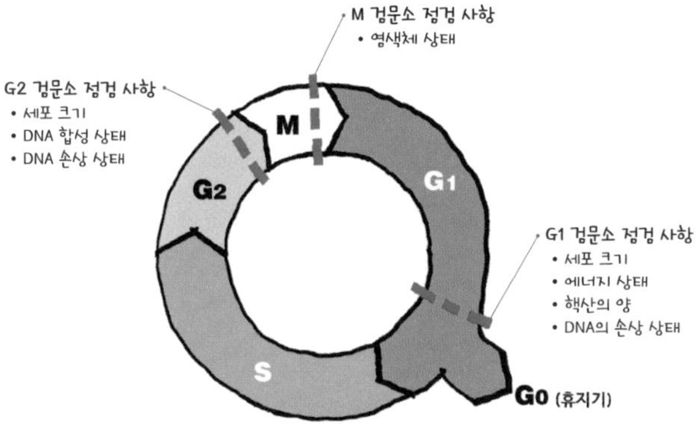

그림 1. 세포분열 주기

세포분열은 G1-S-G2-M(제1간기-DNA 합성기-제2간기-유사분열기) 순서로 진행되는데, G1기는 세포분열을 시작하기 위해 DNA 합성을 준비하는 시기이고, S기는 새로운 1벌의 DNA를 합성하는 시기이다. G2기는 복제된 DNA를 점검하여 분열을 준비하는 시기이고, M기는 DNA와 세포질을 둘로 나누어 2개의 세포로 갈라지는 시기이다. G1기에서 S기로 들어가기 전에 준비 상태를 점검하는데, 불합격 판정을 받으면 세포분열을 시작하지 않고 휴지기 상태(G0기)로 되돌아간다. 세포분열이 시작된 후인 G2기에서 M기로 들어가기 전과 핵이 분열하는 M기 중간에도 점검을 받는데, 만약 이 과정에서 불합격 판정을 받으면 세포분열을 멈추고 수선에 돌입하게 된다. 수선을 통해 잘못을 수정할 수 없는 세포는 폐기처분된다.

세포로 분리한다(유사분열, M기). 분리된 2개의 세포는 부피를 키워 본래의 크기로 자라 세포분열은 완성되고, 빈자리는 채워진다. 세포분열은 언제나 이 순서대로 진행되며(그림 1), 이 과정은 사이클린 단백질과 사이클린-의존성 인산화효소에 의해 조절된다.

사이클린과 사이클린-의존성 인산화효소의 발견

미국 프레드 허치슨 암연구소의 릴런드 하트웰 교수는 1960년대 후반부터 효모를 이용하여 세포분열을 연구하기 시작하였다. 하트웰 교수가

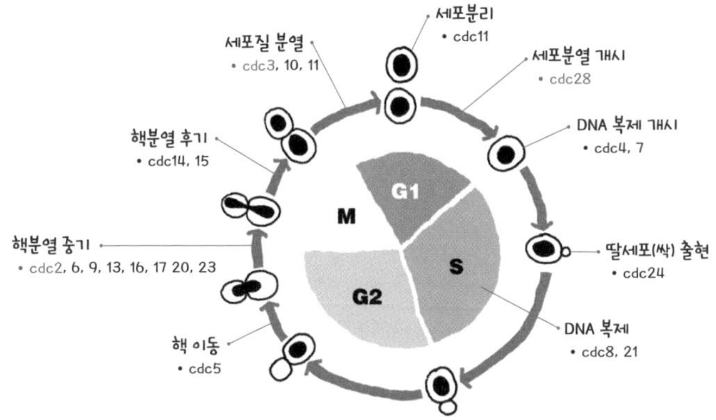

그림 2. 세포분열 과정의 효모 모양과 세포분열 주기별로 이상을 일으키는 돌연변이 유전자
하트웰 교수가 찾은 20여 개의 cdc 유전자 돌연변이 효모들은 세포분열의 각 주기에서 분열을 멈추는 특징을 보인다. 점이 있는 동그라미는 세포분열 주기에 따른 효모의 모양을 나타낸 것이다. 효모 그림 옆에는 그 상태에서 세포분열을 멈춘 돌연변이 유전자들이 표시되어 있다.

효모를 연구 재료로 선택한 이유는 효모가 단세포이면서도 핵의 구별이 뚜렷한 진핵세포여서 세포분열 연구에 적합하기 때문이다. 그러나 하트웰 교수가 이용한 '사카로미세스 세레비시아*Saccharomyces Cerevisiae*'라는 복잡한 이름을 가진 효모의 가장 큰 장점은 딸세포가 엄마 세포에서 싹이 피는 것처럼 뻗어 나오기 때문에 엄마 세포와의 크기를 비교하여 세포분열 주기를 판별할 수 있다는 점이다(그림 2). 1970년대 초반, 하트웰 교수는 23℃에서는 정상적으로 세포분열을 하지만 36℃에서는 세포분열 과정에서 이상을 일으키는 150여 개의 온도-민감성-돌연변이 개체를 발견하였다. 하트웰 교수는 이들 돌연변이 개체의 DNA를 분석하여 돌연변이가 일어난 30여 개의 유전자를 발견하고, 세포분열 주기cell-division cycle, cdc 유전자라고 명명했다. 세포분열 주기 유전자에 돌연변이가 일어나면 세포분열의 각 단계에서 진행을 멈추는 특징을 보이는데, 예를 들면, cdc28 돌연변이는 세포분열을 처음부터 시작하지 못하고, cdc2 돌연변이는 핵분열 단계를 넘어가지 못하며, cdc3 돌연변이는 세포질 분열 단계에서 멈추는 식이다(그림 2 빨간 글자 참조).

하트웰 교수의 가장 큰 궁금증은 '어떻게 세포분열이 항상 G1-S-G2-M 순서로 진행되는가?' 또는 'G1-S-G2-M 순서를 조절하는 물질은 무엇일까?'라는 문제였다. 하트웰 교수는 세포분열의 진행에 대한 2가지 가설을 세우고 이를 검정하였다. 첫 번째 가설은 세포분열 과정의 앞 단계가 뒤 단계에 영향을 준다는 의존적 모델이고, 두 번째 가설은 각 단계가 서로 영향을 받지 않고 독립적으로 조절된다는 모델이다(그림 3).

만약 세포분열의 진행 과정이 앞서 일어난 사건에 의존적이라면 앞 단계를 억제하면 뒤 단계도 일어나지 않을 것이다. 하트웰 교수는 S기의 효모를 방사선(X-선)에 노출하여 DNA가 절단되는 손상을 일으키고 세포분열의 진행 과정을 관찰하였다. 대부분 효모는 G2기에 머물러 다음 단계로 넘어가지 못하였다. 그러나 다음 단계인 M기로 진입하여 둘로 나누어진 다음 죽는 효모도 있었는데, 이들은 DNA 복제를 점검하고 완전하지 않으면 세포분열을 중단시키는 역할을 하는 rad9 유전자에 돌연변이가 일어난 효모였다. rad9 유전자의 발견으로 세포분열은 단계마다 점검을 시행하는 검문소Checkpoint가 있으며, 점검을 통과해야만 다음 단계로 진입할 수 있는 의존적 모델임이 확인되었다. 실제로 세포분열 과정에는 S기와 M기를 시작하기 전에 점검을 시행하는 검문소가 있으며, M기 중간에도 점검을 시행하는 검문소가 있어 실수를 최대한 줄이려 한다(그림 1). 만약 검문소에서 점검에 실패한 상태로 세포분열이 진행되면

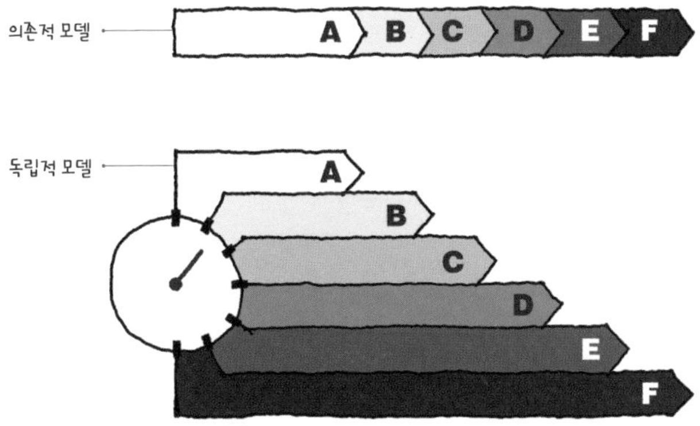

그림 3. 세포분열 진행 과정에 관한 2가지 가설

의존적 모델은 세포분열의 뒤 단계가 앞 단계에 의해 영향을 받는 모델이고, 독립적 모델은 세포분열의 각 단계가 독립적으로 조절받는 모델이다.

돌연변이가 발생하거나, 염색체의 소실 또는 불완전한 분배로 인해 세포가 죽거나 혹은 세포분열이 조절되지 않고 무작위로 일어나게 된다.

영국 왕립 암연구 재단의 폴 너스 박사는 1970년대 중반부터 하트웰 박사가 사용한 효모와는 종류가 다른 '스키조사카로미세스 폼베 *Schizosaccharomyces Pombe*'라는 이름의 효모를 이용하여 세포분열을 조절하는 유전자에 관한 연구를 시작하였다. 폼베는 싹처럼 뻗어 나오는 출아법으로 분열하지 않고 중간이 갈라지는 방법으로 세포분열을 하는 효모이다. 폴 너스 박사는 낮은 온도에서는 정상적인 크기이지만 높은 온도에서는 크기가 작아져 '작은(wee)'이라는 이름이 붙은 돌연변이를 분석했으며, M기의 진행을 촉진하는 유전자를 발견하였다. 이 유전자는 cdc2 유전자 자리에서 발견되었기 때문에 cdc2-1wee라 이름 지었으나, 후에 하트웰 박사가 발견한 cdc28과 같은 유전자로 밝혀졌다. 이로써 cdc2 유전자는 G1-S 진행과 G2-M 진행에 모두 필요한 중요한 유전자로 인정되었고, 연구자들의 집중적인 관심을 받게 되었다. 폴 너스 박사는 효모의 cdc2 유전자와 같은 역할을 하는 인간 유전자를 찾고자 하였다. 그는 cdc2 돌연변이 효모에 인간의 유전자들을 주입하여 세포분열을 정상적으로 회복시키는 인간 유전자를 발견하였다. 인간의 유전자가 효모의 세포분열을 회복시킨다는 사실은 인간과 효모의 세포분열이 비슷한 방식으로 조절된다는 사실을 보여준다. cdc2 유전자로부터 만들어진 단백질* 은 인산기를 가지고 있으며, 다른 단백질을 인산화시키는 효소*임이 밝혀졌다. cdc2처럼 인산화를 통해 세포분열을 조절하는 유전자가 계속해서 발견됨에 따라 이름을 체계적으로 정리할 필요가 생겼으며, 이에 따라 cdc2는 cdk1cyclin-dependent protein kinase(사이클린-의존성 인산화효소)이라는 새로운 이름을 얻게 되었다. 지금까지 10여 개의 cdk가 발견되었고, 이들은 각기 다른 세포분열 주기에서 세포분열을 조절한다.

세포분열 주기 조절의 마지막 퍼즐은 영국 암연구 재단의 팀 헌트 박사에 의해 맞추어졌다. 팀 헌트 박사는 성게의 알을 이용하여 핵이 둘로 나누어지는 M기를 연구하였다. 성게 알은 투명하고 발생 과정에서 일어나는 세포분열을 아주 손쉽게 관찰할 수 있기 때문에 오래전부터 발생학 연구에 단골로 사용된 실험동물이었다. 그러나 팀 헌트 박사가 성게 알을 사용한 가장 큰 이유는 성게 알이 상대적으로 커서 단백질 분리 및 분석에 유리하기 때문이었다. 팀 헌트 박사가 연구를 시작할 당시에 이미 수정된 성게 알에 약물을 처리하여 단백질 합성을 막으면 핵분열이 일어나지 않지만, 수정이 일어나고 30분이 지난 다음에 단백질 합성을 막으면 핵분열이 정상적으로 진행된다는 사실이 알려져 있었다. 이는 수정이

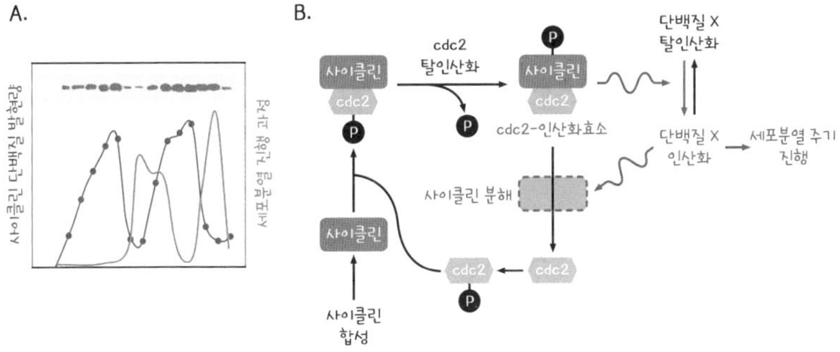

그림 4. 사이클린 단백질의 발견

A 세포분열 주기(초록색 선)에 따른 사이클린 단백질의 주기적인 발현(빨간색 선). 사이클린 단백질 그래프는 위쪽에 있는 단백질 밴드의 굵기를 비교하여 그린 것이다. **B** 사이클린 단백질의 주기성 조절. 인산화된 cdc2와 사이클린이 결합하여 cdc2가 사이클린을 인산화한다. 인산화된 사이클린은 표적 단백질 X를 인산화하고, 인산화에 의해 활성화된 단백질 X는 단백질 분해효소를 활성화하여 사이클린을 분해한다. 사이클린이 분해되면 cdc2는 비활성화된다. 인산화된 cdc는 세포분열 주기에 따라 새로 만들어진 사이클린과 결합하여 사이클린을 인산화하는 과정이 반복된다.

일어난 직후에 새로 합성되는 단백질이 핵분열을 촉진한다는 사실을 의미한다. 따라서 팀 헌트 박사는 성게 알을 수정시키고 새로 합성되는 단백질들을 조사하였고, 마침내 핵분열이 시작할 무렵에 만들어지고 그 후에는 사라지기를 반복하는 단백질을 발견하였다(그림 4A). 팀 헌트 박사는 이 단백질이 세포분열 주기에 따라 양적인 차이를 보이는 것에 착안하여 사이클린Cyclin이라 이름 지었고, 계속된 연구를 통해 사이클린이 폴너스 박사가 발견한 사이클린-의존성 인산화효소와 결합하여 M기를 진행시킨다는 사실을 밝혔다. 또한, 사이클린과 사이클린-의존성 인산화효소의 작용에 의해 사이클린의 주기성이 만들어진다는 사실도 밝혔다(그림 4B). cdc2와 결합한 사이클린은 다른 단백질들의 인산화를 유도하

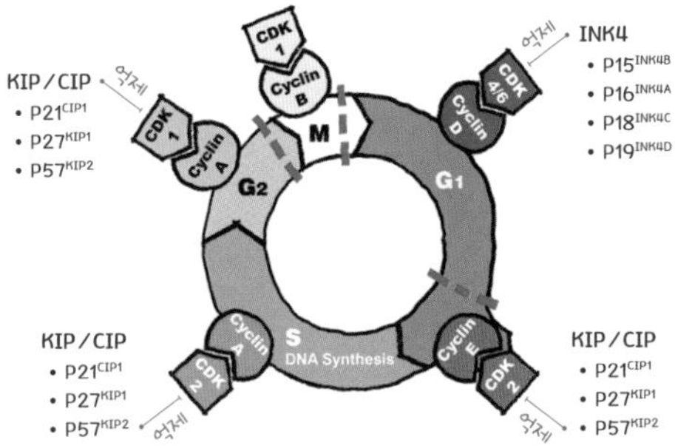

그림 5. Cyclin–CDK–INK에 의한 세포분열 주기의 조절

세포분열은 다양한 사이클린–의존성 인산화효소와 사이클린에 의해 조절된다. 세포분열의 개시는 CDK4/6–CyclinD에 의해 조절되며, G1기에서 S기로의 진입은 CDK2–CyclinE에 의해 조절되고 S기의 진행은 CDK2–CyclinA에 의해 조절된다. 또한 G2기에서 M기로의 진입은 CDK1–CyclinA에 의해 조절되고, M기의 진행은 CDK1–CyclinB에 의해 조절된다. 한편, 세포분열을 촉진하는 인자와는 반대로 세포분열을 억제하는 효소들도 존재한다. INK4, KIP, CIP 등의 효소는 사이클린–의존성 인산화효소의 기능을 억제하여 세포분열이 진행되지 않도록 한다. 이들은 대부분 P15와 같이 P 뒤에 숫자가 있는 이름을 가지고 있는데, 이는 단백질의 크기로 이름을 정했기 때문이다.

고, 인산화된 단백질들은 세포분열 주기를 진행시키기도 하고 사이클린을 파괴하기도 한다.

많은 연구를 통해 사이클린은 대부분의 진핵세포에서 세포분열을 조절한다는 사실이 밝혀졌다. 사이클린은 A, B, D, E 타입 등 10종류 이상이 발견되었으며, 이들은 다양한 사이클린–의존성 인산화효소와 결합하여 세포분열 주기를 조절한다(그림 5). 팀 헌트 박사에 의해 처음 발견된 사이클린은 B 타입 사이클린인데, 이는 폴 너스 박사가 발견한 CDK1과 결합하여 M기를 진행시키는 역할을 한다. CDK4/6–CyclinD 조합은 세포분열의 시작을 조절하며, CDK2–CyclinE 조합은 G1기에서 S기로의 진입을 조절한다. CDK2–CyclinA 조합은 S기를 진행하게 하고,

CDK1-CyclinA 조합은 G2기의 진행을 조절한다. 이처럼 사이클린-의존성 인산화효소와 사이클린의 조합은 세포분열의 단계마다 필요한 단백질을 조절하여 세포분열이 성공적으로 진행될 수 있도록 한다. 한편, 사이클린-의존성 인산화효소의 작용을 방해하는 단백질Inhibitor of cyclin-dependent kinase, INK들도 발견되었는데, 이들은 세포분열 주기의 각 단계에서 세포분열을 억제하는 역할을 한다. 이처럼 세포분열은 다양한 단백질이 상황에 따라 서로 촉진하기도 하고 억제하기도 하면서 진행되는 매우 복잡한 과정이다.

세포분열 조절을 이용한 암 치료제의 개발

암은 세포분열이 조절되지 않고 계속 진행되어 필요 없는 세포가 혹처럼 불어나 주변 세포의 기능을 막아서 생기는 병이다. 따라서 암을 치료하는 방법은 암세포를 죽여서 없애고, 재발하지 않도록 암세포의 분열을 억제하는 것이다. 암세포의 분열을 억제하기 위해서는 세포분열을 촉진하는 유전자는 방해하고, 세포분열을 억제하는 유전자는 활성화하는 것이 필수적이다. RbRetinoblastoma(망막아세포종) 유전자는 이름에서 알 수 있듯이, 주로 5세 미만 아이들 눈의 망막에 생기는 종양을 연구하는 과정에서 발견되었다. Rb는 세포분열에 필요한 유전자들을 발현시키는 E2F 전사인자를 방해하여 G1기에서 S기로의 진입을 억제한다(그림 6). 외부에서 세포분열을 시작하라는 신호가 오면, 사이클린-의존성 인산화효소가 Rb를 인산화시켜 Rb를 E2F 전사인자로부터 분리시킨다. 그 결과 자유로워진 E2F 전사인자가 세포분열에 필요한 유전자들을 발현하여 세

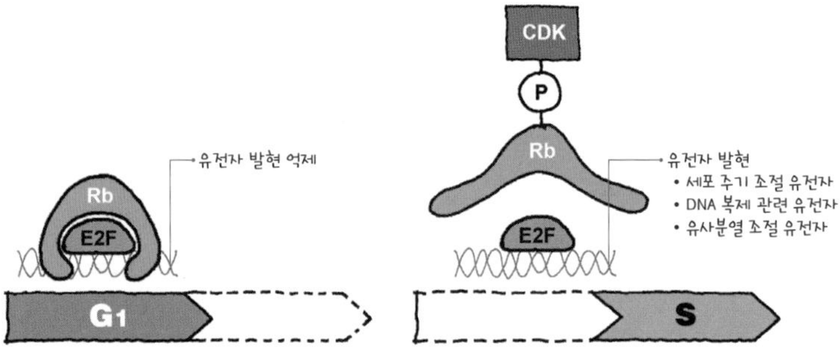

그림 6. CDK와 Rb에 의한 세포분열 개시 조절

세포분열이 일어나지 않을 때는 Rb 단백질이 세포분열을 개시하는 E2F 전사인자와 결합하여 E2F를 억제하고 있다. 그러나 세포분열 신호가 오면 사이클린-의존성 인산화효소가 Rb 단백질을 인산화하여 E2F로부터 분리시킨다. Rb로부터 자유로워진 E2F 전사인자는 세포분열에 필요한 세포 주기 조절 유전자, DNA 복제 유전자, 유사분열 조절 유전자 등을 발현하여 세포분열을 개시한다.

포분열이 시작된다. 만약 사이클린-의존성 인산화효소의 활성이 지나쳐 계속해서 Rb를 억제하면, 자유로워진 E2F 전사인자가 세포분열에 필요한 단백질들을 계속적으로 만들어 세포분열은 반복되고 암이 발생할 것이다. 따라서 사이클린-의존성 인산화효소의 기능을 억제하면 암을 치료할 수 있을지도 모른다.

글로벌 제약회사인 화이자에서 만든 입랜스Ibrance는 CDK4와 CDK6를 방해하여 세포분열의 시작을 억제하는 암 치료제이다. 입랜스는 특히 유방암에 탁월한 효과를 보인다. 암 치료 후 암이 재발하지 않고 생존할 수 있는 무진행 생존 기간이 24.8개월로, 기존에 사용된 호르몬 치료제의 2배에 이른다. 현재까지 개발된 유방암 치료제로는 가장 좋은 효과를 보이는데, 단점은 가격이 비싸다는 것이다. 호르몬 치료제와 함께 사용할 경우, 한 달 약값이 500만 원에 이르기 때문에 서민들이 사용하기에는 고가의 약이다. 노바티스사가 개발한 키스칼리Kisqali와 일라이 릴리사가 개발한 버제니오Verzenio 역시 CDK4와 CDK6를 억제하는 암 치료제이다. 그러나 이들은 아직 국내에서 시판되지 않는다. 경제 논리로 보자면, 이들이 국내에서 시판되면 입랜스를 비롯한 암 치료제의 가격이 내려갈지도 모를 일이다. 신약 개발자들의 노력을 고려한다면 무작정 가격을 내리라고 할 수는 없으나, 가격이 내리든지 혹은 빨리 의료보험이 적용되어 서민들도 부담 없이 사용할 수 있게 되기를 바랄 뿐이다.

p53 유전자는 또 다른 유력한 암 치료제의 대상이다. p53은 DNA 손상을 발견하면 세포분열을 멈추고 DNA를 수선하도록 지시한다. 만약 DNA 손상이 심각하여 수선 작업이 원활하게 이루어지지 않으면 세포자살을 일으켜 DNA가 손상된 상태로 세포가 분열하는 것을 방지한다. 손상된 DNA는 암을 일으킬 가능성이 크기 때문에 p53의 기능은 암의 예방에 매우 중요하다. 실제로 코끼리는 사람보다 100배 이상의 세포를 가지고 있지만, p53의 종류가 많고 발현량이 많아 암에 걸리는 확률은 훨씬 낮다. 사람의 경우, 대장암, 유방암, 간암, 폐암, 뇌암 등 전체 암의 50% 이상에서 p53 유전자 돌연변이가 발견되거나, 유전자 발현이 일어나지 않는 등 p53이 제대로 기능하지 않는다는 사실이 밝혀졌다. 따라서 고장 난 돌연변이 p53을 제거하고, p53을 제대로 작동시키면 암을 치료할 수 있을 것이다. 바이러스 등을 이용하여 p53 유전자를 체내에 주입하는 임상시험이 진행 중이나 개발 속도는 느리며 아직 눈에 띄는 성과는 없는 상황이다. 택솔은 오래전인 1962년에 주목 나무껍질에서 추출한 항암제인데, p53에 이상이 생겨 암세포로의 변형이 발생했을 가능성이 매우 큰 세포를 선택적으로 죽이는 것으로 밝혀졌다.

생명체가 살아가는 데 있어 세포분열은 필수적인데, 암은 그 틈새를 파고든 매우 영리한 병이다. 1971년 미국은 독자적으로 제1차 암과의 10년 전쟁National Cancer Act of 1971을 선포하고 암을 정복하려 하였으나, 암에 대한 무지와 기술 부족으로 실패하고 말았다. 그러나 분자생물학과 의학의 발달로 암이라는 무서운 적의 특징을 많이 알게 되었고, 다양한 암 억제 유전자와 암 유발 유전자가 발견되었다. 그 결과 세포분열 주기 조절 약물 또는 성장억제제 등 암과의 전쟁을 승리로 이끌 무기들이 계속 개발되고 있으며, 부분적인 전투에서는 승리를 거두기도 했다. 암세포와의 전쟁에서 부딪힌 가장 큰 난관은 피아를 구별해서 적군만 죽이는 무기를 아직 개발하지 못했다는 점이다. 암세포를 죽이는 과정에서 아군도 함께 죽이는 부작용이 나타나 많은 환자가 고통받고 있다. 영화에서 암 환자를 표현하기 위해 헛구역질을 하거나 털모자를 클리셰로 사용하는 이유는 항암제에 의해 암세포만 죽는 것이 아니라 모발세포와 식도의 표피세포도 함께 죽어 없어지기 때문이다. 그러나 최근에는 면역세포를 이용하는 방법과 크리스퍼-캐스9 유전자가위를 이용하는 방법 등 암세포만을 선택적으로 죽이는 새로운 무기들이 개발되고 있으니, 앞으로 있을 제2차 암과의 대규모 전쟁에서는 꼭 승리하기를 기대해본다.

4장

영원한 반복

일주기리듬(생체시계)

노벨상 수상자

생리의학상

제프리 홀Jeffrey C. Hall(2017),
마이클 로스배시Michael Rosbash(2017),
마이클 영Michael W. Young(2017)

신새댁 씨는 아기를 낳으면 모성애가 저절로 생기는 줄 알았다. 그러나 그것은 대단한 착각이었다. 네 시간 동안 쉴 틈 없이 찾아온 진진통眞陣痛과 분만촉진제에 의한 미칠 듯한 고통은 신새댁 씨를 혼절시키기에 충분하였다.* 열두 시간 이상 계속된 사투 끝에 양수가 터지는 순간에도 신새댁 씨의 자궁경부 지름은 4cm를 넘지 않았고, 어쩔 수 없이 아기는 제왕절개 수술을 통해 태어났다. 신새댁 씨는 아기를 가슴에 안아 눈을 맞추는 감격스러운 첫 만남을 한껏 기대했었는데, 그러한 기대는 그렇게 물거품처럼 사라졌다.

그러나 이보다 더욱 신새댁 씨를 어이없고 당황스럽게 만든 사실은 마취에서 깨어나 아기를 마주하고 첫 모유를 수유하는 순간에 모성애가 전혀 느껴지지 않았다는 점이다. 양수에 불어 쭈글쭈글한 아기의 첫 모습은 전혀 사랑스럽지 않았으며, 아기가 물고 잠든 젖꼭지는 아파서 참을 수 없을 지경이었다. 더군다나 이유도 없이 불쑥 찾아오는 낯설고 우울한 감정은 주체할 수 없었다.* 낯설고 우울한 감정 때문에 아기를 제대로 키울 수 없을 것 같은 불안감은 신새댁 씨를 더욱 힘들게 했다. 어찌하면 좋을까? 그러나, 아기와 눈을 맞추며 수유하는 횟수가 늘어나고, 밤낮을 가리지 않고 기저귀를 갈아주고, 알아들을 수 없는 옹알이와 대화하는 날들이 쌓이고, 어느 날 문득 자신이 없으면 아기는 한순간도 살아갈 수 없다는 무섭고 두려운 책임감이 느껴지는 순간, 아기에 대한 사랑은 기적처럼 다가왔다.

어느새 아기는 신새댁 씨 자신의 생명보다 귀중한 존재가 되어 있었다. 언제 어디서부터 모성애가 생겨났는지 알 수 없지만, 분명 반복의 힘이라고 신새댁 씨는 생각한다. 아기는 '엄마'라는 한 마디를 들려주기 위하여 웃을 때, 울 때, 흥분했을 때, 잠들기 직전에도 '어어어어--, 아아아--, 므으으--' 하는 소리를 수천 번 이상 반복해서 연습했음이 틀림없으며, 이는 신새댁 씨에게 세상 무엇과도 바꿀 수 없는 사랑스럽고 기쁜 선물이었다. 신새댁 씨는 반복은 기꺼이 인내할 가치가 있으며, 어제와 같은 오늘 그리고 오늘과 같은 내일처럼 아기에게 변함없는 사랑과 믿음을 보여주는 것이 아기의 성장과 교육에 가장 좋은 방법이라고 굳게 믿고 있다.

만약, 어제의 태양이 오늘 다시 떠오르지 않으면 절망에 빠질 것이다. 그러나 내일 태양이 떠오르지 않는다는 사실을 미리 알게 된다면 오히려 부질없는 희망에 빠질지도 모른다. 희망과 절망은 태양의 존재 여부가 아니라, 태양의 변화에 적응할 기회의 존재 여부에 달려 있기 때문이다.

노르웨이의 작가 요 네스뵈가 쓴 『미드나잇 선*Midnight Sun*』의 주인공 울프 한센은 살해할 대상과 눈이 마주치면 방아쇠를 당기지 못하는 어설픈 킬러인데, 어려운 일이 닥칠 때마다 '처음이 항상 최악이다'라는 삼류 킬러에게나 어울리는 독백을 되뇐다. 사실 처음은 누구에게나 최악이지만 반복된 기회는 기꺼이 최악을 받아들일 용기를 준다. 울프와 소년 크누트는 일본 씨름인 스모를 하고 난 후 서로 대화를 나누는데, 더 잘 진다는 게 무슨 뜻이냐는 크누트의 질문에 울프는 이렇게 얘기한다. "우리는 살면서 주로 할 수 없는 일들을 하려고 하거든. 그러니까 이길 때보다 질 때가 많아. 그러니 앞으로 더 자주 하게 될 일을 잘 하는 게 중요하지 않겠니? 잘 진다는 건 기꺼이 또 질 용기를 갖는 거야."

울프와 크누트의 대화는 자주 지는 우리에게 위로를 주지만, 패배는 결코 우리의 숙명이 아니다. 아픈 만큼 성숙해지는 것이 청춘이 아니듯

자주 진다고 해서 더 잘 지게 되는 것도 아니다. 반복적인 패배는 자존감의 상실과 더불어 삶을 피폐하게 할 뿐이다.

말콤 글래드웰이 지은 『다윗과 골리앗』이라는 책에는 '강자를 이기는 약자의 기술'이라는 부제가 붙어 있는데, 강자인 골리앗을 이긴 다윗의 전략을 분석하여 보여준다. 모두가 약자라 판단한 다윗은 애초부터 맞붙어서 싸울 생각이 전혀 없었다. 그건 자신에게 불리한 방식이었다. 대신 자기가 가장 잘 하는 돌팔매질로 대결한다는 전략을 마련하고 있었고 보기 좋게 승리하였다. 그러나 『다윗과 골리앗』에서 저자가 전하고자 하는 진정한 메시지는, 누구도 절대 강자가 아니며 누구도 절대 약자가 아니라는 사실이다. 절대 강자라 해도 약자를 쉽게 이길 수 없으며, 절대 약자라 해도 전략을 잘 세운다면 쉽사리 지지는 않는다는 교훈도 인상적이다.

신자유주의가 만든 승자 독식의 사회에서는 필연적으로 다수의 패배자가 생길 수밖에 없으며, 한국 사회의 주특기인 '서열을 정하는 평가 방법' 역시 많은 패배자를 양산할 수밖에 없다. 승자에게 절대적으로 유리한 불공정한 규칙을 바꾸지 않는다면 약자는 영원히 약자가 될지도 모른다. 승자가 되어 모든 것을 독식하겠다는 열정과 승부욕을 폄하하려는 것은 아니지만, 몫을 충분히 만드는 노력을 통해 승부를 가르지 않고도 나누어 가지는 방법을 찾으면 더 좋을 것이다. 평가를 통해 서열을 정하고 승자에게 상을 주어 동기를 부여하는 것도 좋은 방법이지만, 굳이 상을 주지 않더라도 개개인이 수긍할 방법으로 동기를 부여하는 것은 더욱 성숙하고 품위 있는 방법이다. 서열을 정하는 사회에서는 자기보다 앞선 사람을 존경하고 뒤처진 사람을 무시하는 경향이 있는데, 다시 한 번 곰곰이 생각해볼 일이다. 자신이 그만큼이라도 서열을 유지하는 것은 자기보다 뒤처진 사람들의 희생이 있기 때문이다. 그러니 자신보다 뒤처진 사람을 무시할 게 아니라, 오히려 감사해야 하는 게 아닐까! 상황과 규칙이 바뀌면 서열도 바뀔 테니, 이것 또한 부질없는 생각이다.

세상에 변화하지 않는 환경은 아무것도 없지만, 변화에 적응하여 살아갈 수 있는 것은 변화가 반복적으로 일어나기 때문이다.• 변화를 만들어내는 대표적인 환경인 시간은 앞으로만 내달리기 때문에 누구도 어제로 되돌아가지 못한다.• 그러나 태양을 바라보고 있는 지구의 끊임없는 회전은 시간의 변화를 마치 실에 꿰어진 구슬처럼 반복적으로 만들기 때문에 운이 나쁘지 않다면 어제와 비슷한 내일을 맞이하게 될 것이다. 지구의 자전이 만들어내는 마법은 23시간 56분 만에 다시 만나는 해돋이만이 아니다.• 지구상에 존재하는 생명체의 생존에 절대적인 힘을 가진 태양의 빛과 에너지는 하루를 단위로 변화하면서 모든 생명체의 삶을 하루 주기로 변화시켰다.

모든 생명체는 생존을 위하여 태양의 하루 주기 변화에 적응하여 살아왔으며, 인이 박힌 행동의 결과인지 혹은 혹시라도 생길 태양의 변덕에 대비하기 위해서인지는 알 수 없지만, 모두 자신만의 하루 주기 시계를 만들었다. 낮에 먹이 활동을 하는 동물은 캄캄한 동굴 속에서 자더라도 해가 뜰 시간에 잠에서 깨어나야 하며, 구름에 가려 태양이 보이지 않더라도 낮처럼 여기고 먹이 활동을 해야 하기 때문이다.

생명체에 햇빛과 상관없이 작동하는 하루 주기 시계가 있다는 사실은 프랑스의 천문학자 장 자크 도르투 드 메랑Jean Jacques d'Ortous de Marian이 처음 보고하였다. 1729년 드 메랑은 미모사 잎이 햇빛이 있는 낮 동안에는 활짝 열리지만, 밤에는 닫힌다는 사실을 관찰하였다. 그는 미모사 잎이

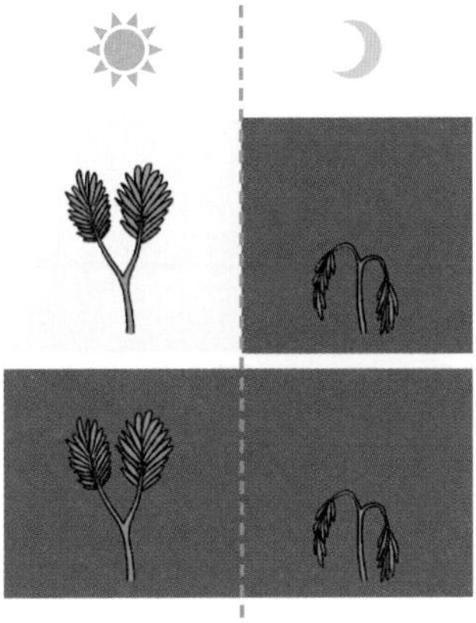

그림 1. 미모사의 생체시계

미모사 잎은 낮에는 활짝 열리고 밤에는 닫힌다(위쪽 그림). 그러나 미모사를 계속 어두운 곳에 두어도 낮 시간대에는 열리고 밤 시간대에는 닫힌다(아래쪽 그림). 이 결과는 미모사가 햇빛과 상관없이 자기의 생체시계에 따라 잎을 열고 닫는다는 사실을 의미한다.

햇빛의 직접적인 영향에 의해 열리는지 알아보기 위해 미모사를 깜깜한 환경에 두었는데, 미모사 잎은 햇빛과 상관없이 낮에는 열리고 밤에는 닫혔다. 미모사는 태양 빛과 상관없는 자기만의 생체시계를 가지고 있는 것이다(그림 1).

생물을 분류하는 명명법을 고안한 스웨덴의 박물학자 칼 폰 린네Carl von Linné는 길가의 식물을 유심히 관찰하여 꽃이 피는 시간이 각각 다르다는 사실을 알아내고 꽃이 피는 시간을 나타내는 꽃시계를 기록하였는데, 이 역시 식물이 각각의 고유한 시계를 가지고 있음을 암시한다(그림 2).

1940년대에 이르러 하루를 단위로 하는 생명체의 리듬에 관한 연구가 본격적으로 시작되었다. 여러 번 노벨상 후보로 거론되었으나 아쉽게도 노벨상을 받지 못하고 2013년 세상을 떠난 미국 미네소타 대학교의 프란

그림 2. 린네의 꽃시계

1-2

Hieracium pilosella, 알프스 민들레

Anagallis arvensis, 뚜껑별꽃

2-3

Cichorium intybus, 치커리

Taraxacum officinale, 서양민들레

3-4

Anthericum liliago, 앤서리컴, 한국 이름 없음

Hieracium rubrum, 국화과, 한국 이름 없음

4-5

Mirabilis jalapa, 분꽃

Oxalis acetosella, 애기괭이밥

5-6

Oenothera biennis, 저녁 앵초

Nymphaea alba, 백수련

6-7

Nymphaea alba, 백수련

Crepis rubra, 분홍 민들레

7-8

Anagallis arvensis, 뚜껑별꽃

Anthericum liliago, 엔서리컴, 한국 이름 없음

8-9

Anagallis arvensis, 뚜껑별꽃

Centaurium erythraea, 센토리

9-10

Dianthus carthusianorum, 패랭이과, 한국 이름 없음

Calendula arvensis, 금잔화

10-11

Mesembryanthemum, 번행초

Spergularia, 석죽

11-12

Lilium tigrinum, 참나리

Sonchus oleraceus, 방가지똥

12-1

Calendula arvensis, 금잔화

Dianthus prolifer, 패랭이과, 한국 이름 없음

츠 할베르그Franz Halberg 박사는 라틴어에서 '대략'이라는 뜻을 가진 'circa'와 '하루'라는 뜻을 가진 'diem'을 합쳐 'circadian rhythm(일주기리듬)'이라는 용어를 처음 만들었다. 할베르그 박사는 일주기리듬을 연구하는 학문을 시간생물학Chronobiology이라 이름 짓고 생명체의 일주기 생체리듬을 연구하는 시간생물학의 기초를 마련하였다.

한편 독일 막스 플랑크 연구소의 위르겐 아쇼프Jürgen Aschoff 박사는 환경의 자극에 의한 일주기리듬 변화 연구에서 탁월한 업적을 남겼는데, 새와 생쥐를 이용한 연구에서 일주기리듬이 선천적이라는 사실을 발견하였다. 그는 외부의 자극이 미치지 않는 지하 벙커를 짓고 20여 년간 사람의 일주기리듬을 연구하여, 수면, 체온, 소변량 등 사람의 생리적 활동은 내재된 일주기리듬을 가지고 있음을 증명하였다. 아쇼프 박사는 일주기리듬에 영향을 주어 환경의 리듬에 동조시키는 외부 요인을 자이트게버zeitgeber라 명명하였다. Zeitgeber는 독일어로 'Zeit Time'와 'Gever Giver'의 합성어로 '시간 정보를 부여하는 자극'이라는 뜻이다. 햇빛, 온도, 음식, 신체 활동, 사회적 관계 등이 이에 해당하며, 자이트게버에 의한 일주기리듬과 환경의 리듬 동조를 일동조화Entrainment라고 한다. 아쇼프 박사는 자이트게버가 없는 상태에서 일주기리듬을 연구하는 생체시계 연구의 기초를 마련하였다.

생체시계 유전자의 발견과 노벨상 수상

환경의 변화에 영향받지 않는 일주기리듬이 생체에 내재되어 있다는 사실은 일주기리듬을 조절하는 생체시계 유전자가 있음을 암시한다.

초파리의 행동을 연구하던 미국 캘리포니아 공과대학교의 시모어 벤저Seymore Benzer 교수와 대학원생인 로널드 코놉카Ronald Konopka는 초파리 유충의 변태가 하루 중 일정한 시간에 일어난다는 사실로부터 초파리에게 생체시계 유전자가 있음을 확신하고 유전자를 찾는 연구를 시작하였다. 지도교수의 격려에 의욕이 넘친 코놉카는 화학물질을 이용하여 2000마리의 초파리에게 무작위로 돌연변이를 일으키고, 초파리 행동의 일주기리듬을 관찰하였다. 하루 종일 초파리를 관찰한 코놉카는 마침내 일주기리듬이 19시간으로 짧아진 개체, 28시간으로 길어진 개체, 일주기리듬이 사라진 개체 등 3가지 돌연변이를 발견하였다. 그들은 3가지 돌연변이 개체가 X 염색체에 있는 한 개의 유전자에 의해 발생되었다는 사실을 밝혀내고, 돌연변이의 이름을 피리어드Period라 지었지만 애석하게도 유전자를 찾아내지는 못하였다.

피리어드 돌연변이 초파리가 만들어진 지 십여 년이 흐른 1984년, 미국 브랜다이스 대학교의 제프리 홀Jeffery Hall과 마이클 로스배시Michael Rosbash, 그리고 록펠러 대학교의 마이클 영Michael Young 교수는 마침내 피리어드 유전자를 발견하였다. 피리어드 유전자를 발견한 이후에는 피리어드 유전자가 일주기리듬을 조절하는 방법을 알아내는 것이 중요한 문제였다. 이를 위해서는 우선 피리어드 유전자 자체의 일주기리듬을 연구해야만 했다.

제프리 홀 박사와 마이클 로스배시 박사는 초파리 뇌의 신경세포에서 피리어드 유전자의 발현을 조사하여 mRNA가 이른 밤에 가장 많이 축적되고 낮 동안에는 억제되는 일주기리듬을 보인다는 사실을 발견하였다(그림 3A). 피리어드 단백질은 mRNA의 축적이 일어나고 몇 시간이 지난

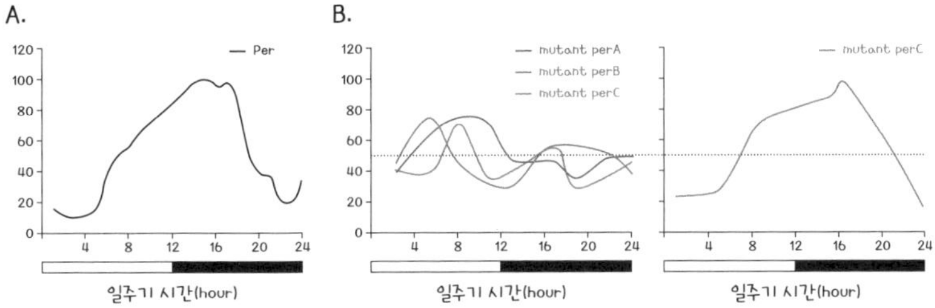

그림 3. 피리어드 유전자의 일주기리듬

X축은 일주기 시간을 나타낸 것이고, Y축은 피리어드 mRNA의 상대적인 양을 나타낸 것이다. 일주기 시간은 자연환경을 따르지 않고, 불이 켜진 환경을 0~12시간, 불이 꺼진 환경을 12~24시간으로 나타내었다. **A** 피리어드 유전자의 일주기리듬. 피리어드 mRNA는 불이 꺼진 4시간 후(이른 밤)에 가장 많이 축적되고, 낮에는 발현이 억제되어 mRNA 양이 거의 없다. **B** 돌연변이 피리어드 유전자의 일주기리듬 회복. 왼쪽 그래프의 세 곡선은 일주기리듬이 사라진 세 돌연변이 개체의 피리어드 mRNA의 상대적인 양을 표시한 것이다. mRNA는 만들어지지만 일주기리듬은 보이지 않는다. 그러나 돌연변이 피리어드 유전자를 정상 초파리에게 넣어주면 돌연변이 피리어드 유전자는 일주기리듬을 회복한다(오른쪽 그래프).

후에 만들어졌다. 한편, 일주기리듬이 19시간인 돌연변이 초파리는 피리어드 유전자의 일주기리듬도 짧아져 있었고, 28시간인 돌연변이 초파리는 피리어드 유전자의 일주기리듬도 길어져 있었다. 그러나 제프리 홀 박사와 마이클 로스배시 박사에게 위대한 영감을 준 것은 일주기리듬이 사라진 돌연변이 초파리였다. 일주기리듬이 사라진 돌연변이는 피리어드 유전자가 발현되어 mRNA가 만들어지지만 일주기리듬은 보이지 않았다. 그런데 이 돌연변이 피리어드 유전자를 정상 초파리에게 넣어주면 일주기리듬이 정상적으로 회복되었다(그림 3B).

어떻게 이런 일이 일어났을까? 제프리 홀 박사와 마이클 로스배시 박사의 가설을 들어보자.

돌연변이 단백질이 있는 경우에는 mRNA가 계속해서 만들어져 일주기리듬이 사라지지만, 정상 단백질이 있는 경우에는 하루의 특정 시간에 mRNA가 만들어지지 않기 때문에 일주기리듬을 보인다. 그렇다면 피리어드 단백질이 특정 시간에 피리어드 mRNA 합성을 억제하는 것이 아닐까? 이미 피리어드 단백질이 핵 속에 존재한다는 사실이 밝혀졌으므로 이 가설은 설득력이 얻었다. 그렇다면 피리어드 단백질은 어떻게 핵으로 들어가는 것일까? 이 문제는 마이클 영 교수에 의해 해결되었다. 마이클 영 교수 연구팀은 무려 7000마리의 초파리를 분석하여 또 다른 생체시계 유전자인 타임리스Timeless를 발견하였다. 타임리스 역시 일주기리듬을 가지고 있었다. 놀랍게도 타임리스는 피리어드와 결합하여 피리어드가 핵 속으로 이동하게 해줄 뿐만 아니라 피리어드가 분해되는 것을 막는 역할도 하는 것으로 밝혀졌다.

이제 피리어드 단백질과 타임리스 단백질에 의한 피리어드 유전자의 일주기리듬 조절 방법을 정리해보자. 저녁이면 피리어드 유전자의 발현이 시작되어 밤중에는 mRNA가 세포질에 가득 쌓이게 되고, 새벽녘에는 피리어드 단백질이 만들어진다. 피리어드 단백질은 타임리스 단백질과 결합하여 핵으로 이동하여 자신을 만드는 피리어드 유전자의 발현을 억제한다. 따라서 낮 동안에는 피리어드 유전자가 발현하지 않아 mRNA는 만들어지지 않고, 단백질 역시 분해되어 사라짐으로써 피리어드 유전자의 일주기리듬이 완성된다(그림 4).

그러나 '피리어드 유전자의 발현은 어떻게 시작되는가?' 또는 '피리어드 유전자는 낮 동안에 어떻게 분해되는가?' 같은 의문들은 여전히 해결해야 할 문제였다. 활발한 후속 연구에 의해 클락Clock, 사이클Cycle, 더블타임Doubletime, 크립토크롬Cryptochrome 등 새로운 생체시계 유전자들이 발견

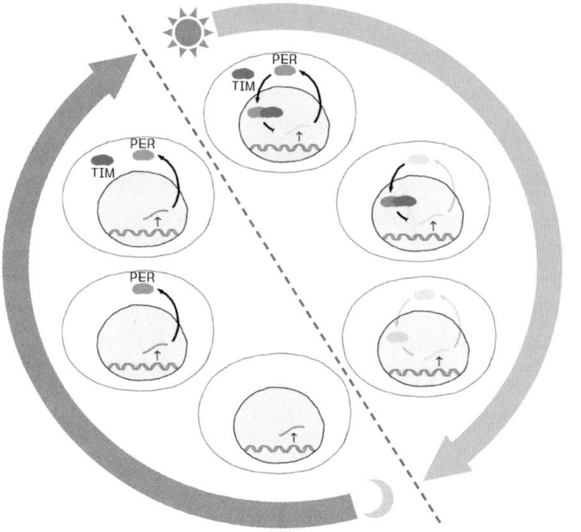

그림 4. 피리어드 유전자의 일주기리듬 조절

그림의 크고 작은 원은 각각 세포질과 핵을 나타낸다. 주황색의 선들과 원은 각각 피리어드 유전자의 DNA, mRNA, 단백질을 표시한 것이고, 파란색 원은 타임리스 단백질을 표시한 것이다. 저녁이 되면 피리어드 유전자로부터 mRNA가 만들어지고 세포질에서 단백질이 만들어져 밤 사이에 축적된다. 타임리스 단백질도 밤 사이에 만들어져 축적된다. 아침이 되면 피리어드 단백질은 타임리스 단백질과 결합하여 핵으로 이동하며, 핵에서 자신을 만드는 유전자 발현을 스스로 억제한다. 낮 동안에는 피리어드 유전자의 발현이 억제되어 단백질이 만들어지지 않으며, 이미 만들어진 단백질도 분해되어 사라진다. 저녁이 되면 다시 피리어드 유전자가 발현되어 일주기리듬이 반복된다.

되었고, 이들의 조화로운 활동에 따라 일주기리듬이 좀 더 정교하게 조절된다는 사실이 밝혀졌다.

다시 시나리오를 살펴보자. 저녁이 되면 클락-사이클 결합단백질이 피리어드 유전자와 타임리스 유전자의 발현을 유도하여 밤새 피리어드와 타임리스가 생성된다. 새벽녘부터 해가 뜨기 전까지는 타임리스와 피리어드가 결합하여 핵 속으로 이동하고, 이들은 클락과 사이클을 억제

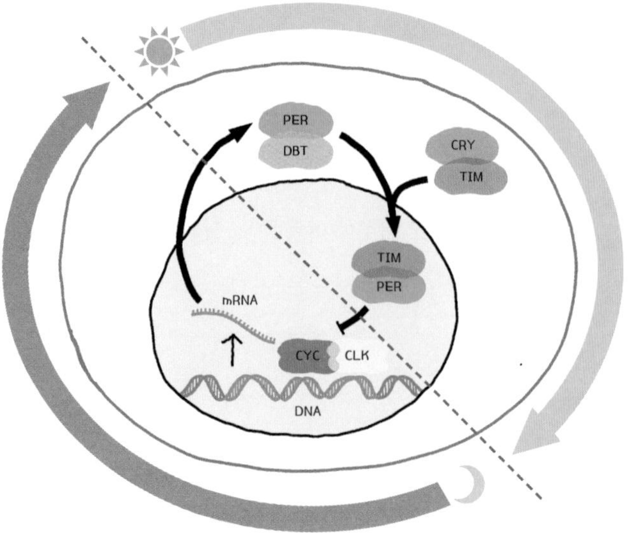

그림 5. 생체시계 단백질에 의한 일주기리듬 조절

저녁이 되면 클락CLK과 사이클CYC에 의해 피리어드PER와 타임리스TIM 유전자 발현이 시작되어 mRNA가 만들어지고, 피리어드와 타임리스 단백질은 밤 사이에 만들어져 새벽녘에 세포질에 가장 많이 축적된다. 낮 동안에 피리어드와 타임리스는 서로 결합하여 핵으로 이동한 다음 클락과 사이클을 억제하여 더 이상 자신들이 만들어지지 않도록 한다. 한편, 해가 뜨면 크립토크롬CRY이 활성화되어 타임리스를 인산화시켜 분해시킨다. 타임리스와 분리된 피리어드는 더블타임DBT에 의해 인산화되어 분해된다. 낮 동안에 피리어드와 타임리스는 모두 분해되어 없어지고, 저녁이 되면 피리어드와 타임리스의 억제로부터 해방된 클락과 사이클이 다시 피리어드와 타임리스를 만들기 시작한다.

하여 더 이상 자신들이 만들어지지 않도록 한다. 이윽고 아침이 되어 햇빛을 받으면 크립토크롬이 활성화되어 타임리스와 피리어드를 분리시키고, 분리된 타임리스는 곧바로 분해된다. 한편, 홀로된 피리어드 역시 더블타임의 공격에 의해 분해된다. 이렇게 해서 아침부터 낮 동안에 피리어드와 타임리스는 완전히 분해되어 사라진다. 피리어드와 타임리스가 사라지면, 이들의 억제에서 해방된 클락과 사이클은 저녁부터 다시 활성화되어 피리어드와 타임리스를 만들면서 새로운 일주기리듬이 반복된다. 한마디로 간단히 요약하면 클락–사이클 짝과 피리어드–타임리스 짝이 서로를 활성화하고 또는 서로 억제하는 되먹임 고리를 형성하여 일주기리듬이 반복적으로 돌아가게 한다(그림 5).

분자들이 서로 협력하여 일주기리듬을 조절하는 현상은 마치 공들여 맞춘 시나리오처럼 정교하다. 분자들은 어떻게 이런 정교한 조절 방법을 개발하였을까? 더군다나 이 방법은 지구상에 살고 있는 모든 생명체가 채택하여 사용하는 방법이니, 환경에 대항하여 생존하기 위한 생명체의 처절한 노력은 숭고하게 느껴지기까지 한다. 제프리 홀과 마이클 로스배시 그리고 리처드 영은 생체시계 유전자를 발견하고, 복잡하고 정교한 일주기리듬 조절 방식을 밝힌 공로로 2017년 노벨상을 받았다. 최초의 생체시계 유전자인 피리어드가 발견된 지 33년 만에 이루어진 일이다. 노벨상에 목매는 것은 아니지만, 우리나라의 상황을 생각하면 갑자기 마음이 갑갑하다.

일주기 생체리듬 맞추기

우리 몸에 햇빛이 없어도 자체적으로 돌아가는 하루 주기의 생체시계가 있어서 능동적으로 환경의 지배에 대응할 수 있지만, 빛을 완전히 무시하면서 살아갈 수는 없다. 사실 우리의 생체시계는 매일매일 태양이 만들어내는 빛의 주기에 일주기리듬을 맞추고 있는데, 생체시계가 태양빛과 조화를 이루지 못하면 몸이 힘들어지기 때문이다. 대표적으로 경험할 수 있는 일주기리듬의 부조화는 해외여행에 따른 시차와 시차적응의 문제이다. 오전 10시에 비행기를 타고 서쪽으로 12시간 비행하여 프랑스 파리에 도착하면 몸의 생체시계는 오후 10시이지만, 파리는 오후 3시로 한창 관광할 시간이다. 그러나 몸의 생체시계 때문에 2~3시간만 관광하고 나면 잠이 쏟아지고 피곤해져서 로테르담 성당도 루브르 박물관도 모두 귀찮기만 할 것이다. 몸은 생체시계를 천천히 돌려 파리의 빛에 일주기리듬을 맞추려고 노력한다. 하루에 2시간씩만 늦춘다면 3.5일 뒤에는 파리지앵처럼 활기차게 관광할 수 있을지도 모른다. 일주일간의 신나는 여행을 마치고 이번에는 밤 10시 비행기를 타고 동쪽으로 12시간 비행하여 서울로 돌아오면, 몸의 생체시계는 오전 10시이지만 서울은 이미 오후 5시이다. 파리에서와 마찬가지로 7시간의 차이를 맞추어야 하는데, 이번에는 생체시계를 빨리 돌려 시간을 따라잡아야 한다. 그런데 우리의 생체시계는 24시간보다 조금 길기도 하고, 천천히 도는 것을 더 좋아하기 때문에 하루에 2시간씩 서울의 빛을 따라잡기는 쉽지 않다. 아마도 파리에서보다 시차를 맞추는 데 더 오랜 시간이 걸려 직장 상사의 눈치를 더 오랫동안 봐야 할지도 모른다.

시차적응처럼 우리 몸의 일주기 생체리듬을 조절하는 중앙관리소는 빛을 감지하는 망막의 신경세포로부터 직접 정보를 입력받는 시신경교차상핵Suprachiasmatic nucleus, SCN* 이다. 시신경교차상핵의 생체시계는 자체적인 일주기리듬을 만들 뿐만 아니라, 주변 환경으로부터 빛, 온도와 같은 자이트게버를 취합하여 생체시계를 재설정하는 역할을 한다. 시신경교차상핵은 호르몬 또는 말초자율신경계를 통해 신체 곳곳에 존재하는 세포의 생체시계를 자신의 생체시계에 맞추도록 하여 몸의 생체리듬을 조화롭게 유지한다. 잠자기와 일어나기뿐만 아니라, 우리가 잘 인식하지

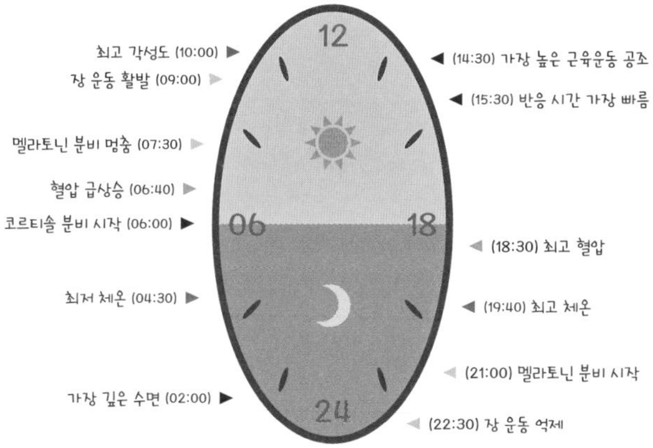

그림 6. 일주기리듬과 생리 활동 주기

혈압, 체온, 호르몬 분비, 섭식 등의 생리 활동은 일주기리듬을 갖는다. 혈압은 잠에서 깨는 새벽에 급상승하여 낮 동안 유지되며 저녁 시간에 최고점에 달하고 잠자는 사이에는 감소한다. 체온 역시 새벽녘에 가장 낮으며 아침에 정상 체온을 회복하여 저녁에 가장 높은 상태를 보인다. 장 운동은 아침에 가장 활발하며 밤이 되면 장 운동이 억제된다. 각성도는 오전 10시경이 가장 높다. 만약 집중해서 해야 할 일이 있으면 이 시간대가 가장 좋다. 수학과 과학처럼 어려운 과목을 집중적으로 공부하려면 이 시간대가 가장 효과적일 수 있다. 멜라토닌은 오후 9시경에 분비되어 잠을 유도하며 아침 7시경에는 분비를 멈추어 잠이 달아나게 한다. 대사 활동을 활발하게 하는 코르티솔은 아침에 분비되어 낮 동안에 높게 유지되며 밤이 되면 분비가 줄어든다.

못하는 체온, 혈압, 호르몬 분비, 섭식, 배설 등의 생리 대사 활동도 모두 일주기 생체리듬을 가지고 있으며, 이들 기능을 담당하는 조직 세포의 생체시계에 의해 조절 받는다(그림 6).

만약 이들 생리 활동을 일으키는 조직세포의 생체시계가 시신경교차상핵의 생체시계에 맞춰져 있지 않다면, 각각의 생체리듬이 조화롭게 움직이지 않아 몸은 일대 혼란에 빠질 것이다. 잠은 오는데 야식을 소화하는 장 운동이 되지 않아 더부룩한 배 때문에 잠을 잘 수 없는 상황은 귀엽게 넘어갈 수 있지만, 한참 활동해야 하는 시간에 체온이 떨어지거나,

심장박동이 줄어들거나, 코르티솔 호르몬 분비가 줄어 무기력해진다면 문제는 좀 더 심각해진다. 각각의 생체시계가 고장 나서 생체리듬이 제대로 돌아가지 않거나 혹은 생체리듬끼리 조화를 이루지 못하면 결국은 병에 걸린다.

일주기 생체리듬 관련 질병

생체시계 유전자들은 자신의 일주기리듬을 유지하는 일을 할 뿐만 아니라, 다양한 유전자의 발현을 조절하여 세포들이 일주기리듬에 맞춰 기능하게 한다. 몸을 구성하는 모든 세포, 심지어 머리카락 세포까지도 생체시계를 가지고 있기 때문에 일주기리듬의 교란은 수면 장애뿐만 아니라 생리, 대사 등 신체 활동과 관련된 다양한 질병을 유발한다. 따라서 교대 근무자 또는 국제선 항공기 승무원처럼 일주기리듬 변화가 심한 직업을 가진 사람에게서 당뇨병과 유방암의 발병률이 높다는 뉴스는 더 이상 터무니없는 말이 아니다. 생체시계 유전자 돌연변이에 의한 유전적 요인 또는 교대 근무와 같은 환경적 요인에 의해 일주기리듬이 교란되면 수면 장애가 발생하는데, 이는 앞에서 언급한 대로 여러 가지 병의 원인이 된다. 일주기리듬이 교란되어 있거나 수면이 부족하면 우울증이 생기기도 하는데, 백야 현상이 나타나는 북유럽에 우울증 환자가 많다는 사실은 우연이 아니다. 일주기리듬이 지나치게 앞당겨져 있거나, 뒤처져 있어도 우울증과 조울증이 발병할 수 있는데, 태양처럼 밝은 전구를 이용하는 광 치료나, 수면을 박탈하는 식으로 일주기리듬을 조정하여 병을 치료하기도 한다.

비만과 당뇨병 같은 대사 질환은 일주기리듬과 아무런 관계가 없어 보이지만, 생명체가 공들여 일주기리듬을 만든 이유를 생각하면 쉽게 연관 관계를 유추해볼 수 있다. 일주기 생체리듬의 가장 중요한 기능 중 하나가 수면과 활동 시간을 조절하여 에너지를 효율적으로 배분하는 것이기에 일주기리듬의 교란은 비만과 당뇨병의 원인이 되기에 충분하다. 실제로 대사를 조절하는 대표적 호르몬인 인슐린과 글루코코르티코이드의 혈중 농도는 수면과 활동 상태에 따른 일주기리듬을 보인다. 활동량에 비해 지나치게 많은 영양분을 섭취하면 비만과 당뇨병이 찾아오는 것은 불 보듯 뻔한 일이지만, 제시간에 충분히 자고 먹는다면 비만과 당뇨병이 천천히 혹은 안 올지도 모른다.

암의 발생 역시 일주기리듬 교란과 관련이 있다. 암은 기본적으로 세포가 무분별하게 증식하는 생기는 병인데, 세포분열에 관여하는 인자들이 일주기 생체시계 유전자의 조절을 받고 있기에 일주기리듬의 교란은 암의 원인이 될 수 있다. 일반적으로 우리 몸을 이루는 세포들의 분열시간은 생체시계와 비슷한 24시간 정도인데, 암세포 또는 줄기세포처럼 빠르게 분열하는 세포에서는 생체시계 유전자들의 발현이 억제되어 있다. 암이 생체시계 유전자를 억제한 것인지 혹은 생체시계 유전자가 억제되면서 암이 발생한 것인지에 대한 인과관계는 분명하지 않지만, 생체시계를 제대로 회복하면 암이 사라질 수도 있다는 희망이 생기기도 한다.

한편, 하루 중 일정한 시기에 발병하거나 증상이 심해지는 질병도 있는데, 심장마비와 뇌졸중은 밤사이 낮게 유지되던 체온과 혈압이 갑자기 상승하는 새벽녘에 주로 발생하고, 가려움증과 천식도 밤과 새벽에 증상이 심해진다. 따라서 혈압 약과 천식 치료제는 잠자기 전에 먹어야 충분한 효과를 볼 수 있다. 일주기 생체리듬의 조절을 받지 않는 세포와 조직은 없기에 일주기리듬과 관계되지 않은 질병은 없는 것처럼 보인다. 잠만 잘 자도 건강을 유지할 수 있다는 옛말은 정말로 맞는 말이다. 생존을 위하여 밤낮 구별하지 않고 열심히 일하는 것은 어쩔 수 없는 일이지만, 밤낮 구별하지 않고 열심히 일하면 생존에 문제가 생긴다는 사실도 유념해야 한다.

5장

신인류의 탄생

유전자 바꿔치기

노벨상 수상자

생리의학상

마리오 카페키 Mario R. Capecchi(2007),
올리버 스미시스 Oliver Smithies(2007),
마틴 에번스 Martin J. Evans(2007)

조지 마틴George Martin의 소설 『얼음과 불의 노래』를 원작으로 만든 〈왕좌의 게임〉은 칠왕국의 왕좌를 차지하기 위해 여러 가문이 온갖 전략을 동원하여 싸우는 판타지 드라마이다. 가문의 종류만큼이나 다양한 인물들이 등장하여 드라마의 흥미와 재미를 더한다. 얼음을 상징하는 스타크 가문의 존 스노우는 정의로움과 부드러움을 갖추고 있고, 불을 상징하는 타가리엔 가문의 데너리스는 용의 어머니답게 언제나 당당하다. 칠왕국의 왕비이자 대비인 라니스터 가문의 세르세이는 탐욕스러운 만큼 정치적인 여인이다. 소의회의 노회한 정치가들인 피터 베일리쉬, 바리스, 파이셀 등도 모두 개성이 뚜렷한 인물들이다. 그러나 이들 가운데에서 단연 주목을 받는 인물은 티리온 라니스터이다. 티리온은 권력, 재물, 재능, 심지어 약간 뒤틀린 인간미까지 갖추고 있지만, 여전히 비운의 주인공이다.

티리온이 아버지 티윈에게는 부끄러움이고, 누나 세르세이에게는 증오의 대상이며, 형 제이미에게는 연민인 이유는 그가 왜소증Dwarfism이기 때문이다. 왜소증의 원인은 수도 없이 많지만, 티리온의 경우는 유전자 돌연변이에 의해 생긴 연골무형성증Achondroplasia이 주요 원인이라고 가정하고 상상의 여행을 떠나보자.

티리온 라니스터 가문에서 왜소증 유전자 돌연변이를 제거하는 방법은 없을까? 우선 티리온이 왜소증이 아닌 여자와 결혼하여 체외수정 시술로 아기를 낳는 방법을 생각해볼 수 있다. 체외수정을 통해 10개의 수정란을 얻었다면 그중 절반쯤은 왜소증 유전자 돌연변이를 가지고 있을 것이다. 10개의 수정란이 8세포기까지 자랐을 때 1개의 할구세포를 떼어내서 유전자 검사를 한 다음, 돌연변이가 없는 수정란을 선별하여 라니스터 부인의 자궁에 착상시켜 아기를 낳는다면 티리온 라니스터 가문에서 왜소증 유전자 돌연변이는 사라지게 될 것이다. 그러나 8세포기의 배아에서 세포 한 개를 떼어내고 남은 7개의 세포로부터 자란 배아가 정상일까? 현재까지 진행된 발생학 연구에 의하면 수정란부터 상실배까지의 각 세포는 신체의 모든 세포로 분화할 수 있는 능력이 있으므로 8세포기에서 하나의 세포가 제거된다 해도 정상적으로 발생할 것이다. 실제로 이러한 일은 도롱뇽과 생쥐 등에서 실험적으로 증명되었다. 그러나 사람을 대상으로 실험한 예가 없으므로 불행한 사고가 일어나지 않는다고 장담할 수는 없다. 만약 이것이 고민스럽다면 체외수정으로 얻은 수정란에 정상 유전자를 주입하여 왜소증 유전자 돌연변이와 바꿔치기하면 어떨까? 더불어 정상 유전자 뒤에 초록색 눈동자 유전자를 덤으로 넣어준다면 금발의 초록색 눈동자를 상징으로 하는 라니스터 가문의 전통을 다시 잇는 셈이니 더욱 완벽한 셈이다.•

유전자 바꿔치기는 실현 가능한 상상일까? 상상으로만 가능하다고 생각되는 이 일은 이미 1987년 마리오 카페키Mario R. Capecchi 박사와 올리버 스미시스Oliver Smithies 박사에 의해 실현되었고, 이들은 30여 년이 지난 2007년 노벨 생리의학상을 받았다.

유전자 바꿔치기는 이름에서 느껴지듯 간단한 일이 아니다. 그토록 많은 유전자 중에서 돌연변이 유전자를 찾아 가위로 자르듯 정교하게 잘라내고, 그 자리에 정상 유전자를 붙여 수선해야 가능한 일이기 때문이다. 마리오 카페키 박사와 올리버 스미시스 박사로부터 시작된 유전자 바꿔치기의 역사를 차근차근 살펴보자.

상동재조합을 이용한 세포의 DNA 수선 작업

세포핵에 존재하는 DNA는 두 가닥의 실이 길게 늘어져 있는 모양이다. 당연히 두 가닥의 DNA는 복제 과정의 실수, 세포의 대사 산물, 고에너지의 산화물, 전리방사선 등에 의해 끊임없이 끊어지는 사고가 발생한다. 한 가닥이 끊어진 경우는 다른 한 가닥이 남아 있으므로 그냥 이어 붙이면 되지만, 두 가닥 모두 끊어지면 그야말로 큰일이다. 끊어진 부위에서는 정상적인 단백질이 만들어지지 않으므로 끊어진 DNA 부위가 중요한 단백질을 만드는 유전자라면 세포는 커다란 타격을 받을 뿐만 아니라, 끊어진 부위를 그대로 두면 DNA가 차츰차츰 조각나서 모두 소실될 위험이 있기 때문이다.

이런 경우를 대비하여 세포는 끊어진 DNA 가닥을 수선할 방법들을 준비하고 있다. 첫 번째 방법은 끊어진 부위를 끌어당겨 그대로 이어붙이는 비상동 말단접합Non-homologous end-joining, NHEJ 방법이다. 끊어질 때의 원상태 그대로 이어붙이면 좋겠지만, 아쉽게도 끊어진 말단에 있는 몇 개의 DNA 조각이 소실되는 돌연변이가 생길 위험이 있다. 이 방법은 우리와 같은 포유류의 세포가 일반적으로 사용하는 방법인데, 인간이 70세 정도가 되면 하나의 체세포에 2000개 정도의 비상동 말단접합 상처가 생긴다. 개개의 세포도 치열하게 살아온 삶의 상처를 입은 셈이다.

두 번째 방법은 끊어진 부분과 같은 염기서열을 가진 상동염색체의 대립유전자 서열을 찾아 수선하는 상동재조합Homologous recombination 방법인데,* 이는 끊어진 끝부분에 있는 DNA 조각의 소실 없이 DNA를 완벽하게 원래대로 수선할 수 있는 좀 더 정교하고 세련된 방법이다(그림 1A). 만약 상동재조합에 의한 DNA 수선 과정에서 상동염색체에 존재하는 자신의

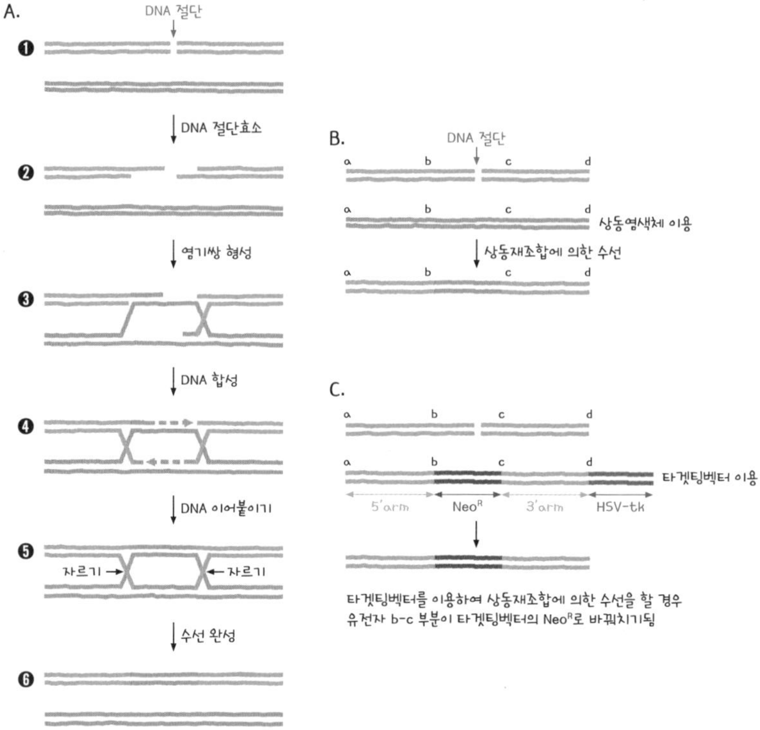

그림 1. 상동재조합에 의한 DNA 수선과 타겟팅벡터를 이용한 유전자 바꿔치기

A 두 가닥의 DNA 사슬이 끊어지면(①), 끊어진 부분으로부터 한 가닥의 DNA 사슬이 부분적으로 제거되어 끝부분이 염기쌍을 이루지 않은 한 가닥의 DNA 사슬이 만들어진다(②). 이렇게 만들어진 한 가닥의 DNA 사슬은 상동염색체에 있는 자신과 염기서열이 같은 대립유전자 부위를 찾아 염기쌍을 이룬다(③). 새롭게 형성된 염기쌍의 끝부분으로부터 새로운 두 가닥의 DNA가 합성되며 끝 부분에서 D자형 고리 모양을 형성한다(④). 최종적으로 D자형 고리의 중간이 끊어지면서(⑤) 대립유전자의 염기서열과 동일하게 치환된 형태로 DNA 수선을 마무리한다(⑥). **B** 상동염색체를 이용한 상동재조합에 의해 끊어진 DNA는 완벽하게 수선된다. **C** 상동염색체 대신 외부에서 넣어주는 타겟팅벡터Targeting vector를 이용하여 끊어진 DNA를 수선하면 끊어진 부위와 타겟팅벡터 사이에서 유전자 바꿔치기가 일어난다. 타겟팅벡터는 DNA 절단이 일어나는 왼쪽과 오른쪽의 DNA와 같은 염기서열을 양쪽 부위에 가지고 있으며(각각 5'-arm과 3'-arm), 그사이에 바꿔치기할 유전자를 가지고 있다. 타겟팅벡터를 이용하여 상동재조합이 일어나면 원래 DNA의 b-c 부분이 타겟팅벡터의 Neo^R로 바꿔치기된다

대립유전자 대신 외부에서 넣어준 DNA Targeting vector(타겟팅벡터)를 이용하게 한다면, 세포가 가지고 있던 원래 DNA 대신 외부에서 넣어준 타겟팅벡터로 바꿔치기하는 것이 가능할 것이다(그림 1B~1C).

생쥐 배아줄기세포에서 유전자 바꿔치기

타겟팅벡터를 이용하여 유전자를 바꿔치기하면 원래 있던 유전자가 제거되므로 유전자 바꿔치기와 유전자 제거는 같은 의미이다. 유전자 바꿔치기의 결과로 유전자가 제거된 생쥐를 녹아웃 생쥐Knockout mouse라고 한다.

마리오 카페키 박사가 처음으로 상동재조합을 이용하여 제거한 유전자는 구아닌Guanine을 GMPGuanidine monophosphate로 전환하여 DNA 또는 RNA 합성에 사용할 수 있도록 하는 hprtHypoxantine phosphoribosyltransferase라는 효소 유전자이다. hprt 유전자는 9개의 엑손Exon*을 가지고 있는데, 카페키 박사는 8번째 엑손 부위에 네오마이신 저항성Neomycin resistance, Neo^R 유전자를 삽입하여 8번째 엑손을 제거하고 hprt 유전자의 기능을 파괴하였다(그림 2). 카페키 박사는 8번째 엑손을 Neo^R 유전자와 바꿔치기할 수 있는 타겟팅벡터를 제작하여 생쥐의 배아줄기세포에 전기충격 방법으로 주입하였다. 타겟팅벡터에 의해 hprt 유전자에서 상동재조합이 일어나면, 상동재조합이 일어난 배아줄기세포는 hprt 유전자가 제거되고 hprt 효소의 기능이 상실된다. 한편, 6-TG6-Thioguanine는 구아닌에 황(S, thiol-기)이 결합되어 있어 DNA와 RNA를 파괴하여 세포를 죽이는 독성물질이다. 그러나 hprt 유전자가 Neo^R 유전자로 바꿔치기 된 배아줄기세포는

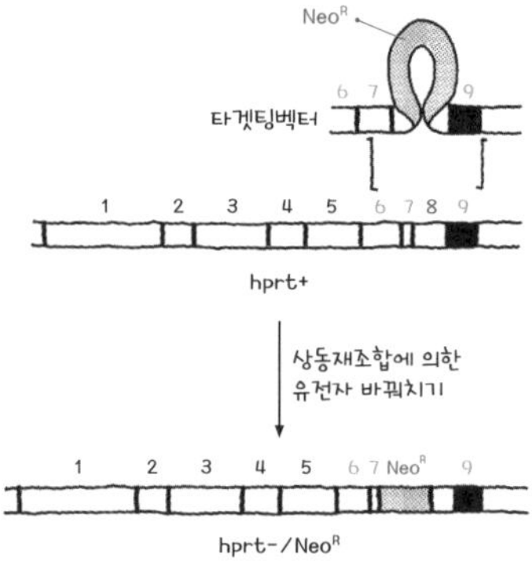

표) 실험 결과 요약

타겟팅벡터를 주입한 세포 수	7.8×10^7
네오마이신 처리 후 살아남은 클론 수	3.0×10^4
네오마이신과 6-TG 처리 후 살아남은 클론 수	32
상동재조합 확률	1/2,400,000

그림 2. 마리오 카페키 박사의 hprt 유전자 제거 실험

왼쪽은 hprt 유전자가 타겟팅벡터와 상동재조합을 일으킨 것을 나타낸 그림이고, 오른쪽 표는 실험 결과를 요약한 것이다. 타겟팅벡터를 사용하였을 경우, 8번 엑손이 제거되고 네오마이신 저항성 유전자(Neo^R)가 삽입된다. 7.8×10^7개의 세포에 타겟팅벡터를 주입하였으며, 네오마이신과 6-TG를 처리한 후에는 32개의 세포가 살아남았다. hprt 유전자가 Neo^R 유전자로 바꿔치기된 확률은 $32/7.8 \times 10^7$, 대략 1/2,400,000이다.

6-TG를 사용할 수 없기 때문에 6-TG를 처리한 배양액에서 살아남으며, 네오마이신 저항성 유전자의 기능을 획득하였기 때문에 네오마이신을 포함하는 배양액에서도 살아남는다.

실제로 6-TG와 네오마이신이 모두 포함된 배양액에서 살아남은 배아줄기세포 클론의 수는 7.8×10^7개의 세포 중에서 32개였다(그림 2 표). 이는 상동재조합에 의한 유전자 바꿔치기가 일어날 확률이 대략 1/2,400,000로 매우 낮음을 보여준다.

유전자가 제거된 녹아웃 생쥐를 만들 때는 배아줄기세포Embryonic stem cell, ES cell를 사용한다. 그 이유는 배아줄기세포는 신체를 구성하는 모든 세포로 분화할 수 있는 능력을 가지고 있어서 배아줄기세포에서 유전자가 제거되면 모든 세포에서 유전자가 제거된 녹아웃 생쥐를 만들 수 있기 때문이다. 카페키 박사는 생쥐의 배아줄기세포에서 hprt 유전자를 제거하고, hprt 유전자가 제거된 배아줄기세포를 배반포blastocyst에 주입하여 모든 세포에서 hprt 유전자가 제거된 녹아웃 생쥐를 생산하였다. 한편 올리버 스미시스 박사는 상동재조합 기술을 이용하여 hprt 유전자의 1번과 2번 엑손이 제거된 돌연변이 배아줄기세포를 정상으로 바꾸는 실험을 수행하여 노벨상을 공동으로 수상하였다. 마틴 에번스Martin Evans 박사는 1981년 생쥐의 배반포로부터 배아줄기세포를 처음으로 배양하는 데 성공한 공로로 노벨상을 공동 수상하였다.

상동재조합을 이용한 녹아웃 생쥐 생산 과정

마리오 카페키 박사와 올리버 스미시스 박사는 상동염색체가 없는 수컷의 X 염색체에 존재하는 hprt 유전자를 대상으로 실험하였기 때문에 한쪽 염색체에서만 hprt 유전자를 제거하면 되었다. 그러나 대부분 유전자는 상염색체상에 존재하기 때문에 단백질 생산을 막기 위해서는 2개의 상동염색체 모두에서 유전자를 제거하여야 한다. 상동재조합에 의한 녹아웃 생쥐 생산 방법은 크게 (A) 유전자 제거에 사용될 타겟팅벡터의 제작, (B) 배아줄기세포에서 상동재조합에 의한 유전자 제거, (C) 유전자가 제거된 배아줄기세포를 정상 생쥐의 배반포에 주입하여 키메라 생쥐 생산, (D) 키메라 생쥐의 교배에 의한 1세대 생쥐(F1)의 생산 그리고 1세대 생쥐끼리의 교배로 상동염색체 모두에서 유전자가 제거된 생쥐 생산으로 이루어진다(그림 3, 박스 글 참조).

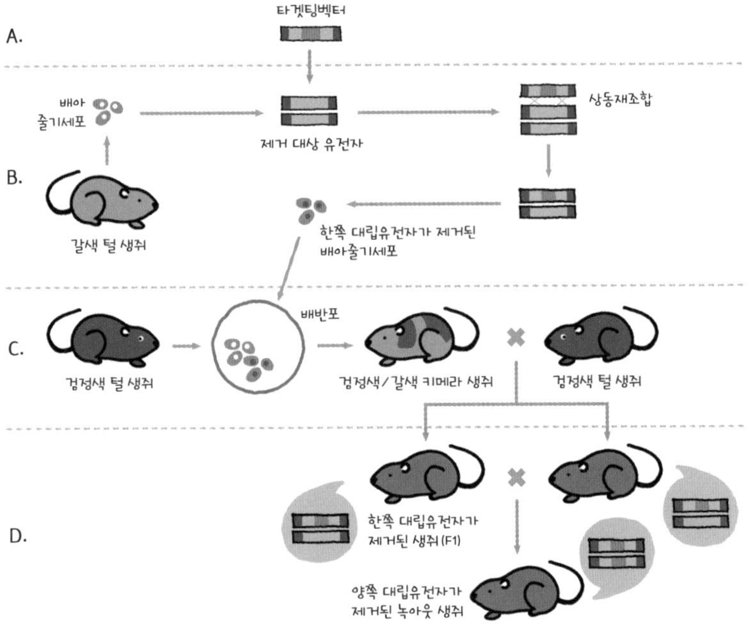

그림 3. 상동재조합을 이용한 녹아웃 생쥐의 생산 과정

녹아웃 생쥐의 생산은 **A** 타겟팅벡터의 제작, **B** 배아줄기세포에서 타겟팅벡터를 이용한 상동재조합, **C** 유전자가 제거된 배아줄기세포를 배반포에 주입한 키메라 생쥐 생산, **D** 키메라 생쥐의 교배로 태어난 1세대 생쥐(F1)끼리의 교배에 의한 녹아웃 생쥐 생산 순서로 이루어진다.

상동재조합을 이용한 녹아웃 생쥐의 생산 과정(그림 3에서 계속)

• A–B. 타겟팅벡터의 일반적인 구성 및 상동재조합과 무작위 삽입의 구분

타겟팅벡터를 제작할 때에는 타겟팅벡터가 바꿔치기할 유전자와 상동재조합을 일으킨 경우와 무작위로 배아줄기세포의 DNA에 삽입된 경우를 구별할 수 있도록 제작하는 것이 중요하다. 상동재조합을 일으킨 경우와 무작위 삽입은 배아줄기세포에 처리하는 약물(항생제)에 대한 저항성으로 구분한다. 따라서 타겟팅벡터에는 약물(항생제)에 대한 저항성을 가지는 마커 유전자(selection marker)가 포함되어 있다. 약물(항생제) 처리에 의해 타겟팅벡터와 상동재

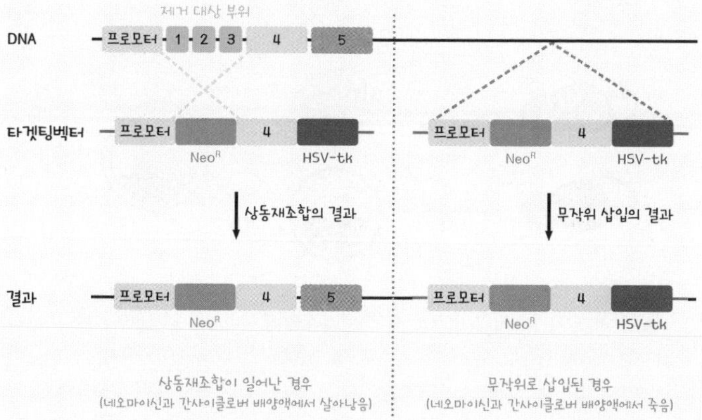

조합을 일으킨 배아줄기세포는 살아남고, 타겟팅벡터가 무작위로 삽입된 배아줄기세포는 죽어 없어진다. 위 그림의 예를 통해, 상동재조합이 일어난 경우와 무작위로 삽입된 경우를 어떻게 구별할 수 있는지 살펴보자. 제거하고자 하는 유전자가 5개의 엑손으로 이루어져 있고 첫 번째 엑손부터 세 번째 엑손까지의 염기서열을 제거하고자 한다면, 제거하고자 하는 염기서열의 양쪽 부분을 대립유전자 서열로 이용하여 타겟팅벡터를 제작해야 한다. 즉 프로모터 부위를 앞쪽 대립유전자 서열(5'-arm), 네 번째 엑손 부분(3'-arm)을 뒤쪽 대립유전자 서열로 이용하는 것이다. 상동재조합이 제대로 일어났는지를 확인할 수 있는 마커로 항생제 저항성 유전자를 사용하는데, 네오마이신 저항성(Neo^R), 퓨로마이신 저항성($Puro^R$), 하이그로마이신 저항성($Hygro^R$) 유전자 등이 있다. 이들은 양쪽 대립유전자 서열 사이에 위치하도록 한다. 이들 마커 유전자는 타겟팅벡터가 배아줄기세포의 DNA에 삽입되었는지를 확인하는 데 사용된다. 항생제 저항성 유전자는 제거하고자 하는 유전자와 상동재조합이 일어나는 부위이며, 상동재조합에 의해 유전자 바꿔치기가 일어나면 배아줄기세포는 항생제를 포함한 배양액에서 살아남는다. 한편 HSV-tk 또는 디프테리아 독소Diphtheria toxin 유전자는 대립유전자 서열의 바깥쪽에 위치하는데, 이들은 상동재조합이 일어난 경우에는 배아줄기세포의 DNA에 삽입되지 않고, 무작위로만 배아줄기세포의 DNA에 삽입된다. HSV-tk 또는 디프테리아 독소 유전자가 삽입된 배아줄기세포는 간사이클로버Ganciclovir의 처리에 의해 죽거나 디프테리아 독소에 의해 죽는다. 그림의 예에서는 네오마이신과 간사이클로버를 모두 포함하는 배양액을 사용하면, 상동재조합에 의해 타겟팅벡터와 제거하고자 하는 유전자가 바꿔치기된 배아줄기세포만 살아남고, 타겟팅벡터가 무작위적으로 삽입된 배아줄기세포는 죽게 되므로, 상동재조합이 일어난 배아줄기세포만 선택할 수 있다.

● C. 배아줄기세포의 배반포 주입에 의한 키메라 생쥐의 생산

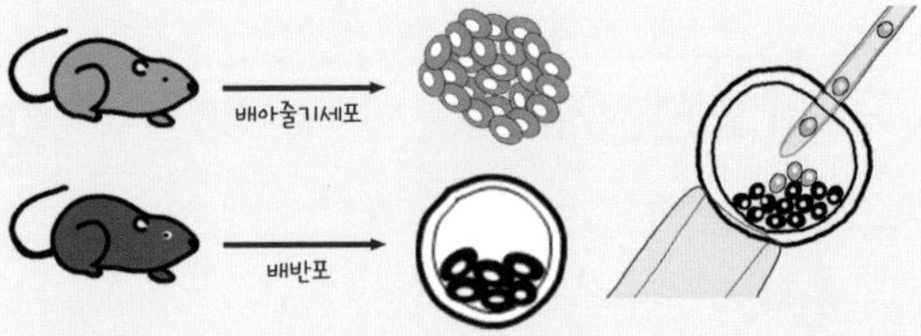

상동재조합에 의해 유전자가 제거된 배아줄기세포를 미세바늘을 이용하여 생쥐의 배반포에 주입하여 키메라 생쥐를 생산한다. 일반적으로 녹아웃 생쥐 생산에 사용되는 배아줄기세포는 갈색 털을 가진 수컷 생쥐에서 유래한 것이고, 배반포는 검정색 털을 가진 생쥐에서 유래한 것이므로 키메라 생쥐는 이들의 혼합색인 짙은 갈색을 띠게 된다.

키메라 생쥐를 만들 때 가장 중요한 점은 유전자가 제거된 배아줄기세포가 생식세포로 분화하여 다음 세대의 모든 세포로 이 유전자형을 전달해야 한다는 사실이다. 따라서 미세주입한 배아줄기세포와 배반포 세포들이 잘 혼합되어야 한다. 녹아웃 생쥐 생산 과정에서 볼 수 있는 줄무늬의 키메라 생쥐는 배아줄기세포와 배반포 세포의 혼합이 잘 일어나지 않은 것이므로 전체적으로 짙은 갈색의 키메라 생쥐보다 배아줄기세포가 생식세포로 분화할 확률이 상대적으로 낮다.

● D. 키메라 생쥐의 교배에 의한 양쪽 대립유전자가 모두 제거된 녹아웃 생쥐의 생산

키메라 생쥐와 검은색의 암컷 생쥐를 교배하여 1세대 생쥐를 생산한다(그림 3D). 1세대 생쥐는 유전자가 제거된 배아줄기세포에서 분화한 한 개의 생식세포(정자)로부터 발생하였으므로 모든 세포가 유전자가 제거된 유전자형을 가진다. 1세대 생쥐는 상동염색체의 한쪽 대립유전자에만 유전자가 제거되어 있는데, 양쪽 대립유전자 모두에서 유전자가 제거된 녹아웃 생쥐를 생산하기 위해서는 1세대 생쥐를 근친 교배한다. 이 경우 멘델의 유전법칙에 따라 1/4 비율로 녹아웃 생쥐가 생산된다.

특정 조직에서만 유전자가 제거된 녹아웃 생쥐의 생산

녹아웃 생쥐의 표현형*을 분석하는 데 있어 가장 큰 어려움은 모든 세

포에서 유전자가 제거되어 있으므로 분석하고자 하는 조직 이외의 조직에서도 표현형이 나타난다는 점이다. 이러한 현상은 분석하고자 하는 조직의 표현형이 제거된 유전자의 직접적인 영향에 의한 것인지, 혹은 제거된 유전자와 상관없이 이웃한 조직의 영향에 의한 것인지를 구별하기 어렵게 한다.

이 문제를 극복하는 방법은 특정한 조직에서만 유전자를 제거하는 것인데, Cre-loxP와 같은 재조합효소 시스템이 개발됨에 따라 가능하게 되었다.

Cre 재조합효소는 loxP라고 하는 DNA 염기서열을 인식하는데, 두 개의 loxP 염기서열이 동일 방향으로 존재할 경우 두 loxP 사이에 존재하는 DNA 조각을 제거한다(그림 4A). 이러한 조건부 녹아웃 생쥐를 생산할 때는 상동재조합을 통해 제거하고자 하는 유전자의 양 끝에 loxP 염기서열이 삽입된 생쥐를 생산하고, 이 생쥐를 특정한 조직에서만 Cre 재조합효소를 생성하는 형질 전환 생쥐와 교배하면 된다. 이들의 교배에 의해 태어난 생쥐는 특정한 조직에서만 Cre 재조합효소가 생성되므로 이 조직에서만 유전자가 제거된다.

Cre-loxP 시스템을 이용한 대표적인 예는 무지개뇌 생쥐의 생산이다. 초록색, 노랑색, 빨간색, 파란색의 형광단백질 유전자들 사이에 loxP 염기서열을 삽입한 생쥐를 생산하고, 이 생쥐를 신경세포에서만 Cre 재조합효소를 생산하는 생쥐와 교배시킨다. 두 개의 유전자를 모두 가지고 있는 생쥐는 Cre-loxP의 무작위적인 재조합에 의해 무지개처럼 다양한 색깔을 가진 신경세포들을 가지게 된다(그림 4B).

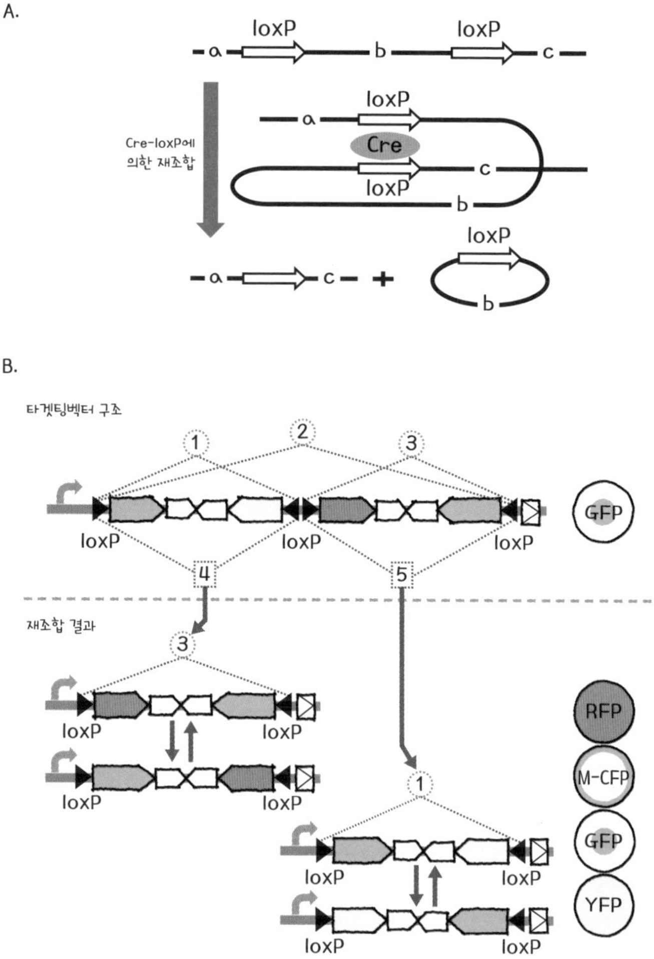

그림 4. Cre-loxP 시스템의 작동 원리 및 무지개뇌 생쥐의 생산

A Cre 재조합효소가 loxP 염기서열을 인식하면 loxP 사이에 있는 염기서열 b를 제거한다. **B** loxP 염기서열을 초록색, 노란색, 빨간색, 파란색 형광물질 유전자 사이에 위치시키면 Cre 재조합효소의 작용에 따라 무작위적으로 형광물질 유전자가 제거되고 남은 형광물질의 색이 발현된다. 예를 들어 4번 조합에 따라 loxP 사이의 염기서열이 제거되면 빨간색과 파란색 형광물질이 발현되고, 5번 조합에 따라 loxP 사이의 염기서열이 제거되면 노란색과 파란색의 형광물질이 발현된다.

유전자가위의 발달 과정

마리오 카페키 박사가 hprt 유전자를 바꿔치기할 때 상동재조합이 일어날 확률은 1/2,400,000이었다. 상동재조합이 일어날 확률이 낮은 이유는 다양하지만, 가장 중요한 이유는 바꿔치기할 유전자 부위에 DNA 절단이 일어나지 않기 때문이다. 사실 DNA가 절단되기만 하면 세포에 있는 재조합효소가 스스로 알아서 바꿔치기하기 때문에 실험자가 할 일은 별로 없다. 실험자가 할 수 있는 일은 바꿔치기에 사용될 타겟팅벡터를 잘 제작하는 것뿐이다. 그러나 타겟팅벡터를 아무리 잘 제작하여도 바꿔치기하고자 하는 DNA 부위가 절단되지 않으면 실험은 실패할 것이다.

이런 유전자를 제거하는 프로젝트를 맡은 연구원은 정말 불운한 셈이다. 이 연구원을 구원해줄 방법은 없을까? 당연히 인위적으로 상동재조합을 일으킬 부위를 절단하는 방법을 생각해볼 수 있다. 그러나 인간의 경우처럼 세포 하나에 30억 개나 있는 엄청난 염기서열에서 한 부위만을 찾아 절단하는 것은 결코 쉬운 일이 아니다. 그런데 인간의 능력은 참으로 대단하여 30억 개나 되는 염기서열에서 원하는 염기서열을 찾아 절단하는 기술을 최근 10여 년 사이에 획기적으로 개선하였다. 이 기술의 핵심은 DNA 염기서열을 인식하여 자르는 DNA 절단효소의 개발이다. DNA를 자르는 효소에는 DNA의 중간 부분을 절단하는 효소와 끝부분을 자르는 효소가 있다. 끝부분을 자르는 효소는 무작위로 DNA를 잘라 분해하는 반면, DNA의 중간 부분을 절단하는 효소는 특정한 염기서열을 인식하여 제한적으로 자르기 때문에 제한효소Restriction enzyme라고 한다. 제한효소들은 각기 다른 염기서열을 인식하여 절단하는데, 예를 들면

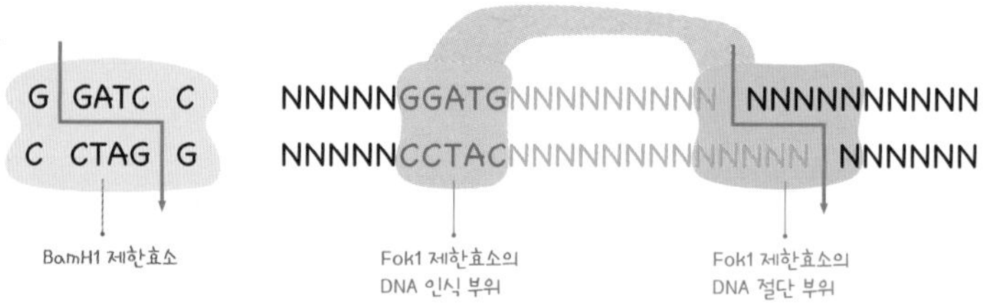

그림 5. 제한효소의 DNA 절단 방식

BamH1은 GGATCC를 인식하여 GG 사이를 절단한다. 한편, Fok1 제한효소는 DNA 인식 부위와 DNA 절단 부위가 멀리 떨어져 있다. 인식 부위는 GGATG를 인식하고 절단 부위는 이로부터 9개 염기서열이 떨어진 곳을 절단한다. Fok1 제한효소의 DNA 절단 부위는 다른 DNA 인식 단백질과 결합하여 유전자가위로 사용된다.

BamH1 제한효소는 GGATCC를 인식하여 GG 사이를 절단하고, Fok1 제한효소는 GGATG를 인식하여 이로부터 9번째 떨어진 염기서열 사이를 절단한다(그림 5).

일반적으로 제한효소는 4~8개의 염기서열을 인식하여 자르기 때문에 원하는 곳을 인식하여 자르는 유전자가위로 사용할 수 없다. 그러나 Fok1 제한효소는 일반적인 제한효소와는 달리 DNA를 인식하는 부위와 DNA를 절단하는 부위가 멀리 떨어져 있기 때문에 DNA 절단 부위만을 분리하여 유전자가위로 사용하는 것이 가능하다.

DNA 염기서열의 특정 부위를 절단하기 위해 개발된 첫 번째 방법은 특정한 염기서열을 인식하는 아연손가락 전사인자의 DNA 결합 영역*과 Fok1 제한효소의 DNA 절단 부위를 결합한 아연손가락 영역-유전자가위Zinc finger nuclease, ZFN이다.

아연손가락 영역Zinc finger domain은 아연을 감싸고 있는 30개의 아미노산으로 구성되어 있는데, 두 개의 베타-병풍구조와 한 개의 알파-나선 구조를 가지고 있다. 알파-나선구조에 있는 몇 개의 아미노산은 3개의 DNA 염기서열을 인식하여 결합하는 성질을 가지고 있는데, 각각의 아연손가락 영역은 서로 다른 3개의 DNA 염기서열에 결합한다. 만약 4개의 각기 다른 아연손가락 영역을 연결한다면 12개의 특정한 염기서열을 인식하여 결합할 것이다. 4개의 아연손가락 영역의 한쪽 끝에 Fok1 제한효소의 DNA 절단 부위를 연결한 아연손가락 영역-유전자가위는 12개의 특정한 DNA 염기서열을 인식하여 DNA를 절단할 수 있다(그림 6A). 그러나 아연손가락 영역-유전자가위는 아연손가락 영역이 인식하는 DNA 염기서열에 한계가 있으므로 원하는 모든 부위를 절단할 수 없는 한계가 있다.

두 번째로 개발된 방법은 전사활성 유사인자에 Fok1 제한효소의 DNA 절단 부위를 연결한 전사활성 유사인자-유전자가위Transcription activator like effector nuclease, TALEN(탈렌)이다.

전사활성 유사인자의 12번과 13번째에 있는 2개의 아미노산은 각기 다른 DNA 염기서열을 인식하여 결합하는데, 아스파라진-이소루신은 아데닌(A), 아스파라진-글리신은 티민(T), 아스파라진-아스파라진은 구아닌(G), 히스티딘-아스팔트산은 사이토신(C)을 각각 인식한다.

탈렌 역시 전사활성 유사인자의 연결 방법에 따라 다양한 DNA 염기서열에 결합할 수 있다. 만약 12개의 전사활성 유사인자를 연결한다면 12개의 특정한 염기서열을 인식하여 DNA를 절단할 수 있을 것이다(그림 6B). 탈렌은 1개의 DNA 염기서열을 인식하므로 3개의 염기서열을 인식하는 아연손가락 영역-유전자가위와 비교하면 DNA 염기서열에 결합하는 조합을 더욱 다양하게 조절할 수 있는 장점이 있다. 그러나 탈렌과

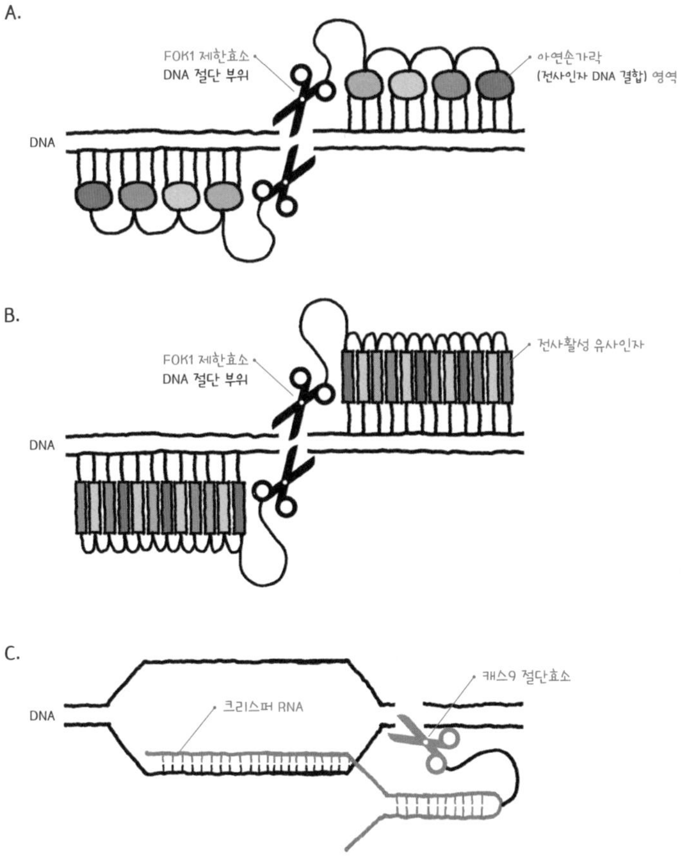

그림 6. 유전자가위의 발달 과정

유전자가위는 특정 DNA 염기서열을 인식하는 단백질 혹은 RNA와 DNA 절단효소를 결합한 것이다. **A** 아연손가락 영역-유전자가위ZFN의 모식도. 한 개의 아연손가락 영역은 3개의 염기서열을 인식할 수 있으므로 4개의 아연손가락 영역을 연결하면 12개의 염기서열을 인식하여 절단할 수 있다. **B** 전사활성 유사인자-유전자가위TALEN의 모식도. 전사활성 유사인자의 2개 아미노산은 1개의 염기서열을 인식하므로 12개의 전사활성 유사인자를 연결하면 12개의 염기서열을 인식하여 DNA를 절단할 수 있다. **C** 크리스퍼-캐스9CRISPR-Cas9 유전자가위는 크리스퍼 RNA를 자를 곳의 DNA를 인식하는 도구로 사용하므로 원하는 모든 곳을 자를 수 있다.

아연손가락 영역-유전자가위는 여러 개의 DNA 결합 영역 단백질을 조합해서 만들어야 하는 번거로움이 있다.

크리스퍼-캐스9Clustered regularly interspaced palindromic repeat/Caspase 9, CRISPR-Cas9은 이러한 단점을 극복한 최신의 유전자가위이다. 크리스퍼 RNA는 상보적인 DNA와 결합할 수 있는 RNA 조각이며, 캐스9은 NGG* 염기서열로부터 3번째 떨어진 염기와 4번째 염기 사이를 절단하는 DNA 절단효소이다. 크리스퍼 RNA가 절단하고자 하는 DNA 염기서열에 결합하면 캐스9이 DNA를 절단한다(그림 6C). 크리스퍼-캐스9 유전자가위를 이용할 경우, 절단하고자 하는 부위의 염기서열과 상보결합을 하는 가이드 RNA를 쉽게 제작할 수 있으며, 캐스9 DNA 절단효소는 AGG, TGG, CGG, GGG와 같이 DNA상에 빈번하게 존재하는 3개의 염기서열을 인식하여 절단하므로 원하는 대부분의 부위를 절단할 수 있다. 실제로 크리스퍼-캐스9 유전자가위를 이용하면 상동재조합에 의한 유전자 바꿔치기의 효율이 1/100에 이르는데, 이는 마리오 카페키 박사가 자연적으로 발생하는 DNA 절단을 이용했을 경우보다 2만 배 이상 효율이 좋아진 셈이다.

크리스퍼-캐스9 유전자가위와 대립유전자 DNA*를 이용하면 질병을 일으키는 유전자의 1개 염기서열을 바꿔치기할 수도 있다. 따라서 크리스퍼-캐스9 유전자가위를 이용한 유전자 교정은 유전자 돌연변이로 발생한 다양한 질병을 치료할 수 있는 대안으로 기대되고 있다.

그러나 크리스퍼-캐스9 유전자가위를 이용한 유전자 바꿔치기도 아직 완전하지는 않은데, 원하는 부위가 아닌 엉뚱한 곳을 자르는 실수를 저지르기 때문이다. 현재의 연구 열기를 감안하면, 조만간 과학자들이 원하지 않는 부위가 절단되는 실수를 방지하는 방법을 개발할 것으로 보인다.

크리스퍼 유전자가위를 이용한 유전자 교정의 윤리적 문제

〈왕좌의 게임〉에 나오는 티리온 라니스터의 이야기로 다시 돌아가보자. 티리온 역을 맡은 피터 딘클리지Peter Dinklage는 실제로 연골무형성증에 의한 왜소증 환자이다. 연골무형성증은 왜소증의 원인 중에서 가장 높은 비율을 차지하며, 섬유아세포 성장인자 수용체 3Fibroblast Growth Factor Receptor 3, FGFR3 유전자의 돌연변이에 의해 발생한다. FGFR3 유전자 돌연변이가 하나의 상동염색체에만 생겨도 왜소증이 되며, 만약 2개의 상동염색체 모두에서 발생하면 일찍 죽는 끔찍한 일이 벌어진다. 왜소증의 유전자 치료는 소설 속의 티리온 라니스터에게는 상상의 문제에 불과하지만, 유전자 교정 기술이 개발된 현실의 피터 딘클리지에게는 선택의 문제이다.

만약 피터 딘클리지가 자신의 가문에서 왜소증을 영원히 추방하고자 크리스퍼-캐스9 유전자가위를 이용하여 FGFR3 유전자를 교정하고자 한다면 어떨까? 조금 더 욕심을 내어 연골과 뼈를 더 크게 만드는 Runx1 유전자를 살짝 끼워넣어 이제껏 왜소증으로 살아온 가문의 명예를 보상받고자 한다면, 이에 동의해야 할까? 크리스퍼-캐스9 유전자가위를 이용한 유전자 교정, 더 나아가 유전자 편집의 문제는 인간이 이제껏 겪어보지 못한 심각한 윤리적 문제를 불러일으킨다. 유전자가위의 사용을 원천적으로 반대하는 사람, 질병 치료에는 찬성하지만 새로운 형질을 만드는 것에는 반대하는 사람, 질병 치료와 새로운 형질의 탄생 모두에 찬성하는 사람, 혹은 모두에게 공정하게 기회가 주어진다면 유전자가위의 사용에 찬성하는 사람 등 다양한 부류의 사람이 있을 것이다.

자! 당신은 어느 편인가? 만약, 당신이 크리스퍼-캐스9 유전자가위를 이용한 유전자 교정 혹은 유전자 편집 논의에서 조금이라도 불편함을 느낀다면, 자연(적인 것)의 도덕적 지위를 높게 평가하고 있기 때문인지도 모른다. 자연의 도덕적 지위를 높게 평가하는 이유는 인간의 존재 여부와 존재 방식이 자연에 의해 우연히 결정될 때, 자율성과 공정성을 보장받을 수 있다고 믿기 때문이다. 우연에는 설계와 개입에 의한 통제가 없으므로 자연이 만든 우연에 기대어 자율성과 공정성을 보장받으려는 인간의 도덕적 믿음은 합리적인 선택으로 보인다. 혹자는 인간은 누구나 부모의 의지로 존재하기 때문에 자율성을 갖는 인간은 처음부터 없다고 주장할 수도 있다. 물론 부모는 자식의 존재 여부를 결정할 수 있지만, 자식의 존재 방식을 결정할 수는 없다. 중요한 사실은 자식의 존재 방식은 오로지 우연에 의해 결정되므로 인간의 자율성은 훼손받지 않는다는 점이다.

자연에 의해 우연히 발생하는 사건은 공정성을 보장하는 가장 확실한 방법이기도 하다. 복권의 당첨번호가 우연히 결정되지 않고, 누군가에 의해 결정된다면 누가 공정성을 믿고 복권을 사겠는가? 인간의 유전자는 우연의 산물이다. 누군가 여기에 개입한다면 자율성과 공정성이 훼손될 것은 당연한 이치이며, 많은 사람이 유전자 교정과 유전자 편집에 반대하는 근거 있는 이유이다. 유전자 교정 혹은 유전자 편집에 찬성하는 사람 중에는 우연히 일어날 일에 개입하여 속도를 조절하는 것이 무슨 문제냐고 주장할 수도 있다. 인간의 뇌는 지난 수백만 년간의 진화로

3배가 커졌는데, 유전자 조작을 통해 1세대 만에 이룩한다면 차라리 권장할 만한 일이라는 것이다. 그러나 이는 위험한 결과론적인 관점이다. 시간을 수백만 년 전으로 되돌린다면, 인간의 뇌는 다른 방식으로 진화하여 인간은 지금보다 작은 뇌를 가진 훨씬 지적인 생명체가 되어 있을지도 모른다. 유전자 조작을 통해 더 큰 뇌를 가진 인간이 더욱 똑똑해지기보다는 부작용으로 인해 곧 멸종의 길로 가게 될지도 모를 일이다.

질병의 치료는 좀 더 신중하면서도 관대하게 접근할 필요가 있다. 질병 유전자의 교정이 우연히 결정되는 진화의 방향에 미칠 영향에 대한 논의와는 별도로, 질병의 고통으로 이미 자율성을 보장받지 못하는 상황을 치료하는 것은 인간이 가진 중요한 도덕적 사명 가운데 하나이기 때문이다. 도덕적 요소와 자본적 요소를 포함하여 공정성이 보장된다는 전제하에 질병 치료를 위한 유전자 교정 문제는 빠른 시간 내에 사회적 합의를 이루어내야 할 것이다.

6장

늙은 세포를 젊은 세포로 만드는 마법의 물질

역분화 인자의 발견

노벨상 수상자

생리의학상

존 거던 John Gurdon(2012),
야마나카 신야 山中 伸弥(2012)

56세 박노화 씨는 요즘 매우 우울하다. 인생을 다 바쳐 25년간 충성해 온 직장에서는 명예퇴직의 압박이 피부로 느껴지고, 애지중지 키운 자식들도 헛 키웠다는 생각이 불쑥불쑥 들뿐더러 노후 생활도 보장받지 못할 것 같은 불안감이 머릿속에서 좀처럼 떠나지 않기 때문이다. 그러나 이보다 더 박노화 씨를 우울하게 만드는 것은 어제와 오늘이 다르게 차츰차츰 기능을 상실해가는 몸 상태이다. 이미 근시인 눈에 노안까지 상당히 진행되어 기획 서류도 돋보기 없이는 읽기 힘들고, 출퇴근길의 버스 번호도 흐릿해 보인 지 오래다. 주머니에 넣어둔 핸드폰 벨소리도 잘 들리지 않아서 왜 전화를 받지 않느냐는 친구들의 잔소리도 익숙해졌으며, 계단을 몇 칸만 올라도 가쁜 숨을 몰아쉬며 근육의 피로를 느끼고, 건망증 때문에 인터넷에서 치매나 알츠하이머 등을 검색해보기도 한다. 이러다가는 정말 제대로 한번 즐겨보지도 못하고, 평생 일만 하다가 인생을 마감할 것만 같은 허무한 생각에 자꾸 억울해지는 것이다. 이런 박노화 씨를 다시 젊은 시절의 건강하고 팔팔한 몸 상태로 되돌려 이번에야말로 자신이 진정으로 원하는 새로운 삶을 살게 할 수는 없을까? 그것이 불가능하다면 박노화 씨의 세포 일부분만이라도 다시 젊은 세포로 되돌릴 수는 없을까? 존 거던John Gurdon 박사와 야마나카 신야 山中 伸弥 박사는 늙은 세포가 시간을 거슬러 다시 가능성이 많은 어린 세포로 되돌아갈 수 있는 물질을 발견한 공로로 2012년 노벨 생리의학상을 수상하였다.

박노화 씨의 몸을 이루는 세포들의 운명

박노화 씨의 몸은 56년 전에 아버지의 정자와 어머니의 난자가 우여

곡절 끝에 만나 생성된 하나의 수정란으로부터 시작되었다. 수정란의 계속되는 분열과 분화를 통해 현재는 서로 다른 274종의 다양한 기능을 하는 세포가 박노화 씨의 몸을 구성하고 있다. 어떻게 하나의 수정란이 이토록 다양한 세포로 분화되는 것일까? 그리고 각각의 세포 운명은 어떻게 결정되는 것일까? 박노화 씨의 세포가 분화되는 과정은 마치 박노화 씨가 걸어온 일생과도 비슷하다.

박노화 씨의 현재 직업이 자동차를 만드는 공장에서 엔진을 제작하는 일이라고 가정해보자. 박노화 씨는 어린 시절 "나중에 어른이 되면 무엇이 되고 싶냐?"는 질문에 아직 꿈이 정해지지 않았기 때문에 분위기나 상황에 따라 배우, 운동선수, 가수, 공무원, 건축가, 선생님, 디자이너, 의사, 변호사, 과학자 등 아주 다양한 대답을 하였을 것이다. 꿈이 모호하던 초등학교와 중학교를 지나 과학기술고등학교로 진학했다면 박노화 씨는 상당히 일찍부터 지금 하고 있는 직업의 길을 선택한 셈이다. 그렇지 않다면 일반 고등학교에서 자연계를 선택하고 대학은 공과대학 기계과나 기계설계학과로 진학했을 가능성이 크다. 이후 이러저러한 사정을 거쳐 지금은 자동차를 만드는 회사에서 중년의 엔지니어가 되었을 것이다.

박노화 씨의 몸을 이루고 있는 세포들도 박노화 씨와 비슷한 과정을 거쳐 지금의 모습을 하고 있다. 박노화 씨의 뇌 속에 들어 있는 신경세포는 다양한 운명 중에서 피부세포와 신경세포를 만드는 세포 집단으로의 길을 선택하였고, 이어서 피부세포 대신 신경세포의 길을 선택한 다음, 척추 대신 뇌에 있는 신경세포의 길을 선택한 셈이다. 박노화 씨가 엔진을 만드는 데 필요한 정보를 습득하고 도구를 사용하듯이, 그의 신경세포도 신경세포로서 살아가는 데 필요한 정보와 도구를 준비한다. 단지 그의 신경세포가 가지고 있는 정보는 유전자이며 도구는 단백질이라는 점이 다를 뿐이다. 박노화 씨를 구성하고 있는 각각의 세포는 대략 2만 5000여 개의 유전자를 가지고 있는데, 각기 다른 종류의 세포는 자신에게 필요한 유전자 발현을 통해 필요한 단백질만을 만들어서 사용한다. 박노화 씨가 어린 시절에는 모든 꿈을 이룰 가능성을 가지고 있었지만, 지금은 그 가능성이 줄어들었듯이, 수정란 역시 모든 유전자를 발현하여 수많은 단백질을 만들 가능성을 가지고 있었지만, 운명을 결정한 신경세포는 현재 필요한 유전자만 발현하여 제한된 수의 단백질을 만들 수 있을 뿐이다. 그렇다고 해서 신경세포에서 2만 5000여 개의 유전자가 사라져 버린 것은 아니다. 신경세포는 여전히 2만 5000여 개의 유전자를 가지고 있지만, 유전자를 발현할 수 있는 능력만 사라진 것이다. 만약 박노화 씨가 이제는 자동차 엔진 만드는 일에 아무런 흥미를 느끼지 못하고 새로운 인생을 시작하고 싶다면, 그리하여 다시 어린 시절로 돌아가 이번에는 스키점프 선수로의 삶을 선택하여 동계 올림픽에 참여하는 것은 가능할까? 그것이 불가능하다면 박노화 씨의 신경세포만이라도 다시 수정란으로 되돌아가 이번에는 혈액세포로의 운명을 선택하는 것은 가능할까?

박노화 씨의 신경세포와 혈액세포의 차이점을 생각해보자. 박노화 씨의 형제들이 모두 같은 부모에서 태어났지만 각기 다른 교육을 받아 각기 다른 운명을 선택했듯이, 박노화 씨의 신경세포와 혈액세포는 같은 수정란에서부터 유래하였지만 각기 다른 유전자를 발현하고, 각기 다른 단백질을 만들어 다른 기능을 담당하는 세포로 운명을 결정한 것이다. 나이 든 박노화 씨가 꿈을 이룰 수 있는 지식을 가지고 있지만 실현할 수 있는 능력은 대부분 상실했듯이, 이들 세포 역시 모든 유전자를 가지고 있지만, 유전자를 발현할 수 있는 능력을 상실했을 뿐이다. 그렇다면 박노화 씨의 몸을 이루는 세포 중에서 모든 유전자를 발현할 가능성을 아직까지 가지고 있는 세포는 하나도 없을까? 박노화 씨가 남성이라면 그의 몸에는 더 이상 이러한 세포는 존재하지 않는다. 하지만 박노화 씨가 여성이라면 그녀의 난자는 이러한 가능성을 가지고 있다. 그녀의 난자는 늙은 세포를 다시 어린 세포로 되돌려 모든 유전자를 다시 발현하게 할 수 있는 물질을 가지고 있다. 난자의 이러한 능력 때문에 이미 분화가 끝난 세포인 정자와 난자가 만나서 만든 수정란은 다시 모든 유전자를 발현할 수 있는 능력을 얻어 새롭게 분열과 분화의 여행을 떠난다.

존 거던 박사의 핵치환 실험

'난자는 분화된 늙은 세포를 다시 어린 세포로 되돌리는 능력을 가지고 있을까?' 이 문제를 처음으로 실험을 통해 증명한 사람은 영국 케임브리지 대학교의 존 거던 교수이다. 그는 분화가 끝난 올챙이의 체세포 핵을 개구리 난자에 주입하여 정상적인 개구리가 태어난다는 사실을 실험적으로 보여주었다.

존 거던 교수의 실험은 난자에 존재하는 어떤 물질이 올챙이 체세포의 핵에 존재하는 모든 유전자를 발현할 수 있게 하여 다시금 모든 세포로 분화할 수 있는 능력을 얻게 하였음을 보여준다(그림 1).

삼십여 년이 지난 후 존 거던 박사의 제자인 영국 로잘린 연구소의 이언 윌멋Ian Wilmut 박사는 포유동물인 양의 유선세포 핵을 난자에 치환하여

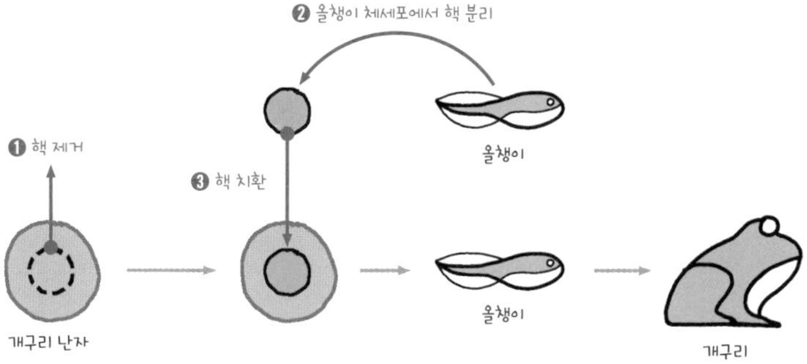

그림 1. 존 거던 박사의 개구리 핵치환 실험

① 개구리의 난자에서 핵을 제거하고, ② 올챙이의 체세포에서 핵을 분리하여, ③ 개구리의 난자에 주입하였더니 정상적인 개구리가 탄생하였다. 존 거던 박사의 핵치환 실험은 개구리의 난자에 분화가 끝난 체세포를 다시 모든 세포로 분화하게 하는 물질이 있음을 암시한다.

복제양 돌리를 생산함으로써 전 세계적으로 복제동물에 대한 이슈를 불러 일으켰다. 복제양 돌리의 탄생 이후 생쥐, 소, 돼지, 원숭이 등 다양한 포유동물의 복제동물이 생산되었고, 당연히 '사람의 복제는 가능할 것인가?' 하는 문제가 제기되었다. 물론 복제 인간을 생산하는 대신 '핵치환을 통해 배아줄기세포를 얻을 수 있는 포배기까지 배양하는 것이 가능할 것인가?' 하는 문제에 많은 과학자가 도전하였지만, 실패를 거듭하였다. 사람의 핵치환에 실패하는 이유는 난자의 핵을 제거할 때 세포분열에 중요한 기능을 하는 물질 및 치환된 핵을 활성화하는 물질이 핵과 함께 제거되기 때문이라고 생각되었다. 2005년 서울대학교의 황우석 교수는 핵치환 기술을 개선하여 핵치환된 난자를 포배기까지 배양하여 배아줄기세포를 생산하였다. 그러나 안타깝게도 이 일은 조작된 것으로 판명되어 발표된 논문이 철회되었다.

핵치환 방법에 의한 배아줄기세포의 생산은 2013년 미국 오리건 대학교 영장류 센터의 슈크라트 미탈리포프Shoukhrat Mitalipov 박사에 의해 마침내 성공했지만, 세간의 주목을 받지는 못하였다. 핵치환에 의한 배아줄기세포의 생산은 여성으로부터 난자를 획득해야 하는 윤리적인 문제와 자궁에 이식하면 성체가 될 가능성이 있는 배아의 생명을 희생해야 하는 윤리적인 문제를 함께 가지고 있었기 때문이다.

핵치환 방법에 의해 다양한 복제 생명체가 만들어졌지만, 여전히 복제 생명체가 만들어지는 원리에 대해서는 아는 바가 없었다. 과학자들은 분화된 늙은 세포의 유전자 발현 가능성을 되살려 미분화 상태의 세포로 만드는 역분화Dedifferentiation, Reprogramming 물질을 난자에서 찾으려는 연구를 경쟁적으로 시작하였다. 그러나 대부분 포유류의 난자는 그 크기가 무척 작고 구하기도 어려워 실험을 진행하기가 매우 어려웠다. 때마침 미국 하버드 대학교의 케빈 에건Kevin Eggan 박사는 수정란과 마찬가지로 배아줄기세포Embryonic stem cell, ES cell•에도 분화된 늙은 세포를 역분화시켜 무한한 가능성을 가진 어린 세포로 되돌리는 물질이 존재함을 실험적으로 보여주었다. 그는 배아줄기세포 역시 신체를 이루는 모든 세포로 분화할 수 있는 능력이 있다는 점에 착안하여 배아줄기세포와 늙은 피부세포를 접합시켜보았는데, 늙은 피부세포의 핵이 다시 배아줄기세포의 핵처럼 되는 것을 발견한 것이다.

역분화 물질을 찾기 위한 야마나카 신야 교수의 실험

케빈 에건 박사의 실험에서 힌트를 얻은 야마나카 신야 교수는 난자

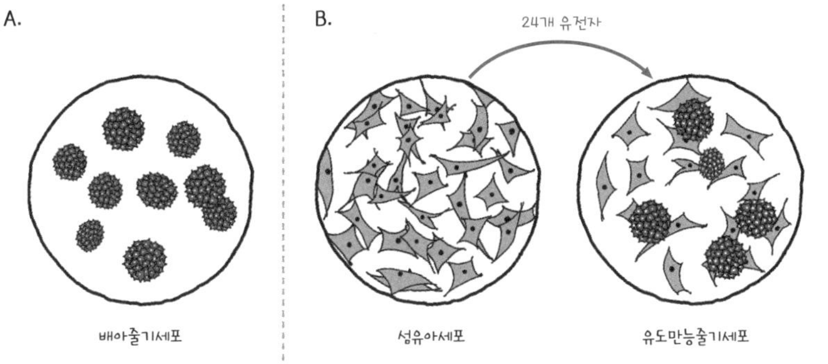

그림 2. 24개 유전자에 의해 섬유아세포로부터 만들어진 유도만능줄기세포

A 배아줄기세포의 모양. **B** 섬유아세포의 모양. 섬유아세포에 24개 유전자를 주입하면 섬유아세포로부터 배아줄기세포와 모양이 비슷한 유도만능줄기세포가 만들어진다.

대신 배아줄기세포에서 역분화 물질을 찾기 시작하였다. 다행히 많은 과학자가 각각의 세포에서만 특별히 발현되는 유전자에 대한 정보를 인터넷에 공개한 상태였는데, 야마나카 신야 교수는 인터넷 검색을 통해 배아줄기세포에서만 발현되는 성장인자, 신호전달물질, 전사인자, DNA 구조변형인자 등 24개 유전자를 선별하였다. 선별된 유전자를 한 개씩 분화된 세포인 섬유아세포Fibroblast에 넣었으나 배아줄기세포는 생성되지 않았다. 그래서 이번에는 24개 유전자를 모두 섬유아세포에 넣어주었더니 놀랍게도 섬유아세포로부터 배아줄기세포와 비슷한 모양의 유도만능줄기세포induced Pluripotent Stem cell, iPS-MEF24가 만들어졌다(그림 2).

24개의 유전자 중에서 어떤 것이 진짜로 유도만능줄기세포를 만드는 것인지 알아내기 위하여 고민하던 야마나카 신야 교수 연구팀의 다카하시 가즈토시 박사는 1개를 빼고 23개의 유전자를 넣어주는 실험을 각각

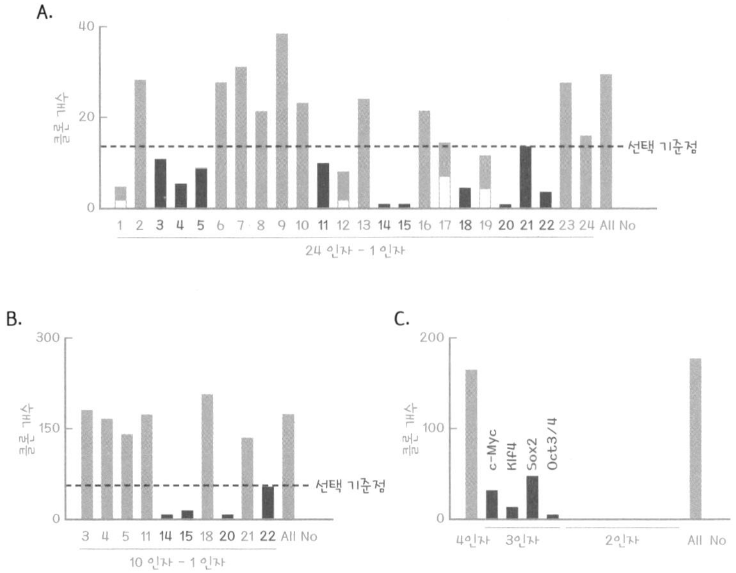

그림 3. 24개 유전자 중에서 1개를 빼는 방법을 사용하여 최종적으로 4개의 유전자를 선택하는 실험

그래프의 X축은 제외한 1개의 유전자를 나타내며, Y축은 만들어진 유도만능줄기세포 클론 개수를 나타낸 것이다. (예시, A그래프 X축의 3은 3번 유전자를 제외하였을 때 대략 9개의 유도만능줄기세포가 만들어진 것을 나타낸다.) **A** 배아줄기세포를 만드는 24개 유전자 중에서 1개를 빼고 23개를 세포에 주입하였을 때, 배아줄기세포가 만들어지지 않는 10개 유전자(3, 4, 5, 11, 14, 15, 18, 20, 21, 22)를 선별하였다. **B** 선별한 10개 유전자 중에서 1개를 빼고 9개를 세포에 주입하였을 때, 배아줄기세포가 만들어지지 않는 4개의 유전자(14, 15, 20, 22)를 선별하였다. **C** 선별한 4개 유전자는 어떤 것을 제외해도 배아줄기세포가 효율적으로 만들어지지 않아 최종적으로 선택되었으며, 이들은 각각 c-Myc, Klf4, Sox2, Oct3/4 유전자이다.

시행하였다. 만약 1개를 제거하였을 때, 유도만능줄기세포가 만들어지지 않는다면 그 유전자는 매우 중요한 유전자일 것이기 때문이다. 첫 번째 실험을 통해 1개를 제거하였을 때 유도만능줄기세포가 만들어지지 않는 10개의 후보 유전자를 선별하였고, 두 번째 실험에서는 선별한 10개 유전자 중에서 1개를 빼고 9개의 유전자 넣어주는 실험을 시행하여 최종적으로 4개의 유전자를 선별하였다(그림 3).

최종 선별된 4개의 유전자를 섬유아세포뿐만 아니라 신경세포, 혈액세포, 근육세포 등 다양한 분화된 세포에 넣어주어도 이들 세포가 유도만능줄기세포로 역분화되는 현상을 발견하였다.

야마나카 신야 교수는 자신이 발견한 c-Myc, Klf4, Sox2, Oct3/4 등 4개의 유전자를 역분화 인자Reprogramming factor라 부르고, 역분화 인자에 의해 만들어진 세포를 유도만능줄기세포induced Pluripotent Stem cell, iPS cell라 이름 지었다. 유도만능줄기세포는 유전자에 의해 유도된 배아줄기세포와 같이 만능줄기세포의 특성을 가진 세포라는 뜻이다. 야마나카 신야 교수는 자신이 만든 세포에 현대적인 이름을 짓기 위해 많은 공을 들였는데, 마침 세계적으로 인기를 얻고 있던 애플사의 iPod에서 영감을 얻었다고 한다.

야마나카 신야 교수의 실험은 이듬해 미국 MIT의 루돌프 예니쉬Rudolf Jaenisch 교수와 하버드 대학교의 콘라드 호헤들링거Konrad Hochedlinger 교수에 의해 재현되어 전 세계적으로 인정받게 되었다. 이후 미국 하버드 대학교의 조지 데일리George Daley 교수에 의해 다양한 연령, 인종, 성별뿐만 아니라 다양한 질병을 가진 사람의 체세포로부터 유도만능줄기세포가 생산된다는 사실도 알려졌다. 야마나카 신야 교수에게 노벨상의 영예를 안겨준 과학적 사실은 분화가 끝난 늙은 세포를 다시 모든 세포로 분화할 가능성을 가진 어린 유도만능줄기세포로 만든 것, 즉 세포의 시간을 되돌린 것이다.

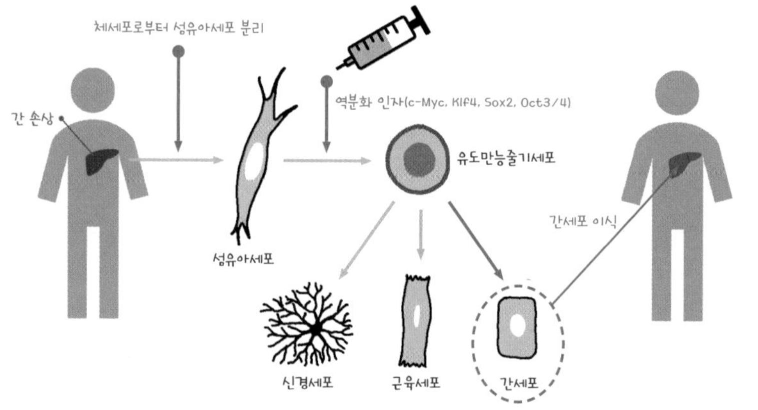

그림 4. 유도만능줄기세포를 이용한 줄기세포 치료제의 생산

환자의 체세포로부터 섬유아세포를 채취한 다음 역분화 인자(c-Myc, Klf4, Sox2, Oct3/4)를 처리하여 유도만능줄기세포를 생산한다. 유도만능줄기세포를 신경세포, 근육세포, 간세포 등 치료에 필요한 세포로 분화시킨 다음 세포 치료제로 사용한다.

유도만능줄기세포를 이용한 질병 치료의 가능성

유도만능줄기세포의 생산은 세포 분화에 대한 새로운 과학적 의미를 제공하였을 뿐만 아니라, 난치성 질병 및 퇴행성 질병을 치료하기 위한 의학적인 의미도 매우 크다. 우울한 상태에 빠진 박노화 씨가 술을 너무 많이 마셔서 치료할 수 없을 정도로 간세포가 손상되었다고 가정하자. 박노화 씨를 살릴 방법은 간이식 수술밖에 없는데 이러저러한 사정으로 간을 이식할 수 없는 상황이라면, 손상된 간을 대신할 간세포를 만들어 박노화 씨의 간에 이식하는 방법을 생각할 수 있다. 이러한 치료법을 줄기세포 치료Stem cell therapy라고 한다. 우선 박노화 씨의 피부로부터 섬유아세포를 채취하고, 여기에 역분화 인자를 주입하여 모든 세포로 분화할 능력을 가진 유도만능줄기세포를 만든 다음, 유도만능줄기세포를 배양접시에서 간세포로 분화시켜 이식할 간세포를 만든다. 이렇게 생산된 줄기세포 치료제를 박노화 씨의 간에 이식하여 간 손상을 치료한다(그림 4). 유도만능줄기세포의 가장 큰 장점은 환자의 피부세포로부터 만들어지기 때문에 면역거부 반응이 일어나지 않아 이식된 세포의 생존율이 높다는 점이다.

유도만능줄기세포를 이용한 질병 치료의 꿈같은 이야기는 간 질환뿐만 아니라, 파킨슨병, 알츠하이머병 등과 같은 퇴행성 뇌 질환, 척추 손상, 퇴행성관절염, 제1형 당뇨병, 심근경색 등 다양한 난치성 질병으로 고통받는 사람들에게 희망을 줄 것이다. 그러나 아직 유도만능줄기세포를 이용한 세포 치료법이 질병 치료에 이용될 수 있을 정도로 완전히 확립된 것은 아니다.

줄기세포 치료제가 질병 치료에 안전하게 사용되기 위해서는 첫째, '유도만능줄기세포는 정자와 난자의 수정으로 일어나는 역분화처럼 완벽한가?'에 대한 안전성 확보 문제가 먼저 해결되어야 한다. 핵치환 방법으로 배아줄기세포 생산에 성공한 디터 에글리Dieter Egli 박사의 연구는 유도만능줄기세포의 안전성에 대해 많은 점을 시사한다. 그는 수정을 통해 정상적으로 발생한 배반포에서 생산된 배아줄기세포, 핵치환에 의해 생산된 배아줄기세포, 유도만능줄기세포의 유전자 발현 양상, DNA 메틸화 패턴, 히스톤 아세틸화 패턴 등을 비교하였는데, 핵치환 배아줄기세포와 유도만능줄기세포의 결과는 비슷하지만, 이들은 정상적인 배아줄기세포와는 많은 차이점을 보였다. 이러한 결과는 유도만능줄기세포가 아직 자연의 법칙을 완벽하게 재현하고 있지 않아 위험할 수도 있다는 뜻이다. 그렇다면 좀 진부해 보이기는 하지만 정상적인 배반포로부터 만들어진 배아줄기세포 은행을 통해 다양한 배아줄기세포를 준비하여 면역적합성 문제를 해결하는 것도 고려해볼 만한 방법이다.

둘째는 '유도만능줄기세포로부터 기능적으로 완전한 신경세포, 심장세포, 간세포 등을 세포배양 접시에서 생산할 수 있는가?'와 같은 완벽한 분화 기술 확보의 문제이다. 20세기 후반부터 발전한 분자 발생생물학의 역할로 최근에는 다양한 세포 및 기관의 발생에 대한 분자적 기전이 밝혀지기는 했지만, 배양접시에서 분화된 세포가 인체를 완전히 대체하기 어려운 문제점이 여전히 남아 있다. 그러나 최근에는 3차원 프린팅 기술을 이용하여 인체 친환경적인 소재로 조직의 형상을 만든 다음 그 위에 세포를 뿌려 입체적으로 배양하는 기술과 세포 자체의 성질을 이용하여 3차원 조직을 배양하는 오가노이드Organoid 기술이 발전함에 따라 기능적인 세포로의 분화에 대한 전망은 상당히 긍정적이다.

셋째로는 '이식된 줄기세포 치료제가 암세포로 바뀔 가능성은 없는가?' 또는 '부작용을 일으키지 않고 정상적으로 기능하여 질병을 치료할 수 있는가?' 하는 과제가 있는데, 줄기세포 치료제가 실제로 사용되려면 효과적인 이식 기술의 안정성이 확보되어야 한다. 우리는 이제 겨우 면역거부 반응을 일으키지 않는 재료인 만능줄기세포 확보의 문제를 절반쯤 해결한 셈이니 아직 갈 길이 멀다고 하겠다.

의학 분야에서 유도만능줄기세포를 사용할 수 있는 또 다른 분야는 질병모델 개발을 통한 신약개발 분야이다. 환자의 피부세포로부터 유도만능줄기세포를 생산한 다음, 그 세포가 질병이 되는 과정을 연구하는 것은 질병의 원인을 규명하는 데 큰 도움을 주어 질병의 진행을 억제하는 약을 개발할 가능성을 높일 것이다. 또한, 개발한 약을 유도만능줄기세

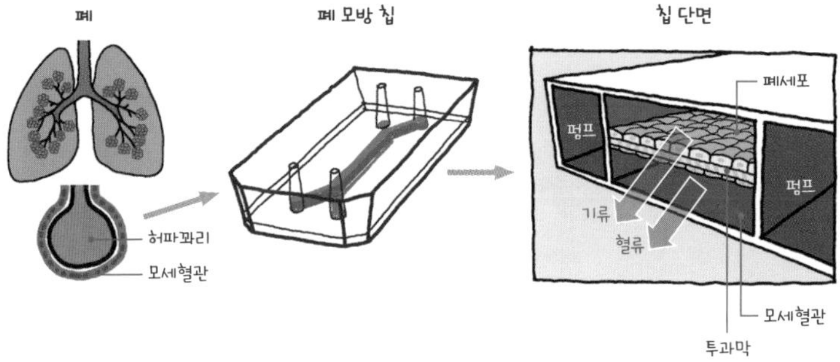

그림 5. 폐모방 칩 Lung-on-a-chip

왼쪽 그림은 폐를 이루는 폐포를 도식적으로 나타낸 것이다. 가운데 그림은 PDMS Polydimethylsiloxane를 이용하여 만든 폐모방 칩을 나타낸 것이고, 오른쪽 그림은 폐모방 칩의 구조와 기능을 나타낸 것이다. 폐모방 칩의 위쪽은 폐세포를 배양할 수 있으며 아래쪽은 혈관세포를 배양할 수 있도록 되어 있고, 중간은 투과막으로 되어 있다. 폐모방 칩은 폐세포로 들어간 병원체가 아래쪽의 모세혈관으로 이동할 수 있도록 고안되었는데 이는 체외에서 패혈증을 구현할 수 있다.

포로부터 분화한 세포에서 시험한다면 신약의 부작용과 위험을 예측할 수 있으며, 개인에게 가장 적합한 약을 선택하여 제공할 수 있을지도 모른다. 이와 관련한 기술은 급속하게 발전하고 있는데, 가장 주목할 만한 연구는 조그마한 칩 위에 장기를 만드는 장기모방 칩Organ-on-a-chip 기술이다. 그림 5는 폐포와 모세혈관을 동전만 한 칩 위에 만든 장기모방 칩의 한 예이다.

칩의 양쪽에는 펌프를 연결한 관을 만들어 마치 숨을 내쉬는 것 같은 동작을 모방하였으며, 중간 윗부분에는 폐 세포를 만들어 공기가 흐르게 하였고, 폐 세포 아래에는 모세혈관을 만들어 혈액이 흐르는 것을 모방하였다. 폐를 모방한 칩은 숨을 쉴 때 폐를 통해 들어간 병원체가 모세혈관을 통해 신체로 들어가 염증 반응을 일으키는 패혈증을 구현할 수 있는 수준에 이르렀다.

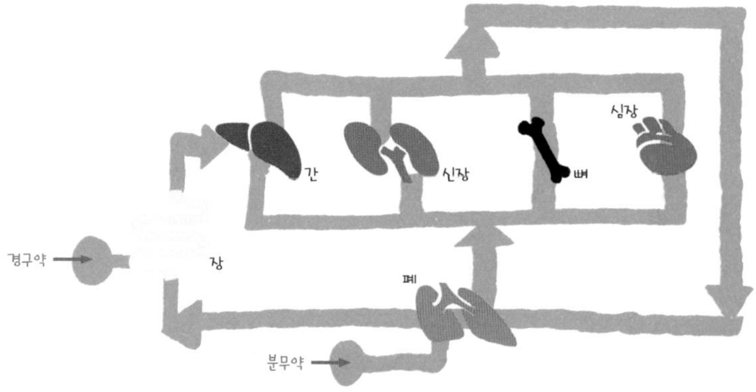

그림 6. 인간모방 칩 Human-on-a-chip

인간모방 칩은 각각의 장기모방 칩을 모두 모아놓은 것이다. 인간모방 칩을 이용하여 심장 약의 효능을 조사한다고 가정해보자. 섭취한 심장 약은 소장-칩을 통해 흡수량을 조사할 수 있으며, 대부분의 신약이 퇴출당하는 이유인 간 독성을 간 칩을 통해 조사할 수 있다. 약의 표적 장기인 심장 칩에서 약의 효능을 조사하고, 골수 칩에서 면역 반응을 조사할 수 있으며, 신장 칩에서 배출 여부를 조사할 수 있다.

현재까지 폐를 비롯하여 심장, 간, 신장, 내장(소장, 대장), 혈관, 뼈 등 다양한 장기를 모방한 칩이 개발되어 약물의 효능을 검증하는 데 사용되고 있다. 장기모방 칩 개발의 최종 목표는 여러 칩을 모두 연결한 인간모방 칩Human-on-a-chip을 만드는 것이다(그림 6). 인간모방 칩을 이용하면 약의 효능, 부작용, 대사율, 약효의 지속 시간, 간 독성 등을 한 번에 조사할 수 있으니, 정말로 꿈의 기술인 셈이다. 세계 각국의 내로라하는 과학자들이 경쟁적으로 연구하고 있으니 곧 유리 접시 위에 구현된 인간모방-칩이 완성될지도 모른다.

유도만능줄기세포 연구 뒷이야기

존 거던 교수와 야마나카 신야 교수가 노벨상을 거머쥔 승자라면 아깝게 노벨상을 놓친 사람으로 제임스 톰슨James Thomson을 꼽을 수 있다. 미국 위스콘신 대학교에서 연구하는 제임스 톰슨 교수는 1997년 인간 배아줄기세포의 배양에 처음으로 성공하였다. 톰슨 교수에 의해 인간 배아줄기세포가 처음 생산된 이후로 배아줄기세포를 이용한 퇴행성 질병 연구가 본격적으로 시작되었다. 그는 야마나카 박사와는 별개로 역분화 인자를 찾는 연구를 하였는데, 안타깝게도 야마나카 박사보다 조금 늦게 Lin28, Nanog 등 2개의 새로운 역분화 인자를 발견하였다. 그러나 최근에는 배아줄기세포 및 유도만능줄기세포 관련 회사를 설립하여 경제적 수입을 올리고 있으니 그나마 다행이다.

다른 분야도 마찬가지이지만 줄기세포를 연구하는 생명과학자들의 상상력 역시 소설가 못지않은 것 같다. 하버드 대학교의 더글러스 멜턴Douglas Melton 교수는 두 자녀의 제1형 당뇨병을 고치기 위해 인슐린을 만드는 췌장의 베타세포를 생산하는 방법을 연구하였는데, 이자액을 만드는 소화액 생산 세포에 베타세포의 분화를 결정하는 유전자를 주입하여 베타세포로 운명을 바꾸게 하는 실험에 성공하였다. 이처럼 분화된 세포가 배아줄기세포를 거치지 않고 직접적으로 기능이 다른 세포로 변하는 것을 교차분화Trans-differentiation라고 하는데 자식을 생각하는 아버지의 정성이 실로 대단하기만 하다.

미국 MIT의 루돌프 예니쉬 박사는 빈혈이 있는 생쥐의 피부세포로부터 유도만능줄기세포를 만들고, 유전자 바꿔치기를 통해 빈혈을 일으키는 유전자를 정상으로 교체한 다음, 수정된 유도만능줄기세포를 혈액줄기세포로 분화시킨 후 골수 이식을 통해 빈혈을 치료하였다. 이는 유도만능줄기세포를 이용하여 혈액과 관련된 유전 질병을 치료할 가능성을 보여준 대표적인 예이다. 한편, 미국 스크립스 연구소에서 일하다 샌프란시스코에 있는 캘리포니아 대학교로 자리를 옮긴 젊은 중국인 과학자 성 딩Sheng Ding 박사는 유전자를 사용하지 않고 세포막을 직접 통과할 수 있는, 분자량이 아주 작은 저분자 화합물small molecule을 사용하여 피부세포로부터 신경세포로 직접 분화하는 방법을 개발하였다. 세포 간의 신호전달을 매개하여 유전자 발현을 일으키는 저분자 화합물은 유전자를 이용하는 부작용을 해결하고, 배양액에 직접 섞어주는 간단한 방법 때문에 유도만능줄기세포를 이용한 세포 치료제 생산에 상업적으로 사용될 수 있는 장점이 있다.

이외에도 유도만능줄기세포를 이용한 질병 치료는 상상의 나래를 펴고 세상 곳곳에 퍼지고 있다. 물론 좋은 일이다. 그러나 유도만능줄기세포를 사용하기 때문에 생기는 부작용과 안전성 문제들은 반드시 해결되어야 한다. 합리적인 법적 장치를 마련하여 무분별한 사용을 금지해야 하며, 이와 관련된 윤리적인 문제 또한 해결해야 한다. 간디가 염려했듯이 인간미가 없는 과학, 또는 호기심만 있고 책임은 없는 과학이 되지 않도록 모든 연구자가 노력해야 할 것이다.

7장

소통

G단백질결합수용체

노벨상 수상자

생리의학상

마틴 로드벨Martin Rodbell(1994),
앨프리드 길먼Alfred G. Gilman(1994),

화학상

로버트 레프코위츠Robert J. Lefkowitz(2012),
브라이언 코빌카Brian K. Kobilka(2012)

포유동물 중에서 스스로 아기를 낳을 수 없어 동료의 힘을 빌리는 종은 인간뿐이다. 이유는 뇌가 크기 때문이다. 비정상적인 비율을 보이는 갓난아기의 커다란 머리를 보라. 아기의 큰 뇌 때문에 엄마는 일생을 통해 가장 큰 고통을 새 생명이 탄생하는 환희의 순간에 맛보아야 하고, 아기는 세상과 처음 만나는 행복한 순간에 극심한 스트레스에 시달려야 한다. 아기는 좁은 산도에서 90도 회전하는 고난도의 서커스를 두 번씩이나 선보여야만 비로소 세상의 빛을 구경할 수 있다. 최초의 인간 조상인 호미닌*Hominin*으로부터 현대의 호모 사피엔스에 이르는 700만 년 동안 인간의 뇌는 3배로 커졌다. 인간의 뇌가 출산의 위험을 무릅쓰고 이렇게 커진 이유는 무엇일까? 『사회성: 두뇌 진화의 비밀을 푸는 열쇠*Thinking Big*』의 저자인 로빈 던바Robin Dunbar와 클라이브 갬블Clive Gamble 그리고 존 가울렛John Gowlett은 사회성을 향상시키기 위해서라고 끊임없이 주장한다.

사회적 뇌 발달의 첫 번째 단계는 거울에 비친 자신을 알아보고 자의식을 갖는 것인데, 이는 원숭이, 코끼리, 돌고래 등 일부 포유류에게서 발견되는 사회적 뇌 발달 단계이다. 두 번째 단계는 '나는 당신의 믿음에 대한 믿음이 있다' 혹은 '내가 믿는 것을 당신도 믿는다는 것을 나는 안다'와 같이 상대방의 마음 상태 특히 의도를 알아채는 단계이다. 이는 대형 유인원과 5세 정도의 어린이가 습득하게 되는 능력이다. 10대 초반의 사춘기가 되면 '나는 너의 우정을 믿는다고 네가 생각하도록 내가 의도한 것을 네가 추측했는지 궁금하다'와 같이 복잡한 의도를 가진 대화를 나눌 수 있으며, 소수의 인간은 현실과 가상세계 그리고 복잡한 상징 체계를 이해하는 단계까지 사회적 뇌가 발달한다.

어찌 되었건 큰 뇌를 가진 인간은 미성숙한 자식을 낳게 되었고, 필연적으로 양육 기간이 길어지게 되었다. 따라서 양육은 공동체의 중요한 관심사가 되었고, 덕분에 폐경기를 지나 눈칫밥을 먹던 할머니들이 이제는 공동체에 없어서는 안 될 중요한 존재가 되었다. 할머니들이 딸들의 아이들을 양육함으로써 인간은 3대가 모여 살게 되었고, 양육으로부터 자유로워진 딸들이 먹이를 구하는 활동과 생식 활동에 많은 시간을 사용하면서 씨족 공동체는 더욱 커지게 되었다. 진화인류학자인 로빈 던바는 긴밀한 사회적 관계를 맺으면서 살아갈 수 있는 공동체의 크기와 뇌의 크기를 비교하여 '던바의 수'를 만들었는데, 뇌의 용량이 1400cc인 인간이 맺을 수 있는 긴밀한 사회적 관계의 최대치는 150명 정도라 한다. 휴대전화를 켜서 긴밀하게 연락을 주고받는 사람이 몇 명인지 한번 확인해보라. 만약 그 숫자가 150명이 넘는다면 틀림없이 당신이 소홀히 대하고 있는 누군가는 당신에게 서운해하고 있을 것이다.

우리가 긴밀한 사회적 관계를 맺으면서 살아갈 수 있는 공동체의 한계가 150명이라면, 어떻게 해서 우리는 수백만 명이 모여 사는 거대한 도시에서 살게 되었을까? 고고학자와 인류학자들이 발견한 몇 가지 단서를 기초로 상상력을 발휘하여 어설픈 이야기를 완성해보자.

커진 뇌와 할머니들의 도움으로 씨족 공동체의 구성원이 많아지자 공동체는 분할되어 이전의 크기와 질서를 갖춘 두 개의 공동체가 생겨나는 일이 반복되었다. 공동체의 수가 많아지고 인구가 늘어나 수렵채취만으로는 살아갈 수 없게 되자, 인류는 어쩔 수 없이 농경을 시작하게 되었을 것이다.* 하루 서너 시간만 일하면 과일과 고기를 구해 먹을 수 있는 좋은 시절은 끝나고, 온종일 일하고 하늘을 우러러보며 비가 내리고 햇볕이 내리쬐기를 기도해야 하는 고달픈 시절이 시작된 것이다. 이는 대략

1만~1만 5000년 전의 일인데, 우리는 이를 신석기 농업혁명이라 부른다. 다행히 농업은 먹을 것을 풍족히 제공해주어 인구는 더욱 늘어나게 되었다. 150명 단위의 씨족 공동체뿐만 아니라 족외혼 무리, 부족 공동체 등 공동체는 더욱 커지고 다양해졌다. 수적으로 불어난 인구와 공동체를 유지하기 위해서는 규칙이 필요했는데, 때를 맞춰 강력한 카리스마를 가진 정치 지도자와 종교 지도자가 나타나 공동체를 통치하였다. 이것은 대충 기원전 · 후의 일이다. 규모가 커진 공동체들은 서로 싸우기도 하고 합치기도 하면서 규모를 더욱 키웠고, 급기야 현대인이 살고 있는 국가 공동체를 건설하게 되었을 것이다. 그러나 신석기 시대부터 현대에 이르기까지 인간의 뇌 크기는 그대로이고, 인간이 사회적 상호관계를 유지할 수 있는 대상은 여전히 150명 내외이다. 현대의 인간은 사회적 상호관계의 대상을 선택적으로 전환하는 방법으로 이곳저곳의 공동체에 있는 개인과 사회관계를 맺으면서 바쁘게 살아가고 있다.

최초의 호미닌들은 영장류와 마찬가지로 서로 털을 골라주는 등의 신체 접촉을 통해 긴밀한 사회적 유대관계를 유지해왔다. 그러나 공동체의 규모가 점점 커짐에 따라 털 골라주기처럼 시간이 많이 소비되는 신체 접촉을 통한 관계 맺기는 점점 불가능해졌고, 대신 음성 언어를 발달시켜서 사회적 유대관계를 강화하였다. 그리고 농업의 발달이 낳은 공동체 규모의 무한한 팽창으로 인해 직접적인 음성 언어의 한계를 극복하는 새로운 도구가 필요하게 되었고, 인류는 마침내 문자를 개발하여 사회적 유대관계를 강화하는 수단으로 사용하게 되었다. 공동체가 커짐에 따라 신체 접촉에서 언어로, 또 다시 문자순으로 방법을 바꾸어가면서 사회적 유대관계를 강화해온 셈이다. 현대사회에서 유행하는 메신저, 페이스북,

카카오톡 등은 문자를 이용하여 사회적 유대관계를 강화하려는 노력의 일환임이 분명하다. 당신이 평균적인 사회성을 가지고 있는 사람이라면 사회관계망 서비스Social Networking Service, SNS를 이용하여 긴밀하게 사회적 관계를 맺고 있는 사람이 아마도 150명 내외쯤일 것이다. 이미 언급한 대로 사회적 유대관계를 강화하는 가장 좋은 방법은 신체 접촉이고, 그 다음이 언어를 통한 대화이며, 마지막이 문자임은 말할 필요가 없이 자명한 사실이다. 어차피 150명 내외라면 문자만을 사용하는 SNS에서 과감히 나와, 조금의 수고스러움이 있더라도 사람을 만나 껴안고, 서로 웃고 대화하며 사회적 관계를 유지하는 것이 현명하지 않을까?

사회적 상호관계를 유지하면서 살아가는 것은 비단 사람뿐만이 아니다. 사람의 몸을 이루는 세포들 역시 끊임없이 서로 소통하며 생명을 유지하고 있다. 세포들이 서로 소통하는 방법을 찾지 못했다면 지구상의 생명체는 여전히 단세포로 살아가고 있을지도 모른다. 생물들은 30억 년 동안의 오랜 시행착오 끝에 비로소 서로 소통하는 방법을 찾았고, 그 이후에야 지구상에는 다양한 다세포 생물이 생겨날 수 있었다. 따라서 대부분의 다세포 생물들은 비슷한 소통 방법을 사용한다. 사람의 몸을 이루는 세포들이 소통하여 협력하며 일하는 방식을 간단히 살펴보자(그림 1).

왕미숙 씨는 157번의 자기소개서를 작성한 끝에 처음의 꿈꿨던 목표에 비하면 부족하지만 그나마 안정되고 비교적 만족스러운 직장에 취직한 사회초년생이다. 합격 소식을 전하던 날, "이젠 됐다"를 되뇌며 기뻐하시던 연로한 부모님의 안도의 목소리가 아직도 귓가에 맴돈다. 대학을 졸업하고 3년간 취업준비생으로 지내며 인생의 쓴맛을 경험한 왕미숙 씨는 최선을 다해 직장생활을 하리라 다짐하였다. 실력으로 인정받을 때까

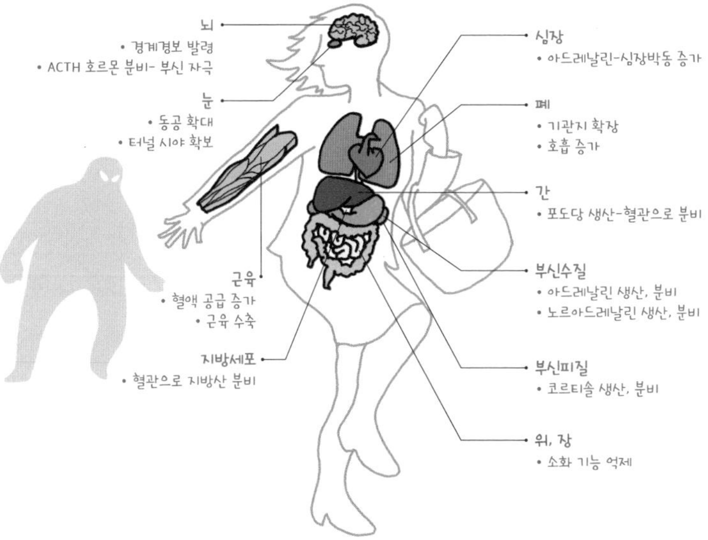

그림 1. 위기 탈출을 위한 세포들의 협력

위기 상황이 닥치면 뇌에서 ACTH 호르몬이 분비되어 콩팥 위에 붙어 있는 부신에서 아드레날린과 코르티솔이 분비된다. 코르티솔은 간에 저장되어 있는 글리코겐을 포도당으로 만들어 근육세포가 도망칠 수 있는 에너지를 준비하여 혈관을 통해 근육세포에게 보내준다. 아드레날린은 동공을 확장시키고 터널 시야를 만들어 목표물에 집중하도록 해준다. 또한, 아드레날린은 기관지를 확장하고, 심장박동을 빠르게 하여 근육에 산소를 보내 근육이 빠르게 수축하여 도망갈 수 있도록 한다. 한편 소화기관들은 활동을 멈추어 근육이 도망치는 일에만 집중할 수 있도록 도와준다.

지는 우선 성실함으로라도 존재의 가치를 인정받을 결심까지 한 터였다. 성격이 꼼꼼하여 모든 일을 깔끔하게 마무리해야 직성이 풀릴 뿐만 아니라 일이 아직 손에 익지 않은 터라 미숙 씨는 오늘도 야근을 할 작정이었다. 더군다나 아직 제대로 된 실력을 보여주지도 못하지 않았는가! 그녀가 늦은 밤까지 일을 하고 마지막 버스로 집 근처 정류소에 내려 어둡고 외진 길을 걸어 집으로 향하는데 뒤에서 왠지 불길한 낮은 발걸음 소리가 들린다. '괜찮아. 걱정할 필요없어. 저 사람도 나처럼 늦게까지 일하고 가는 길일 거야!' 그러나 점점 가까이 다가오는 발걸음 소리에 오싹한 느낌을 지울 수 없다. 눈은 다가오는 그림자에 집중하고 몸은 도망칠 준비를 시작한다.

우선, 왕미숙 씨의 뇌에서 온 몸으로 경계경보를 내린다. 뇌하수체에서 부신피질자극호르몬Adrenocorticotropic hormone, ACTH이 분비되고, 이에 반응하여 곧 부신에서 코르티솔과 아드레날린이 분비된다. 진짜로 도망갈 순간이다. 그녀의 간세포, 혈관세포, 폐세포, 심장세포, 근육세포 등이 바짝 긴장한다. 코르티솔에 반응한 간세포는 포도당을 만들어 혈관으로 급격하게 분비하고, 아드레날린에 반응한 폐세포는 공기를 빨아들여 한껏 부풀어 오르며, 심장세포는 빠르고 힘차게 박동하여 포도당과 공기를 온몸으로 보낸다. 이제 근육세포는 많은 에너지와 산소를 공급받아 더 빨리 달릴 수 있게 된다. 순식간에 몸에 있는 모든 세포가 힘을 합쳐 도망갈 준비를 마친다. 무엇보다 중요한 것은 모든 세포가 일사불란하게 움직여야 한다는 점이다. 그러기 위해서는 세포 밖에서 어떤 일이 벌어지고 있는지 알아차려야 하는데, 세포 표면에 있는 수용체들이 이 일을 맡아서 수행한다. 이때다, 달렷! 심장이 쿵쾅거리고 몸은 땀에 젖고 숨을 헐떡이며 한달음에 집에 닿아 현관문을 열어젖힌다. ACTH, 코르티솔, 아드레날린 같은 리간드와 이들의 수용체를 이용한 세포들의 일사불란한 협동 작업을 통해 왕미숙 씨는 비로소 위험에서 벗어난다.

세포들은 신호물질인 리간드Ligand를 분비하여 서로 소통하는데, 분비되는 리간드의 종류는 호르몬, 성장인자, 형태형성인자, 신경전달물질, 사이토카인, 폴리펩티드 등 세포에 따라 다양하다. 대화하고자 하는 세

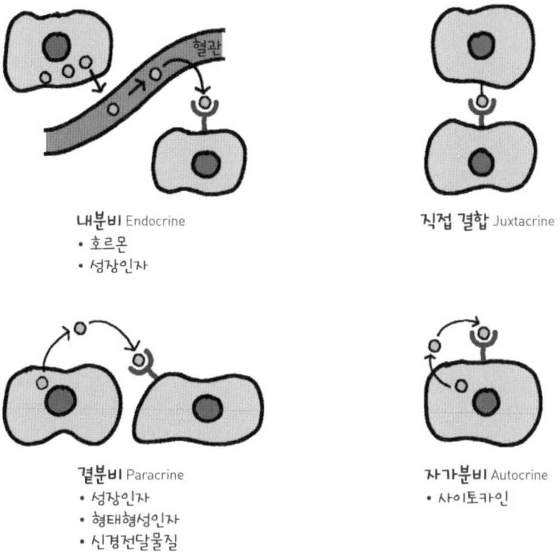

그림 2. 세포들 사이의 대화 방법

멀리 떨어진 세포에게 신호를 보낼 때는 혈관으로 리간드를 분비하는 내분비 방법을 이용하고, 근거리에 있는 세포에게 신호를 보낼 때는 확산을 통해 리간드를 전달하는 곁분비 방법을 이용한다. 특별한 경우에는 자기 자신에게 신호를 보내기도 하는데, 이때는 자가분비를 사용하고, 붙어 있는 세포끼리는 리간드를 분비하는 대신 리간드와 수용체가 직접 결합하여 대화를 시도한다. 신호를 받은 세포는 단백질의 활성을 조절하여 생리 반응을 일으키거나 유전자를 발현하여 필요한 단백질을 만든다.

포가 리간드를 세포 밖으로 분비하여 신호를 보내면 리간드에 대한 수용체Receptor를 가진 세포가 대화에 응하는 것이 일반적인 방법이다. 세포마다 자기에게 독특한 리간드와 수용체를 가지고 있기 때문에 거리에 상관없이 관계가 긴밀한 특정 세포들 사이에서만 대화가 일어난다. 일반적으로 먼 거리에 있는 세포들끼리는 호르몬을 혈관으로 분비하여 신호를 전달하는 내분비Endocrine 방법을 이용하고, 가까이 있는 세포들끼리는 성장인자, 형태형성인자, 신경전달물질 등을 분비하여 확산되는 곁분비Paracrine 방법을 이용한다. 한편, 바로 붙어 있는 세포끼리는 리간드와 수용체를 직접 결합하여 신호를 전달한다Juxtacrine. 자신에게 신호를 보내야 하는 특별한 경우도 있는데, 이때에는 자신이 분비한 리간드에 대한 수용체를 이용하여 스스로 신호를 받아들인다Autocrine(그림 2). 수용체를 통해 신호를 받은 세포는 생리 반응을 조절하는 물질을 활성화하거나 핵으로 신호를 전달하여 필요한 단백질을 만들어 신호에 반응한다. 수용체로부터 핵까지 세포 내에서 신호가 전달하는 과정을 신호전달 경로Signal transduction pathway라고 하는데, 만약 신호전달 경로가 잘못되어 대화 내용이 전달되지 않거나 대화 내용이 엉뚱하게 전달되면 몸에 이상이 생기고 병에 걸리게 된다.

이번 이야기의 주인공은 세포막에서 리간드의 신호를 받아들이는 G-단백질결합수용체G-protein coupled receptor, GPCR이다. G-단백질결합수용체는 2번의 노벨상을 받은 화려한 경력을 가진 매우 중요한 수용체이다. 미국 국립보건원의 마틴 로드벨Martin Rodbell 박사와 미국 텍사스 대학교의 앨프리드 길먼Alfred Gilman 교수는 G-단백질을 발견하고 기능을 밝혀 1994년 노벨 생리의학상을 받았고, 듀크 대학교의 로버트 레프코위츠Robert Lefkowitz 교수와 스탠퍼드 대학교의 브라이언 코빌카Brain Kobilka 교수는 G-단백질결합수용체의 유전자를 발견하고 구조를 밝힌 공로로 2012년 노벨 화학상을 받았다.

노벨상을 받은 G-단백질G-protein 연구

왕미숙 씨의 퇴근길에서 살펴본 것처럼 위기 상황에 처하면 부신에서 분비된 아드레날린(에피네프린)이 간에서 글리코겐을 포도당으로 분해한

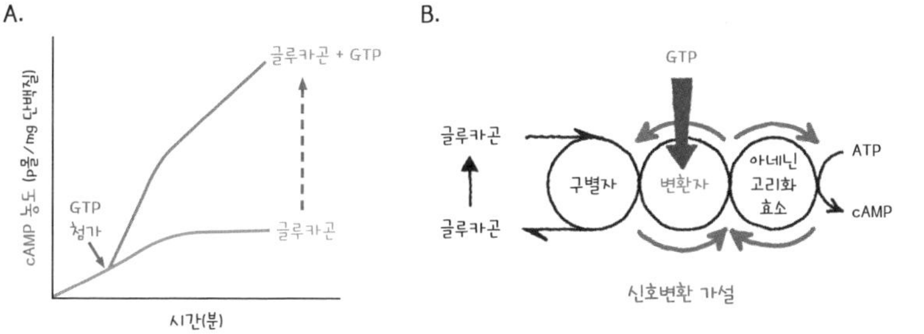

그림 3. GTP 처리에 의한 cAMP의 생산 증가 및 신호변환 가설

A 간세포의 세포막을 분리하여 글루카곤을 처리하면 cAMP가 만들어지는데(푸른선), 이때 GTP를 첨가하면 cAMP의 생산량이 급격하게 증가한다(갈색선). **B** 로드벨 박사는 글루카곤에 의한 1차 신호는 수용체인 구별자Discriminator에 의해 인식되고, GTP와 결합하는 변환자transducer에 의해 변환된 다음 아데닐고리화효소에 의해 2차 신호인 cAMP로 전달된다고 제안하였다.

다. 지금은 작고한 미국 밴드빌트 대학교의 얼 서들랜드Earl Sutherland 교수는 아드레날린이 간세포에서 아데닐고리화효소Adenylate cyclase, AC를 활성화하여 ATP*로부터 cAMP를 생성하고, cAMP는 또 다른 단백질인산화효소를 활성화하여 글리코겐을 포도당으로 분해한다는 사실을 발견한 공로로 1971년 노벨상을 받았다. 서들랜드 교수는 아드레날린처럼 세포와 세포 사이에서 신호를 전달하는 물질을 '1차 신호전달자First messenger'라 명명하였고, cAMP와 같이 세포 내에서 신호를 전달하는 물질을 '2차 신호전달자Second messenger'라 이름 붙였다. 호르몬에 의한 1차 신호는 세포막에서 변환되어 2차 신호로 전달된다고 생각되었지만, 신호가 어떻게 변환되는지에 대해서는 잘 알려지지 않았다.

미국 국립보건원의 마틴 로드벨 박사는 포도당을 글리코겐으로 저장하는 호르몬인 글루카곤을 이용하여 호르몬에 의한 1차 신호가 2차 신호로 변환되는 과정을 연구하였다. 로드벨 박사는 간세포에 글루카곤을 처리하면 cAMP가 만들어지는데, 이때 글루카곤이 세포막에 결합하는 것을 조절하는 것으로 알려진 GTPGuanosine triphosphate를 함께 처리하면 cAMP 생산량이 급격하게 증가한다는 사실을 발견하고, 글루카곤에 의한 신호 변환에 GTP와 결합하는 단백질이 사용될 것임을 예측했다. 그는 글루카곤에 의한 1차 신호는 수용체에 의해 구별되고, 세포막에서 GTP를 사용하는 단백질에 의해 변환되며, 아데닌고리화효소에 의해 2차 신호전달자에게 전달된다는 가설을 제안하였다(그림 3).

GTP와 결합하여 1차 신호를 변환하는 G-단백질의 정체를 밝힌 사람은 버지니아 대학교의 앨프리드 길먼 교수이다. 길먼 교수 역시 세포 밖의 신호가 어떻게 변환되어 세포 안으로 전달되는지에 큰 관심을 갖고 있었다. 길먼 교수 연구팀은 G-단백질이 존재할 것으로 판단되는 토끼의 간에서 특별히 많이 존재하는 52kDa, 45kDa, 35kDa 크기의 단백질을 분리하였다(그림 4A). 길먼 교수는 돌연변이 림프종 세포막에는 아데닌고리화효소가 존재하지만 호르몬에 의해 cAMP가 생성되지 않는다는 사실을 발견하고, 이는 G-단백질이 작용하지 않기 때문이라고 생각하였다. 따라서 돌연변이 림프종 세포막은 G-단백질의 기능을 검증하기 좋은 실험재료로 판단되었다. 길먼 교수 연구팀은 토끼의 간에서 분리한 단백질을 돌연변이 림프종 세포막과 섞었을 때 아데닌고리화효소 조절 부위를 활성화하여 cAMP를 만든다는 사실을 밝힘으로써 그들이 분리한 52kDa, 45kDa, 35kDa 크기의 단백질이 G-단백질임을 확인했다(그림 4B). 그들은 계속된 연구를 통해 G-단백질은 알파, 베타, 감마라는 3개의 서로 다른 폴리펩티드의 결합체임을 밝혔다.

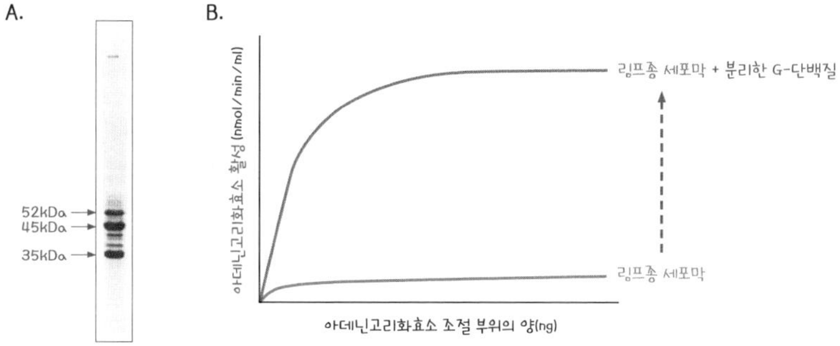

그림 4. G-단백질의 분리 및 기능 확인

A 토끼의 간세포에서 분리한 52kDa, 45kDa, 35kDa 크기의 G-단백질. **B** 아데닐고리화효소 활성이 없는 돌연변이 림프종 세포막에 아데닐고리화효소 조절 부위의 양을 증가시켜도 효소 활성이 증가하지 않는다(파란선). 그러나 돌연변이 림프종 세포막에 간세포에서 분리한 G-단백질을 처리하면 아데닐고리화효소 조절 부위의 양이 증가할수록 아데닐고리화효소 활성이 증가한다(갈색선). 이는 G-단백질이 아데닐고리화효소 조절 부위의 활성을 증가시킨다는 사실을 의미한다.

노벨상을 받은 G-단백질결합수용체G-protein coupled receptor, GPCR 연구

한편, G-단백질과 결합하는 수용체는 로버트 레프코위츠 교수 연구팀에 의해 발견되었다. 심장 전문의를 꿈꾸던 로버트 레프코위츠 박사는 베트남 전쟁 때문에 미국 국립보건원에서 대체 군복무를 하게 되었는데, ACTH 호르몬을 아이오딘(요오드) 방사능동위원소로 표지하여 ACTH 수용체의 존재와 기능을 밝히는 연구를 성공적으로 마무리하였다. 연구의 성과를 인정받은 레프코위츠 박사는 듀크 대학교의 교수로 자리를 옮겼다. 레프코위츠 교수는 심장에 대한 미련을 버리지 못하고 심장박동을 빠르게 하는 아드레날린의 수용체인 베타-아드레날린 수용체에 대한 연구를 시작하였고, 마침내 햄스터 폐에서 베타-아드레날린 수용체의 일부를 분리하였다. 때마침 브라이언 코빌카 박사가 연구팀에 합류하여 수용체의 아미노산 서열로부터 유전자의 서열을 유추하여 전체 유전자를 찾아낼 수 있는 탐침Probe을 만들었고, 이를 이용하여 베타-아드레날린 수용체 유전자를 발견할 수 있었다. 유전자를 분석한 결과 베타-아드레날린 수용체는 7개의 나선구조가 세포막을 7번 가로지르는 구조를 가지고 있었는데 이는 이미 발견된 빛을 감지하는 로돕신 수용체와 유사한 구조였다. 로버트 레프코위츠 박사는 로돕신 수용체와 베타-아드레날린 수용체는 세포막을 7번 가로지르는 구조가 같을 뿐만 아니라 G-단백질과도 결합한다는 사실로부터 이들이 같은 수용체 집단이라는 것을 유추하였다. 뿐만 아니라 지금까지 밝혀진 30여 개의 수용체가 G-단백질과 결합한다는 사실로부터 이들 수용체는 구조와 작용 방식이 같은 하나의 커다란 수용체 집단인 G-단백질결합수용체 집단이라고 결론지었다. 베타-아드레날린 수용체 유전자를 발견하는 데 큰 공로를 세운 브라이언 코빌카 박사는 스탠퍼드 대학교의 교수로 자리를 옮겨 베타-아드레날린 수용체의 구조에 대한 연구를 계속하였다. 그는 단백질을 반복적인 구조로 결정을 만들고 X-선을 쬐어 반사되는 패턴을 분석하여 구조를 결정하는 X-선 결정학 연구를 20년간 수행한 끝에 마침내 아드레날린과 G-단백질이 결합한 베타-아드레날린 수용체의 구조를 밝혔다. 이로써 리간드, 수용체, G-단백질 등 3개의 구성요소가 완벽하게 갖추어진 G-단백질결합수용체의 실체가 규명되었다.

G-단백질에 의한 신호 변환

G-단백질은 GPCR의 세포 안쪽 면에 결합하여 세포 바깥쪽에 결합

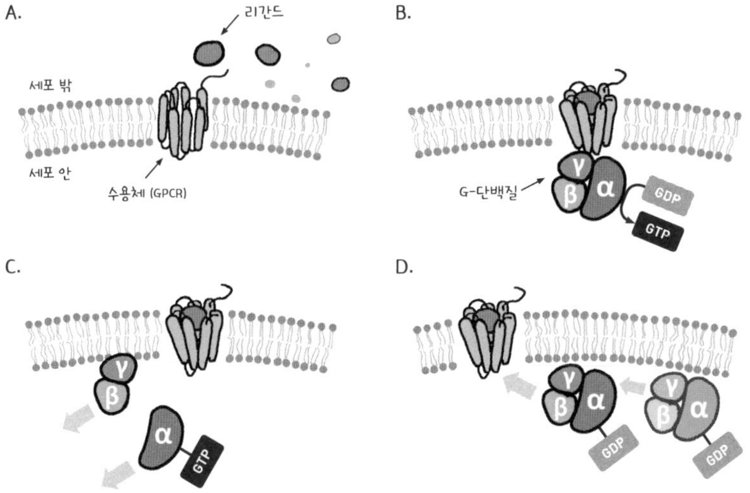

그림 5. GPCR과 G-단백질에 의한 신호의 변환 및 증폭

G-단백질은 Gα, Gβ, Gγ 3개의 조각으로 구성되어 있으며, GTP와 결합하여 신호를 전달하는 것은 Gα이다. **A** 리간드가 GPCR의 세포막 바깥 부분에 결합한다. **B** GPCR의 구조가 변화하면 GDP 상태의 G-단백질이 GPCR에 결합하고, 곧이어 G-단백질은 GDP 상태에서 GTP 상태로 변환되어 활성화된다. **C** GTP 상태로 활성화된 G-단백질은 GPCR로부터 분리되어 나뉘고, Gα는 이웃한 세포막에 있는 효소를 활성화하여 신호를 다음 단계로 전달한다, 신호를 전달한 Gα의 GTP는 GDP로 분해되고 Gα는 활성을 잃는다. **D** GPCR에는 새로운 GDP 상태의 G-단백질이 결합하여 GTP 상태의 G-단백질로 변환되는 일이 반복된다. 이러한 변환은 리간드가 GPCR에 결합하고 있는 동안 반복적으로 일어난다.

한 리간드의 신호를 변환하여 다음 단계로 전달하는 기능을 한다.

G-단백질에 의한 신호 변환은 의외로 간단한데, 에너지가 낮은 GDPGuanosine diphosphate 상태의 G-단백질은 신호를 변환하지 않고 에너지가 높은 GTP 상태의 G-단백질은 신호를 변환한다. G-단백질은 Gα, Gβ, Gγ라는 3개의 조각으로 구성되어 있으며, 신호를 전달하는 것은 Gα이다. 리간드가 GPCR의 세포막 바깥 부분에 결합하면(그림 5A), GPCR

의 구조가 변화하고 이때 GDP 상태의 G-단백질이 GPCR에 결합한다. GPCR에 결합한 G-단백질은 GDP 상태에서 GTP 상태로 변환되어 활성화된다(그림 5B). GTP 상태로 활성화된 G-단백질은 GPCR로부터 분리되어 나누어지고, Gα는 이웃한 세포막에 있는 효소를 활성화하여 신호를 다음 단계로 전달한다(그림 5C). 신호를 전달한 Gα의 GTP는 GDP로 분해되고, Gα는 활성을 잃는다. 한편, GPCR에는 새로운 GDP 상태의 G-단백질이 결합하여 GTP 상태의 G-단백질로 변환되는 일이 반복된다(그림 5D). 이러한 변환은 리간드가 GPCR에 결합하고 있는 동안 반복적으로 일어난다. 즉 리간드가 결합되어 있는 동안 G-단백질에 의한 신호전달은 계속해서 증폭되는 셈이다.

G-단백질결합수용체의 종류와 기능

GPCR은 대부분의 종에서 발견되며, 사람에서도 전체 유전자의 4%에 해당하는 1000여 개가 밝혀진 가장 큰 수용체 집단이다. GPCR은 빛, 냄새, 맛 등을 감지하는 감각수용체, 도파민, 세로토닌, 아드레날린, 아세틸콜린, 글루탐산, GABA 등의 신호를 받아들이는 신경전달물질 수용체, 글루카곤, 바소프레신, 옥시토신, ACTH 등의 호르몬 수용체, 케모카인chemokine, 프로스타글란딘prostaglandin, 브래디키닌bradykinin, 아나필락시스 독소anaphylatoxin 등 염증 반응을 매개하는 수용체와 지방산, 펩타이드, 염기 등 다양한 신호를 받아들이는 수용체 집단이다. 다양한 리간드와 결합하는 GPCR은 전체 수용체의 40% 차지할 정도로 세포 사이의 신호전달에 가장 빈번하게 사용되는 중요한 수용체이다. GPCR의 종류가 다

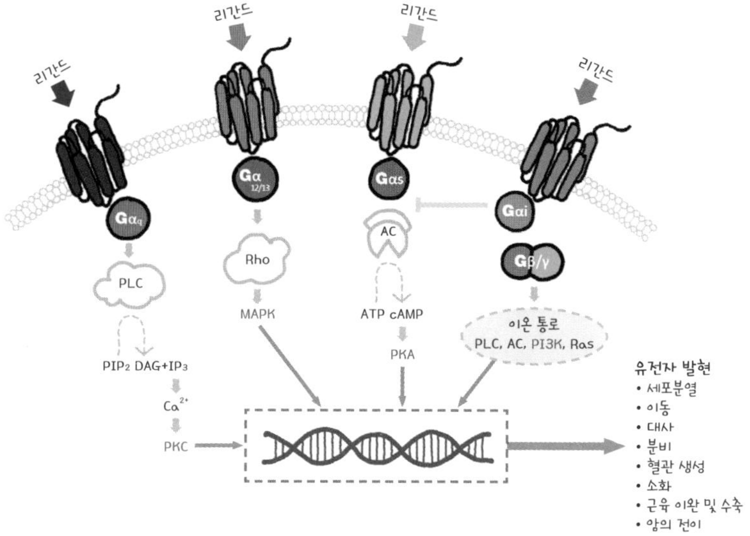

그림 6. G-단백질에 의한 세포 내 신호전달

G-단백질에 의한 신호전달은 Gαs에 의해 활성화되는 AC-PKA 경로, Gαi에 의한 AC-PKA 억제 경로, Gαq에 의해 활성화되는 PLC-PKC 경로, Gα12/13에 의해 활성화되는 Rho-MAPK 경로, Gβ/γ에 의한 이온 통로 개방 및 PI3K 활성화 신호전달 경로 등이 있다. PKA, PKC, MAPK, PI3K 등은 모두 단백질인산화효소들인데, 이들에 의해 인산화되는 단백질의 종류에 따라 세포의 분열, 이동, 약물 반응, 대사, 분비, 혈관 생성, 소화, 근육 이완/수축, 암의 진행 등 다양한 생리 반응이 조절된다.

양한 만큼 G-단백질을 통해 변환되는 세포 내 신호전달 경로도 이루 헤아릴 수 없을 정도로 많다.

G-단백질에서 신호 변환에 중요한 역할을 하는 Gα는 크게 Gαs, Gαi, Gαq, Gα12/13라는 4개 그룹으로 나뉠 수 있으며, 각각은 서로 다른 신호전달 경로를 담당한다(그림 6).

여름철에 설사와 탈수 증세를 일으켜서 심한 경우 목숨까지도 앗아가는 콜레라 독소의 신호전달 경로를 따라서 G-단백질에 의해 전달되는 신호전달 방법의 한 가지 예를 살펴보자. 콜레라균이 오염된 물 또는 음식물을 통해 체내로 들어오면, 강한 산성을 띠는 위액에 의해 대부분 죽어 없어지지만 일부는 힘들게 살아남아 소장으로 들어간다. 콜레라균들은 약알칼리성 환경인 소장에서 기하급수적으로 증가하게 된다. 소장에서 콜레라균은 콜레라 독소를 분비하는데, 콜레라 독소는 곧 소장의 상피세포로 흡수된다. 소장벽 상피세포의 세포질로 이동한 콜레라 독소는 활성화된 GTP 상태의 G-단백질에 결합한다. 정상적인 GTP 상태의 G-단백질이라면 GTP를 분해하여 곧 GDP 상태의 G-단백질로 변하여 활성이 없어진다. 그러나 콜레라 독소는 GTP를 분해하는 효소의 기능을 억제하여 G-단백질이 계속하여 활성을 유지하도록 한다. 콜레라 독소에 의해 활성을 잃지 않고 유지하게 된 G-단백질은 지속적으로 아데닌고리화효소를 활성화하여 계속해서 cAMP를 생산한다. cAMP는 단백질인산화효소 A Protein Kinase A, PKA를 활성화하고, 활성화된 PKA는 Na^+ 이온과 Cl^- 이온을 세포 밖으로 내보낸다. Na^+ 이온과 Cl^- 이온이 세포 밖으로 나감에 따라 삼투압 현상이 일어나고, 세포 안에 있던 수분이 소장으로 분비되어 탈수 현상과 설사를 일으킨다. 콜레라 독소는 직접적으로 GPCR에 결합하지는 않지만 세포 내에서 G-단백질의 Gαs → AC → cAMP → PKA 신호전달 경로를 활성화하여 설사와 탈수 현상을 일으킨다.

그러나 많은 리간드들은 직접적으로 GPCR에 결합하여 Gαs → AC → cAMP → PKA 경로를 활성화하는데, 글리코겐을 분해하고, 심장박동을 빠르게 하는 아드레날린, 지방을 분해하는 글루카곤 등이 대표적이다. 신호전달 경로의 마지막 인산화효소인 PKA의 표적물질의 종류에 따라 리간드의 효과가 다르게 나타난다.

한편, 억제성 G-단백질인 Gαi는 아데닌고리화효소의 활성을 억제하여 cAMP의 세포 내 농도를 낮추고 결과적으로 PKA의 활성을 억제한다. 소마토스타틴과 프로스타글란딘이 대표적인 리간드이다. 소마토스타틴과 프로스타글란딘은 Gαs → AC → cAMP → PKA 경로를 억제하여 각각 글루카곤, 아드레날린의 길항제로 작용한다. G-단백질에 의한 또 다른 중요한 신호전달 경로는 Gαq → PLC → DAG-IP3 → Ca^{2+} → PKC 경로이다. 이 경로를 이용하는 리간드는 간에서 글리코겐을 분해하는 바소프레신, 혈액응고 작용을 하는 트롬빈, 근육 수축을 일으키는 아세틸콜린 등이다. Gαq에 의한 신호전달 경로 역시 PKC의 표적이 되는 물질의 종류에 따라 리간드의 효과가 다르게 나타난다.

이외에도 안지오텐신 II, 엔도텔린 1, 트롬복산 A2 등은 Gα12/13 → Rho → MAPK 신호전달 경로를 통해 혈관의 평활근을 수축하여 혈액을 온몸으로 공급하는 중요한 역할을 한다. 버섯에서 발견되는 독성물질인 무스카린Muscarine의 수용체인 무스카린성 아세틸콜린 수용체는 Gβ/γ를 활성화하여 K^+ 이온 통로를 개발한다. 또한 Gβ/γ는 Gβ/γ → PI3K, Ras 신호전달 경로를 조절하여 염증 반응 및 암의 발생 및 전이 과정을 조절한다.

이처럼 GPCR에 의한 신호전달은 리간드의 종류, G-단백질의 종류, G-단백질에 의해 활성화되는 작용물질의 종류에 따라 다양해진다. 상황을 더욱 복잡하게 하는 것은 하나의 리간드에 대하여 세포마다 서로 다른 GPCR을 가지고 있기 때문에 하나의 리간드가 세포에 따라 서로 다른 기능을 수행하기도 하고, 서로 다른 리간드에 의해 활성화된 신호전달 경로가 한곳으로 모여 하나의 기능을 나타내기도 한다는 사실이다. 복합하고 다양한 GPCR의 신호전달 경로를 연구하는 가장 중요한 이유는 GPCR

및 G-단백질의 기능 이상에 따라 병이 생기기 때문이다. 따라서 GPCR은 각종 질병을 치료하기 위한 중요한 표적 단백질로 주목받고 있으며, 현재까지 다양한 GPCR 표적 약물이 개발되었다.

2017년 기준으로 미국 FDA 승인을 받은 GPCR 표적 약물은 108종의 GPCR에 대해 475개에 이르며, 전 세계적으로 GPCR 표적 약물의 판매액은 매년 180조 원에 달한다(The IDG knowledge management center, 2016). 표적 약물의 개수가 GPCR의 종류보다 많은 이유는 여러 개의 리간드가 한 개의 GPCR에 작용하기도 하고, 하나의 GPCR로부터 여러 개의 신호전달 경로가 활성화되는 경우도 있기 때문이다.

조금만 관심을 기울이면 주변에서 찾아볼 수 있는 GPCR 표적 약물은 엄청나게 많은데, 대표적으로는 파킨슨병 약인 레보도파Levodopa, 조현병 및 조울증 치료에 쓰이는 올란자핀Olanzapine, 향정신성 약인 리스페리돈Risperidone과 퀴티아핀Quetiapine, 항우울제인 아미트립틸린Amitriptyline, 진통제인 옥시코돈Oxycodone과 코데인Codeine, 편두통 약인 수마트립탄Sumatriptan(이미그란), 알레르기 치료제인 펙소페나딘Fexofenadine(알레그라), 천식 약인 티오트로피움Tiotropium(스피리바)와 살부타몰Salbutamol, 고혈압 약인 프로프라놀롤Propranolol(인데놀)과 독사조신Doxazosin(카두라), 당뇨 약인 엑세나타이드Exenatide와 리라글루타이드Liraglutide(삭센다), 위궤양 약인 라니티딘Ranitidine(잔탁), 요실금 약인 솔리페나신Solifenacin(베시케어), 녹내장 약인 티몰롤Timolol, 뇌졸중 약인 클로피도그렐Clopidogrel, 항구토제인 메토클로프라마이드Metoclopramide, 유방암과 자궁내막암 등 호르몬 관련 암에 사용되는 고세렐린Goserelin(졸라덱스) 등이 있다. 이처럼 다양한 GPCR 표적 약물이 개발되어 있으며, 현재도 새로운 GPCR 표적 약물이 끊임없이 개발되고 있는 중이다.

한편, 최근의 연구에 의하면 개인마다 GPCR 부위에 대략 68개의 미스센스 돌연변이Missense mutation*를 가지고 있으며, 평균적으로 8개의 돌연변이에 의해서 GPCR 타겟 약물에 대해 다른 약물 반응을 보인다고 한다. 따라서 GPCR 변이에 대한 연구는 환자 맞춤형 치료약물 개발의 가능성을 높여 치료의 정확성을 높일 뿐 아니라 삶의 질과 사회 경제적 부담을 줄일 것으로 기대되고 있다.

소통과 갈등

세포 사이에 소통이 이루어지지 않으면 다양한 병이 생기듯, 사람들 사이에도 소통이 제대로 이루어지지 않으면 갈등이 생긴다. 갈등의 가장 큰 원인은 이해관계의 충돌에 있지만, 이를 해소하지 못하고 분쟁이 생기는 것은 제대로 된 소통이 이루어지지 않기 때문이다. 아무리 깊은 갈등도 솔직하고 진지한 태도로 소통하고 조율하다 보면 해결되기 마련이다. 물론 모든 갈등이 다 해결되지도 않을뿐더러 수많은 갈등을 다 해결할 필요도 없을 것이다. 영화 〈싱글즈〉의 여주인공이 "세상엔 당연히 문제가 있는 법이고 문제는 해결하라고 있다"고 말했듯이, 복잡다단한 인생사에서 갈등은 항상 존재하기 마련이고, 갈등 상태에 현명하게 대처하는 것은 현명한 사람이라면 살아가면서 꼭 갖추어야 할 덕목이기도 하다. 하지만 소통하는 것만으로도 갈등을 해결할 수 있다면 굳이 갈등 상태를 방치하면서 불편하게 살아갈 이유가 없는 것도 사실이다.

생명과학이 마주친 갈등 중에서 해결의 조짐이 보이지 않는 가장 시끄러운 갈등은 생명의 기원 및 인간종의 기원에 관한 종교와의 갈등이다. 그러나 이 갈등은 소통의 부재에서 오는 것이 아니라 오히려 확실하지 않은 사실을 기반으로 섣부르게 소통하기 때문에 생기는 갈등이다. 일부 진화론자들은 '종교는 왜 과학이 되려고 하는가?'를 외치며 창조론을 비판한다. 진화론은 종의 기원 및 생명의 다양성에 대해 논리적인 설명을 제시한다. 그러나 진화론이 생명의 기원에 대해 완벽한 설명을 하지 못하는 것 또한 사실이다. 진화론 역시 '왜 과학은 종교가 되려고 하는가?'와 같은 비판에서 자유롭지 못하다.

과학으로 설명하지 못하는 자연현상을 모두 미신이라 치부하는 것은 오만한 태도이다. 과학적 사실은 오랜 기간의 지식이 쌓여 모두가 인정할 수 있는 용어가 생기고, 용어를 바탕으로 합리적인 설명이 가능할 때 비로소 인정받는다. 과학적 지식이 부족하여 설명하지 못하는 자연현상을 겸허하게 인정하는 것은 예의이다. 종교에서 중요하게 여기는 '영靈'과 '기氣' 같은 개념을 과학으로 설명하지 못한다고 하여 이를 부정하고 종교를 업신여기는 것은 어리석은 일이다. '영靈'과 '기氣' 같은 개념을 설명하는 지식이 쌓여 이를 과학적 사실로 받아들이는 날이 곧 오지 않는다고 누가 장담할 수 있겠는가? 조현병에서 나타나는 정신분열과 발작 같은 인간의 뇌 활동 역시 불과 100여 년 전에는 과학으로 설명하지 못하는 광기나 미신으로 치부되는 현상이었지만, 현재는 인지과학의 영역에 포함되어 많은 과학자들이 연구하고 있지 않는가!

과학과 종교는 바라보는 곳이 다르고 사용하는 용어가 다르다. 서로 마주 바라보고 얼굴을 붉히며, 뜻이 통하지 않는 서로 다른 용어를 사용하여 시시비비를 가리다 분쟁을 일으키는 것은 어리석은 일이다.

8장

노화, 암, 줄기세포

텔로미어

노벨상 수상자

생리의학상

엘리자베스 블랙번 Elizabeth Blackburn(2009),
잭 쇼스택 Jack W. Szostak(2009),
캐럴 그라이더 Carol W. Greider(2009)

노화영 씨는 스스로 노망이 난 것이 틀림없다고 생각했다. 점심을 먹고 깜빡 잠든 틈에 얼토당토하지 않은 요망한 꿈을 꾼 것이다. 아마 되먹지 못한 소설을 읽었기 때문이리라! 남편과 일찍 헤어진 후 자식들을 키우느라 삼십대 초반부터 자신을 돌보지 않고 살아온 세월이 벌써 이십년이 지났다. 다행히 배운 재주가 있어 아이들을 키우는 데 큰 경제적 어려움은 없었지만, 자신을 가꾸는 사치를 부리기에는 어림없는 시간들이었다. 고맙게도 장성한 자식들이 제 앞가림은 하고 사는 터라 노화영 씨는 얼마 전부터 고향 마을에 조그마한 집을 마련하여 텃밭을 가꾸며 한가한 시간을 보내고 있는 중이다. 시간이 남을수록 인생은 공허해졌고, 공허한 시간을 메우느라 꽃꽂이를 해보고, 요가도 해보고, 붓글씨를 써보기도 했으며, 급기야 며칠 전부터는 자식들이 남긴 책들을 무차별적으로 읽기도 하였다. 아마 오늘 뒤숭숭하고 어지러운 꿈을 꾼 것은 미하일 불가코프Mikhail Bulgakov의 소설을 읽다 잠들었기 때문일 것이다.

제목이 마음에 꽂혀 읽기 시작한 『거장과 마르가리타』는 제목과는 달리 해괴한 내용 일색이었다. 악마가 건네준 황금빛 크림을 바른 마르가리타는 눈가의 주름이 사라지고, 뺨은 고운 장밋빛으로 물들었으며, 온몸에서 빛이 나는 순간 몸이 공처럼 가볍고 자유로워져서 허공을 둥둥 떠다니게 되었다. 마르가리타와는 달리 꿈속에서 노화영 씨는 작고 투명한 유리병에 담긴 황금빛 물약을 마셨는데, 물약은 위장 벽을 통과하여 혈액으로 들어갔으며, 심장에서 모인 다음 박동에 맞춰 차례대로 대동맥, 소동맥, 모세혈관을 따라 온 몸의 세포로 침투하였다. 황금빛 물약은 세포에 있는 온갖 더러운 노폐물들을 세포 밖으로 끌어내어 일렬로 세운 다음 왼손 엄지손가락 끝으로 향하였다. 노폐물이 몰려드는 엄지손가락 끝에는 작은 구멍이 생겨 검붉은 보라색의 노폐물이 방울방울 떨어졌다. 짙은 노폐물 용액에서는 역한 비린내와 함께 세월에 찌든 노화의 냄새가 묻어났다. 마침내 검붉은 보라색의 노폐물은 사라지고 선홍색의 맑은 피가 떨어지더니 구멍은 저절로 닫혔다. 노폐물과 함께 세월도 빠져나간 듯 노화영 씨의 세포 하나하나는 맑고 깨끗해졌으며, 세포들이 기쁨과 환희의 소리를 재잘거리는 듯 온 몸이 작은 방울거품처럼 기분 좋게 간질거렸다. 어린 아이처럼 맑고 투명해진 노화영 씨는 꿈속에서도 제발 꿈이 아니었으면 하고 간절히 빌었다. 선잠을 깬 노화영 씨는 가슴 저 밑에 숨어 있던 회춘의 욕망이 불쑥 튀어나와 민망한 와중에도 아쉬운 마음이 생기는 것은 어쩔 수가 없었다. 아아, 노화는 정녕 운명이라 받아들여야만 하는 것인가?

동서고금을 통틀어 나이 듦에 대한 아쉬움과 억울함을 토로하는 내용의 글은 이루 다 말할 수 없을 만큼 많다. 이 억울함은 비단 노인만이 느끼는 감정이 아니다.

밀란 쿤데라Milan Kundera의 소설 『농담』의 주인공인 헬레나의 분노를 들어보자. "나는 여자애들이 정말 끔찍하게 싫다. 젊음 속에서 잔인한 저 어린 여자애들. 마치 자기들은 언젠가 서른, 서른다섯, 마흔 살이 되지 않을 것처럼 자신보다 조금 더 나이 먹은 여자에 대해 일말의 연대감도 없는 그런 여자애들. 어떤 여자애가 누구를 사랑했다든가 하는 이야기는 내게 하지 마라. 그 아이가 사랑에 대해서 대체 무엇을 안단 말인가!……" 젊은 여자에게 무시당하고 질투심에 몸을 떠는 헬레나에게는 억울한 이야기인지 모르지만, 노년에 접어든 여성은 헬레나에게 똑같은 감정을 느낄지도 모른다.

감정적인 이야기는 접어두고, 얼굴이 노화될 때 나타나는 변화에 관해 이야기해보자. 이마와 눈가 그리고 볼에 깊이 팬 주름, 탄력을 잃고 축 처진 볼살, 얼굴 이곳저곳의 불규칙한 색소 침착, 거칠고 건조한 피부는 왜 생긴 걸까? 가장 중요한 이유는 장기간의 손상으로 인해 피부세포가 제 기능을 상실하며 노화했기 때문이다. 피부세포는 외부에 노출되어 있어서 끊임없이 자외선의 자극을 받아 DNA와 세포 구성 단백질의 손상이 축적된다. 그뿐만 아니라 내부적으로도 에너지를 사용하는 대사 과정에서 $O2^-$, H_2O_2, OH^- 등의 고에너지 활성산소가 발생하는데, 이것이 세포를 구성하는 단백질, 지방질, DNA 등을 손상시킨다. 손상된 DNA는 필요한 단백질을 만들지 못하고, 제 기능을 잃은 단백질들은 서로 엉켜서 쓰레기 섬을 형성하며, 산화된 지방질은 리포푸신이라는 갈색의 색소를 띤 기름띠를 형성하여 세포질 속을 떠다닌다. 한 마디로 노화한 세포는 난장판이 되어 기능하지 못하는 상태에 이르른 것이다. 제 기능을 잃은 피부세포는 콜라젠과 엘라스틴을 만들지 못하여 얼굴이 탄력을 잃고 주름과 축 처진 볼살을 가지게 할 것이며, 기능을 잃은 멜라닌 세포는 얼굴 이곳저곳에 색소를 침착시켜 검버섯을 만들 것이다. 피지선은 지방질을 분비하지 못하고, 진피층에서는 수분을 붙잡는 능력이 뛰어난 히알루론산을 만들지 못해 얼굴은 거칠고 건조하게 될 것이다.

그런데 이보다 더 심각한 문제는 나이가 들면 기능을 상실한 세포를 대체할 새로운 세포를 만드는 능력을 상실한다는 점이다. 세포의 노화현상은 외부의 자극이나 내부의 작용 때문에 나이와는 상관없이 항상 일어나는 현상이지만 어린 시절과 젊은 시절에는 세포분열을 통해 노화한 세포를 대체할 수 있다. 그러나 노년에 이르면 세포분열 능력이 떨어져 노화한 세포를 대체할 수 없는 상태에 이르는데, 이것이 바로 개체의 노화이다. 어린 시절에는 노화한 세포보다 더 많은 세포를 만들어 성장하며, 중년에는 노화한 세포만큼 새로운 세포를 만들어 현상을 유지하고, 노년에는 노화한 세포를 대체할 만큼 새로운 세포를 만들지 못해 질병으로 고통받다가 죽음을 맞이하는 것이 인간의 일생이다. 그러므로 노화를 막기 위해서는 세포가 노화하지 않도록 개별 세포를 잘 관리해야 하며, 노화한 세포를 대체할 수 있도록 세포분열을 통해 새로운 세포를 활발하게 만들어내야 한다.

우리 몸의 세포는 모두 다른 분열 능력을 가지고 있다. 전혀 분열하지 못하고 기능만을 수행하는 세포도 있고, 기능을 수행하면서도 몇 번의 분열을 할 수 있는 일반적인 유형의 세포도 있다. 줄기세포처럼 무한대로 분열하여 재생의 원천이 되는 세포도 있고, 줄기세포보다는 못하지만 일반세포보다는 분열 능력이 좋아 재생을 담당하는 전구세포도 있다. 그렇다면 세포의 분열 횟수를 결정하는 것, 다시 말해서 개체의 노화를 결정하는 것은 무엇일까? 이번 이야기에 등장하는 텔로미어Telomere[*]와 텔로머레이스Telomerase가 세포의 분열 횟수를 결정하는 주인공들이다.

텔로미어의 발견

제임스 왓슨과 프랜시스 크릭에 의해 DNA 이중나선 구조가 밝혀지고, 아서 콘버그 박사에 의해 DNA 중합효소가 DNA를 합성하는 방식이 알려진 후, 과학자들은 세포분열 과정에서 진핵세포가 가지고 있는 일직선 모양의 DNA는 복제될 때 커다란 문제점이 있음을 발견하였다.

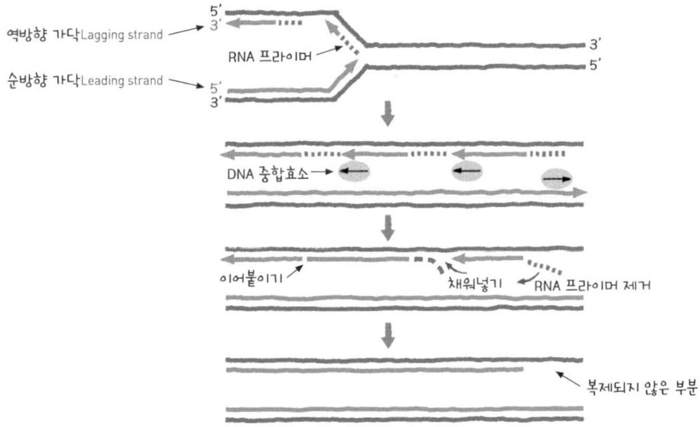

그림 1. 세포분열을 위한 DNA의 복제 과정

DNA 한 가닥은 방향성을 가지는데 한쪽 끝은 5', 반대쪽 끝은 3'이라고 한다. DNA 두 가닥은 서로 반대 방향을 향하면서 결합되어 있다. DNA가 복제될 때에는 두 가닥의 DNA가 분리된 후 각각의 DNA 가닥을 주형으로 새로운 DNA가 합성되는데, 반드시 5' 방향에서 3' 방향으로 합성되기 때문에 두 가닥의 DNA는 서로 반대 방향으로 합성된다. DNA가 분리되면, RNA 프라이머가 분리된 DNA에 결합하고, 이어서 DNA 중합효소가 RNA 프라이머를 인식하여 이곳에서부터 DNA를 합성한다. 순방향 가닥leading strand은 합성하는 방향으로 DNA가 풀리므로 연속적으로 합성할 수 있다. 그러나 역방향 가닥lagging strand은 합성하는 방향의 뒤쪽에서 DNA가 풀리므로 RNA 프라이머가 새로 붙어서 합성을 시작해야 한다. 뒤쪽에서 합성되어 오던 DNA가 RNA 프라이머를 만나면 RNA 프라이머를 제거하고 DNA로 교체한 다음 이어붙인다. 이런 방식의 DNA 복제는 마지막 RNA 프라이머가 붙은 부분과 그 바깥 부분의 DNA가 복제되지 못하는 심각한 문제가 발생한다.

DNA 중합효소는 아무 곳에나 결합하여 DNA를 합성하는 것이 아니라, RNA 프라이머 조각이 붙어 있는 곳을 인식하여 그곳에서부터 한 방향으로만 DNA를 합성한다. 따라서 두 가닥의 DNA가 풀려 각각의 가닥을 주형으로 새로운 DNA를 만들 때, 서로 반대 방향으로 DNA를 합성하게 된다. 문제는 DNA의 풀림과 새로운 DNA의 합성이 동시에 일어나기 때문에 순방향 가닥은 하나의 프라이머에 의해 끝까지 DNA가 합성되지만, 역방향 가닥은 계속해서 프라이머를 붙여야 한다는 점이다. 결국 일직선 DNA의 끝부분에 결합한 프라이머 부분과 그 바깥 부분은 DNA 중합효소가 결합하지 못하기 때문에 복제되지 못한다(그림 1).

복제되지 않은 끝부분은 어정쩡하게 단일 가닥으로 남아 있지 못하고 DNA를 자르는 효소에 의해 잘려나가게 된다. 문제는 세포가 분열할 때마다 염색체의 끝부분이 조금씩 잘려 길이가 짧아진다는 점이다. 옥수수에서 도약 유전자Jumping gene를 발견하여 노벨상을 받은 바바라 매클린톡Barbara McClintock 박사는 중간이 끊어진 염색체는 안정하지 않고 곧 파괴된다는 사실을 발표하였는데, 이는 염색체의 끝부분에 염색체를 보호하는 물질이 있을 것이라는 사실을 암시한다. 염색체 끝부분에서 염색체를 보호하는 물질 혹은 복제 과정에서 짧아지는 염색체의 끝부분을 보충하는 물질을 밝히는 것은 세포분열을 완전하게 이해하기 위해서는 반드시 풀어야 할 어려운 숙제였다.

이 문제를 해결할 단서를 발견한 사람은 엘리자베스 블랙번Elizabeth Blackburn이라는 의욕에 찬 젊은 과학자였다. 엘리자베스 블랙번은 DNA 염기서열을 확인하는 방법*을 개발한 공로로 노벨 화학상을 받은 영국 케임브리지 대학교의 프레더릭 생어Frederick Sanger 교수에게서 박사학위를 받은 분자생물학자인데, DNA 염기서열 분석에 매우 익숙하였다. 그녀는 학위를 받은 후, 예일 대학교의 조셉 갈Joseph Gall 교수 실험실로 자리를 옮겨 테트라히메나*Tetrahymena thermophilia*라고 하는 단세포 섬모류의 rDNA*를 연구하게 되었는데, 조셉 갈 교수는 테트라히메나의 rDNA가 증폭되어 직선형 DNA 상태로 존재한다는 사실을 알고 있었다. 새로 연구실에 합류한 엘리자베스 블랙번은 rDNA 끝부분의 염기서열을 밝혀

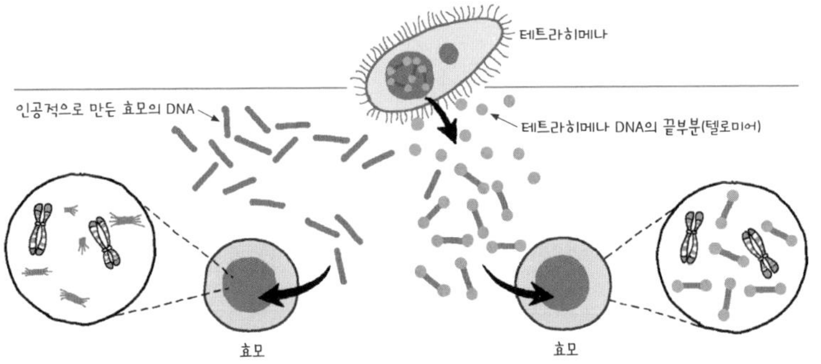

그림 2. 테트라히메나의 텔로미어가 효모 직선형 DNA의 파괴를 방지함을 보여주는 실험

인공적으로 효모의 DNA를 만들어 효모에 넣어주면 DNA는 모두 절단된다(왼쪽 그림). 그러나 인공적으로 만든 효모의 DNA 끝에 테트라히메나의 텔로미어를 붙여서 효모에 넣어주면 DNA는 끊어지지 않는다. 이는 테트라히메나의 텔로미어가 인공적으로 만든 효모의 DNA가 끊어지는 것은 방지한다는 사실을 보여준다. 확장하여 생각하면 염색체 끝에 붙어 있는 텔로미어가 염색체가 파괴되는 것을 방지한다는 사실을 유추할 수 있다.

DNA 복제와 관련된 문제점을 해결하고자 하였으며, 마침내 rDNA의 끝부분에 6개의 염기서열인 CCCCAA가 20~70회 반복되는 텔로미어가 있다는 사실을 발견하였다.

한편 하버드 대학교의 잭 쇼스택Jack Szostak 교수는 효모에서 DNA의 상동재조합을 연구하고 있었는데, 직선형 DNA를 효모에 주입하면 곧 파괴된다는 사실을 발견하였지만, 그 이유를 알 수 없어 고민 중이었다. 1980년에 열린 학회에서 엘리자베스 블랙번의 발표를 들은 잭 쇼스택은 테트라히메나 rDNA의 끝부분에 존재하는 텔로미어가 직선형 DNA를 보호할지도 모른다는 가설을 세우고 공동 연구를 제의하였다. 그들은 효모의 직선형 DNA 끝부분에 테트라히메나에서 발견한 텔로미어를 연결하여 효모에 주입하는 실험을 시행하였고, 곧 텔로미어가 직선형 DNA

끝부분의 파괴를 방지한다는 중요한 사실을 발견하였다(그림 2).

또한, 그들은 효모 염색체의 끝부분에도 테트라히메나의 CCCCAA와 유사한 CCCAC 염기서열이 반복적으로 존재한다는 사실을 발견하였다. 이는 모든 생명체의 염색체 끝부분에는 염색체가 파괴되는 것을 방지하는 텔로미어가 존재한다는 사실을 암시하는데, 실제로 척추동물인 사람, 생쥐, 새는 CCCTAA, 식물인 애기장대는 CCCTAAA, 클라미도모나스는 CCCTAAAA, 누에나방은 CCTAA 염기서열이 반복적으로 나타나는 텔로미어를 가지고 있다는 사실이 밝혀졌다.

텔로머레이스의 발견

텔로미어의 발견으로 이제 남은 문제는 CCCCAA 염기서열이 반복적으로 합성되어 텔로미어가 길어지는 기전을 밝히는 것이었다. 연구 능력을 인정받은 엘리자베스 블랙번은 버클리 대학교의 교수로 임용되었으며, 캐럴 그라이더Carol Greider가 대학원생으로 연구실에 합류하였다. 엘리자베스 블랙번과 캐럴 그라이더는 텔로미어를 만드는 효소가 테트라히메나에 있을 것이라 확신하고, 테트라히메나의 추출물을 이용하여 텔로미어를 합성하는 실험을 고안하였다. 그들은 CCCCAA 염기서열이 반복적으로 존재하는 테트라히메나 rDNA를 주형으로 하고, 효소가 존재할 것으로 생각되는 추출액과 CCCCAA와 상보적인 TTGGGG 염기서열을 프라이머로 사용하여 텔로미어가 합성됨을 증명하였다.

엘리자베스 블랙번과 캐럴 그라이더는 계속된 연구를 통해 텔로미어를 길게 만드는 효소를 발견하여 '텔로머레이스'라고 이름을 붙였다

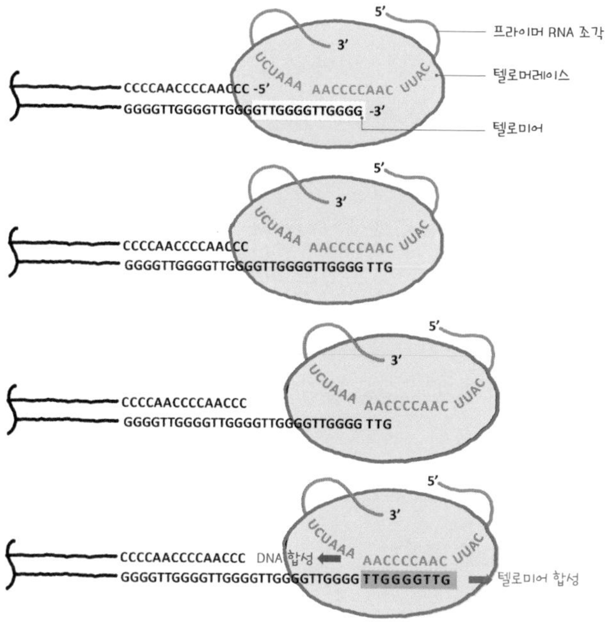

그림 3. 텔로머레이스에 의한 텔로미어 합성과 DNA 복제 완성 시나리오

염색체의 끝부분은 쌍을 이루지 못한 GTTGGGGTTGGGG 염기서열의 텔로미어가 있는 상태이다. 텔로미어가 반복적으로 합성되기 위하여 (1) 텔로머레이스 RNA 프라이머의 CCCCAA 염기서열이 텔로미어의 TTGGGG 염기서열을 인식하여 상보 결합한다. (2) RNA 프라이머의 CAA를 주형으로 텔로미어의 끝부분에 TTG가 합성된다. (3) RNA 프라이머는 이동하여 새로 합성된 TTG와 상보 결합을 이룬다. (4) RNA 프라이머의 CAACCC를 주형으로 텔로미어의 끝부분에 GGGTTG가 합성된다. RNA 프라이머가 이동하여 (3)~(4) 과정이 반복되면 GGGTTG 염기서열이 반복적으로 합성되어 텔로미어가 TTGGGGTTGGGGTTG 순서로 길어지고, TTGGGG는 반복적으로 나타난다. 텔로미어가 길어지면 텔로미어를 주형으로 역방향으로 DNA 합성이 일어나 DNA 이중가닥이 완성된다.

텔로머레이스는 프라이머로 작동하는 RNA 조각과 역전사효소Reverse Transcriptase•로 이루어져 있다. 텔로머레이스에 관한 탁월한 연구로 실력을 인정받은 캐럴 그라이더는 세계적인 명성을 가진 콜드 스프링 하버

연구소에 취직하여 독립적인 실험실을 차렸고, 마침내 텔로머레이스를 구성하는 RNA 조각이 텔로미어 합성을 위한 주형으로 사용되어 텔로미어가 합성되는 메커니즘을 밝혔다(그림 3).

테트라하이메나에서 발견된 텔로미어 합성 방식은 인간을 비롯한 대부분의 생명체에서도 같다는 사실이 나중에 밝혀졌다. 엘리자베스 블랙번, 캐럴 그라이더, 잭 쇼스택 박사는 염색체의 끝부분에 존재하는 텔로미어의 발견과 텔로미어를 합성하는 텔로머레이스의 발견, 그리고 텔로미어에 의한 DNA 파괴 억제 현상을 발견한 공로로 노벨상을 공동 수상하였다.

텔로미어와 노화 이야기

노화가 일어나는 이유는 시간이 지날수록 몸을 구성하는 세포에 손상이 축적되어 제 기능을 못하게 되고, 몸은 노화한 세포를 대체할 새로운 세포를 만들지 못하기 때문이다. 따라서 노화를 방지하기 위해서는 개별 세포의 손상을 치유하여 기능이 떨어지지 않게 유지 관리해야 하며, 치유할 수 없을 정도로 노화한 세포를 새로운 세포로 대체할 수 있도록 세포분열 능력을 키워야 한다. 세포를 손상시키는 가장 큰 원인은 세포가 필요한 에너지를 얻는 대사 과정에서 만들어지는 활성산소들이다. 활성산소들은 DNA, 단백질, 지질 등을 공격하여 세포를 엉망으로 만든다. 따라서 활성산소를 줄이는 항산화물이 풍부한 음식물 섭취와 산화 스트레스를 줄이는 활동들은 노화 방지에 도움을 줄 것이다.

세포는 영양분이 풍부해지면 세포분열을 통해 수를 늘리고, 세포 수가 늘어나 궁핍해지면 분열과 성장을 멈추고 재정비와 수선에 집중한다.

일반적으로 소식小食을 하면 장수하는 경향이 있는데, 이는 세포가 수선과 재정비에 집중하여 세포의 손상을 줄이기 때문이다. 인간은 세포만큼이나 규모 늘리기의 유혹을 잘 참지 못하는 것이 분명하다. 오래전 인류가 수렵생활을 마치고 농경을 시작하면서 먹을 것이 풍부해지자 생식 활동을 활발하게 하여 인구가 늘어났고, 다시 먹을 것이 부족해지는 악순환에 빠지게 되었다. 현대에 들어서도 마찬가지이다. 개인이든 회사든 이익이 생기면 이익금으로 체제를 재정비하기보다는 투자를 통해 규모를 확장하려고 한다. 많은 경우, 이익 발생과 끝없는 확장 과정을 반복하다가 결국에는 망하게 된다. 인간이 세포와 다른 점은 세포는 궁핍해지면 재정비를 하지만 인간은 빚을 내어 더욱 과다하게 확장하려 한다는 점이다.

노화한 세포는 기능을 잃고 가만히 있는 것이 아니라 노화 관련 분비 물질을 분비하여 주변 세포의 도움을 청하는데, 이들 분비 물질들은 만성적인 염증 반응을 일으켜 주변 세포를 훼손하고 결과적으로는 노화를 촉진시키는 역할을 한다. 따라서 노화를 방지하기 위해서는 노화한 세포를 대체할 수 있도록 세포분열을 통해 새로운 세포를 활발하게 만들어내야 한다. 1961년 레너드 헤이플릭Leonard Hayflick은 정상적인 인간 세포를 충분한 영양소를 가진 배양액에서 키우더라도 무한대로 자라지 않고 어느 순간에 분열을 멈춘다는 사실을 발견하였다. 헤이플릭의 관찰에 의하면 인간 세포는 최대 50번 정도까지 분열할 수 있으나 대부분 그전에 분열을 멈추는데, 분열이 멈춘 상태를 세포 노화Cellular senescence라 하고 분열을 멈추는 횟수를 헤이플릭 한계Hayflick limit라 한다. 세포의 분열 횟수를 나타내는 헤이플릭 한계는 텔로미어의 길이에 따라 달라진다. 앞에서 살펴본 것처럼 세포는 분열할수록 불완전한 DNA 복제 때문에 텔로미어의 길이가 짧아지는데, 염색체의 끝부분을 보호할 수 없을 정도로 텔로미어의 길이가 짧아지면 세포는 분열을 멈춘다. 그러나 텔로머레이스를 가지고 있는 세포는 스스로 텔로미어의 길이를 늘여 재생할 수 있으며, 줄기세포처럼 텔로머레이스의 양이 많고 활성이 높은 세포는 무한대로 분열할 수도 있다.

그렇다면 인위적으로 텔로미어의 길이를 늘이면 노화하지 않고 영원히 살 수 있을까? 텔로미어의 길이와 노화의 상관관계에 관한 긍정적인 연구 결과가 계속해서 보고되고 있으며, 텔로미어의 길이를 유지하여 노화를 늦추려는 방법들 또한 다양하게 소개되고 있다. 그러나 텔로미어의 길이를 인위적으로 늘이면 불행한 결과를 초래할 수도 있다. 대표적 환경오염 물질인 다이옥신, 비소, 벤젠, 폴리염화비페닐 등은 텔로미어의 길이를 늘이는 것으로 알려져 있는데, 이들은 각종 암을 유발하기도 한다. 돌연변이 또는 발암물질에 의해 암세포로 변한 세포가 텔로미어를 길게 만드는 능력까지 갖추게 된다면 급속한 분열을 통해 악성 종양으로 발전하게 될 것은 불 보듯 뻔한 일이다. 따라서 안전한 방법으로 텔로미어의 길이를 늘이고, 세포 재생 능력을 향상시키는 방법을 찾는 것이 무엇보다 중요하다. 한편, 암세포들이 텔로미어의 길이를 늘이는 방법을 알게 된다면, 거꾸로 암세포의 텔로미어 길이를 줄여 암을 치료하는 방법을 개발하게 될지도 모른다.

텔로미어와 줄기세포

인간은 수명은 70~80년에 이르지만, 인간의 몸을 구성하는 세포는 이토록 오랫동안 살지 못한다. 아니 이것보다 터무니없이 짧다. 면역세포는 불과 6~11일, 피부의 표피세포는 2~4주, 적혈구는 4개월, 간세포는 1~1.5년 정도로 아주 짧은 수명을 가지고 있으며, 뼈세포는 10년, 근육세포는 15년, 내장세포 역시 15년 정도 사는 것으로 알려져 있다. 그나마 심장의 근육세포와 뇌세포는 인간의 수명과 비슷할 것으로 생각된다. 이는 인간은 2년마다 새로운 간을 갖게 되고 10년마다 새로운 뼈를 가지게 된다는 의미이다. 뇌와 심장만 원래의 것일 뿐 나머지는 모두 교체품인 셈이니 팔다리 하나쯤 기계로 대체한다 해도 인간의 정체성에는 전혀 문제가 없을 듯싶다.

몸의 곳곳에는 수명이 다한 세포를 대체하여 조직을 재생하기 위한 줄기세포들이 자리 잡고 있다. 피부 재생을 위한 피부줄기세포는 진피의 가장 아래쪽에 있으며, 혈액과 면역세포를 대체하기 위한 혈액줄기세포는 골수에 자리 잡고 있고, 폐를 재생하기 위한 폐줄기세포는 허파꽈리 끝에 자리 잡고 있다. 이들 줄기세포는 조직을 재생할 필요가 있으면 주변으로부터 신호를 받아 필요한 양만큼 분열하여 전구세포를 만든다. 전구세포는 대량으로 증식한 다음 조직에 필요한 세포로 분화하여 수명이 다한 세포의 자리를 채운다. 줄기세포의 텔로미어 길이가 너무 짧아지면 더 이상 분열하지 못하고 재생 기능을 상실할 것이다. 따라서 줄기세포가 분열을 멈춘 조직은 노화로 진입하게 된다. 이론적으로 줄기세포는 텔로머레이스를 가지고 있어서 무한대로 분열할 수 있다고 알려져 있지만, 우리가 알지 못하는 어떤 요인에 의해 분열 능력을 상실하는 것이 분명하다. 줄기세포의 분열 능력을 무한대로 연장시켜 노화를 정복하려는 노력은 오늘도 계속되고 있다.

노화가 무서운 것은 죽음이 가까이 있기 때문이기도 하지만, 질병으로 인한 고통이 크기 때문이기도 하다. 의학의 발달로 수명이 늘어난 것은 좋은 일이지만 수명이 늘어남에 따라 생긴 치매와 관절염 등 퇴행성 질환으로 인한 고통 때문에 마냥 좋은 일이 아니다. 이미 늙어버린 몸으로 수명을 연장하는 것은 고통의 연장에 불과하기 때문이다. 이왕 수명이 늘어났다면 건강 수명을 늘리고 질병 수명을 줄이는 노력도 반드시 해야 할 것이다.

수명이 늘어났다고 해도 어떤 이에게는 여전이 짧을 것이다. 인간의 수명이 얼마까지 늘어나야 만족할 수 있을까? 인터넷 기술 개발의 선두 회사인 구글이 느닷없이 인간 수명을 500살까지 늘리는 사업을 시작했는데, 그 근거는 벌거숭이 두더지 쥐Naked mole rat 때문이다. 이 쥐는 보통 설치류보다 10배 정도 오래 살 뿐 아니라 암도 없고 고통도 느끼지 않는다. 이 쥐의 노화 비밀을 밝히면 인간도 500살까지 살 수 있으리라는 것이 구글의 생각이다. 500살까지 살면 만족할 수 있을까? 히포크라테스는 '인생은 짧고 예술은 길다'는 말로 인생의 덧없음에 빗대어 예술의 영속성을 이야기했다. 하지만 인생이 결코 짧지만은 않다. 70살까지 산다고 가정하면 무려 2만 5550일을 살아야 하고 시간으로 계산하면 61만 3200시간을 살아야 한다. 인생의 길이가 이처럼 다르게 느껴지는 것은 우리의 삶이 단순하고 반복적이기 때문이다. 무료한 일상은 한없이 길게만 느껴지지만, 돌이켜 생각해보면 반복되는 단순함 때문에 한없이 짧게만 느껴지기도 한다. 단순하고 반복적인 삶이 나쁜 것은 아니지만, 수명이 늘어나면 그에 알맞은 삶의 방식도 반드시 생겨나야만 할 것 같다.

9장

세포의 합리적 선택

자살(아포토시스)

노벨상 수상자

생리의학상

시디니 브레너Sydney Brenner(2002),
존 설스턴John E. Sulston(2002),
로버트 호비츠Robert Horvitz(2002)

스스로 실패한 인생이라 생각하는 허무해 씨는 50년 남짓의 삶을 살면서 많은 죽음을 경험하였다. 그가 기억하는 첫 번째 죽음은 하얀 꽁지 수염을 기르고 담뱃대를 뒤로 맞잡은 채 시골집 마당 한구석에 자리 잡은 외양간과 2층 높이 담배 건조실을 이리저리 둘러보시던 할아버지의 조용한 죽음이었다. 장례는 고루한 시골 마을에서 치러졌고, 허무해 씨는 죽음을 이해하기에는 아직 너무 어린 나이였다. 소복을 입은 삼촌과 고모들이 눈물을 흘리지도 않으면서 문상객이 올 때에만 소리 높여 곡을 하는 것이 꼭 코미디를 하는 것처럼 우습기도 하고 이상하기도 했다. 누군가의 등에 업혀 울긋불긋한 상여를 따라 산으로 올라갈 때에는 상여가 멀지도 않은 길을 일부러 빙빙 돌며 가다 서기를 반복하는 바람에 산 중턱에 닿기도 전에 슬픔이 사라지는 듯했다. 그러나 관이 땅속으로 들어가고 그 위에 흙이 덮이는 순간에는 슬픔과 함께 무서움이 밀려왔다.

사춘기를 넘긴 후로는 노인들의 죽음에 대해 무감각해졌고, 다시는 슬픈 감정이나 무서움이 생기지 않았다. 오히려 나이 든 노인이 병치레 없이 죽었을 때는 호상이라며 축복하는 마음까지 생겼다. 허무해 씨가 기억하는 두 번째 죽음은 친하지는 않았지만, 만나면 안부를 묻고 지내던 친구의 부당한 죽음이었다. 친구는 정당하지 않은 국가 권력에 대항하였고, 그 대가로 보잘것없게만 여겨지던 국가 권력의 고문에 억울한 죽음을 당하였다. 허무해 씨는 슬픔 대신에 분노했고, 곧 자신도 국가 권력에 저항하였다. 그의 저항 방법은 폭력적이었고, 결국 신체의 자유를 박탈당하는 신세가 되었다. 감옥에 갇힌 와중에 허무해 씨는 세 번째 죽음을 보았다. 그와 함께 국가 권력에 저항하던 동료들이 저항의 의미로 분신 자살과 투신 자살로 스스로의 생을 마감하였다. 허무해 씨는 분노 대신에 안타까운 마음으로 가슴이 답답하였고, 깊은 슬픔과 큰 혼란에 빠졌다.

허무해 씨에게 경력이라고는 국가에 대항한 경력이 전부였으며, 결국 허무해 씨는 변변한 직장을 구하지 못하고 온갖 궂은 일을 하며 삶을 연명하는 신세가 되었다. 결혼 초기에는 허무해 씨의 높은 이상을 이해하고 격려하던 부인도 시간이 지날수록 궁핍해지는 살림살이에 서서히 지친 모습을 보이기 시작했다. 현실에 적응하지 못한 허무해 씨는 물질적으로 초라해졌으며, 더불어 그의 정신도 피폐해졌다. 허무해 씨는 자신의 삶을 돌아보며 어디서부터 잘못되었는지 꼼꼼히 따져보았다. 동료들의 자살은 허무해 씨가 이상과 책임을 포기하고 현실에 적응하는 것을 가로막았으며, 그를 사회 부적응자로 만들었다. 그는 타협하고 싶었으나, 구차하게 살아남았다는 부끄러움은 행동을 방해하였고, 그는 이를 견디지 못하고 괴로워했다. 자학이 도를 넘자 삶의 피곤함과 무기력이 한꺼번에 밀려왔다. 그 자리를 자기 연민이 비집고 들어왔다. 급기야 재능에 걸맞은 뻔뻔함을 가지고 있지 못한 자신이 오히려 위안이 되었고, 주변의 모든 사람이 역겨워졌다. 굳이 비굴함을 무릅쓰고 물질적으로 성공한다 하여도 자신의 지나온 삶이 보상될 것 같지도 않았다. 허무해 씨는 이제 스스로 목숨을 끊는 자살에 민감해지기 시작했고, 자신의 생물학적 의미와 죽음에 대해 깊이 따져보았다. 오랜 생각 끝에 도달한 허무해 씨의 결론은 그의 이름처럼 허무했다.

'나는 하나의 수정란에서 분열한 60조 개의 세포이다. 60조 개의 세포는 274개의 서로 다른 종류로 나누어진 다음, 다시 얽히고설키어 나의 신체를 이룬다. 그러니까 나의 신체가 나인 셈이다. 나의 신체를 이루는 274개 종류의 60조 개 세포는 서로 다른 모양과 서로 다른 기능을 하는 51개의 기관을 만든다. 51개 기관의 하나인 나의 심장은 신체의 일부분이지만 내가 아니다. 나의 심장은 나에게 알리지도 않고 스스로 일을 하다 스스로 멈출 때를 정할 것이다. 따라서 나는 나의 심장이 하는 일을 인식하지 못하며 관여할 수도 없다. 심장뿐만이 아니다. 나의 위장도, 나의 췌장도, 나의 쓸개도, 나의 혈액도……, 대부분 기관은 나를 속이듯 은밀히 살아가고 있으며, 나의 조절을 받지 않는다. 내가 조절할 수 있는 신체 부위는 고작해야 뇌와 척수에서 뻗어 나온 운동신경세포와 감각신경세포에 연결된 팔다리 부속기관과 음식물을 먹고 배설하는 입 주변의 근육과 항문 괄약근 정도뿐이다. 범위를 축소하면 감각을 통해서 느낄 수 있고 생각할 수 있는 대뇌피질만이 나인 것 같다. 나는 하나의 큰 경계로 이루어져 있지만, 그 안에는 또 다른 경계들이 무수히 많으며, 이들이 만든 작은 경계는 나를 벗어난 것만 같다.'

허무해 씨는 혼란스러워지기 시작했다. '혹시 나도 모르는 사이에 나의 세포들은 나를 배신하고, 이미 자살을 시작한 것은 아닐까?'

세포의 자살

『자살론』으로 유명한 프랑스의 사회학자 에밀 뒤르켐Émile Durkheim은 "자살자 자신이 그 결과를 알고 행하는 적극적 또는 소극적 행위의 직접적 또는 간접적 결과로 인한 모든 죽음"이라는 복잡한 문장으로 자살을 정의했다. 정의의 요점은 죽음의 동기와 방법의 다양성은 부차적이며 자살 행위의 순간에 자살자가 행위의 결과를 알고 있느냐가 중요하다는 것이다. 뒤르켐의 정의에 따르면 세포의 자살이라는 개념은 받아들이기 힘들

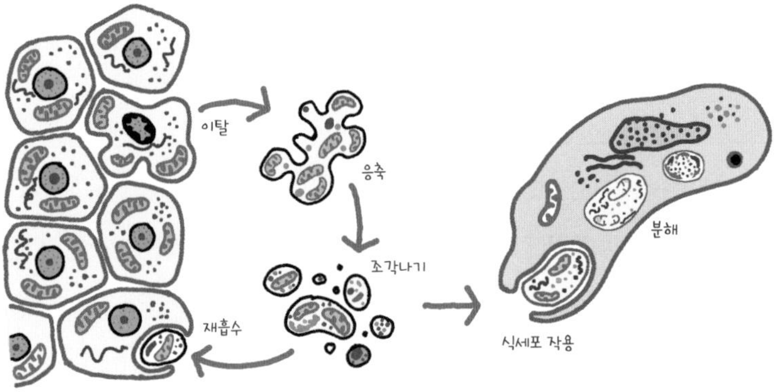

그림 1. 세포자살의 형태적 특징

자살하는 세포는 무리에서 빠져나와 세포질이 쪼글쪼글해지며 핵도 응축되어 부피가 줄어든다. 쪼글쪼글해진 부분들은 떨어져 나가 작은 조각으로 분리된다. 분리된 조각 중에서 필요한 세포소기관들은 이웃한 세포들이 흡수해 재활용하고, 필요 없는 부분들은 대식세포가 와서 깨끗이 먹어치운다. 세포자살은 괴사와는 달리 염증 반응을 일으키지 않는다.

다. 세포가 자살 행위의 결과를 알고 있는지는 상상하기조차 어렵기 때문이다. 그러나 죽음의 동기와 방법으로 관심을 돌리면 상황은 조금 달라진다. 일반적으로 세포는 괴사Necrosis되어 죽는다. 괴사되는 세포는 부풀어서 커지다가 마침내 세포막이 터져서 죽는다. 핵은 처음에는 응축되나 역시 팽창해서 터지며, 터져서 분해된 세포는 면역세포의 일종인 대식세포가 먹어치운다.

그런데 1972년 영국 에버딘 대학교의 존 커John Kerr, 앤드루 와일리Andrew Wyllie, 앨러스테어 커리Alastair Currie 교수는 정상적인 발생 과정, 암의 생성과 치료 과정, 노화 과정 등 서로 연관성이 없는 수많은 상황에서 세포의 죽음이 괴사와는 달리 마치 프로그램된 것처럼 정해진 순서에 따라 동일한 형태로 진행된다는 사실을 발견하였다. 죽음을 맞이할 세포는 조직으로부터 이탈한 다음, 수축하여 마치 아메바의 위족처럼 쪼글쪼글해지고 핵은 응축되어 작아졌다. 세포는 조각조각 부서지고, 부서진 조각들 중에서 사용 가능한 세포소기관은 주변의 세포에 흡수되며, 나머지는 대식세포에 먹혀 사라졌다(그림 1).

그들은 자신들이 발견한 독특한 세포의 죽음이 그럴듯하게 불리길 원했고, 마침내 같은 대학교의 그리스학과 교수인 제임스 코맥James Cormack 박사의 도움을 받아 '탈락'이라는 뜻의 희랍어인 '아포토시스'* 라는 이름을 붙였다. 그러나 대부분의 학자는 세포의 자살이라는 상식적이지 않은 개념을 받아들이길 꺼려하였다. 세포의 자살이라는 개념이 공식적으로 인정받은 것은 예쁜꼬마선충*Caenorhabditis Elegans*이라 불리는 작은 지렁이의 발생 과정에서 일어나는 규칙적인 세포의 죽음과 세포의 죽음을 조절하는 자살유전자가 발견되면서부터이다. 예쁜꼬마선충을 이용한 세포의 분열, 분화, 계획된 죽음에 관한 연구는 미국 버클리 대학교의 시드니 브레너Sydney Brenner 교수, 영국 생어 연구소의 존 설스턴John Sulston 박사, 미국 MIT의 로버트 호비츠Robert Horvitz 교수에 의해 정교하면서도 체계적인 방법으로 이루어졌고, 이들은 2002년 노벨상을 공동으로 수상하였다.

예쁜꼬마선충을 이용한 세포의 분열, 분화, 죽음에 관한 연구

분자생물학 분야에서 DNA로부터 RNA 그리고 단백질로의 정보 흐름에 대한 중심원리가 확립되자, 시드니 브레너 교수는 다세포 생물의 발생을 유전자 수준에서 연구하기로 결심하였다. 그는 발생 과정을 조절하는 유전자를 발견하기 위해 동물모델을 찾기 시작했고, 마침내 예쁜꼬마

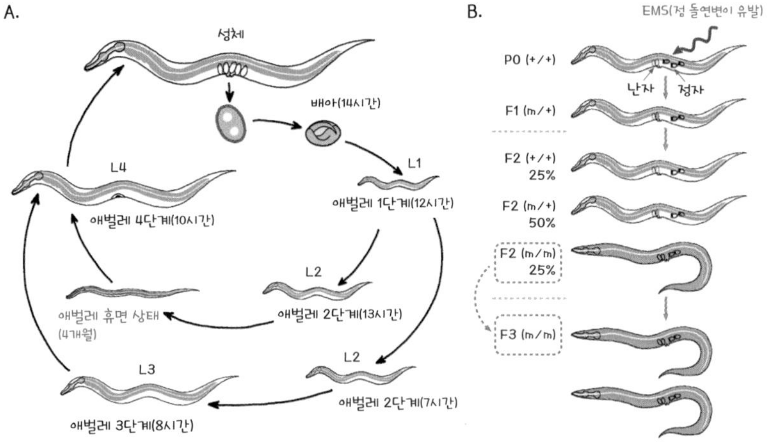

그림 2. 예쁜꼬마선충의 생활사와 EMS를 이용한 돌연변이 생산

A 예쁜꼬마선충은 자웅동체 또는 수컷으로 존재한다. 예쁜꼬마선충 배아의 발생은 14시간 정도이며, 애벌레는 탈피를 통해 L1, L2, L3, L4 시기를 거치지만 모두 합쳐서 이틀을 넘지 않는다. 애벌레는 환경이 좋지 않으면 발생을 멈추고 휴면 상태를 최장 4개월 유지하였다가 환경이 좋아지면 다시 발생을 진행하는 놀라운 적응 능력도 가지고 있다. **B** EMS를 이용한 점 돌연변이 실험. 자웅동체 예쁜꼬마선충에 EMS를 처리하여 정자와 난자에 점 돌연변이를 일으킨다. 돌연변이 정자와 난자의 수정에 의해 태어난 F1 개체(m/+)를 자가 수정하면 멘델의 유전법칙에 의해 25%(+/+), 50%(m/+), 25%(m/m) 비율로 F2 개체가 생긴다. F2 개체 중에서 난자와 정자 모두에 돌연변이가 생긴 (m/m) 개체를 선택하여 자가 수정하면 F3 세대에서는 100%의 확률로 돌연변이 개체를 생성할 수 있다.

선충을 선택하였다. 예쁜꼬마선충은 크기가 1mm로 작고 몸이 투명하여 현미경으로 발생 과정, 즉 세포분열과 분화를 관찰할 수 있는 장점을 가지고 있기 때문이었다. 또한 한 세대가 3일 밖에 되지 않아 발생의 모든 과정을 관찰할 수 있으며, 키우고 유지하기도 쉬웠다(그림 2A). 그러나 무엇보다도 가장 큰 장점은 유전자 조작이 가능하며, 유전자 돌연변이에 의해 생긴 형태상의 변화를 눈으로 직접 관찰하여 유전자의 기능을 밝힐 수 있다는 점이었다. 시드니 브레너 교수는 DNA 염기인 구아닌(G)에 결

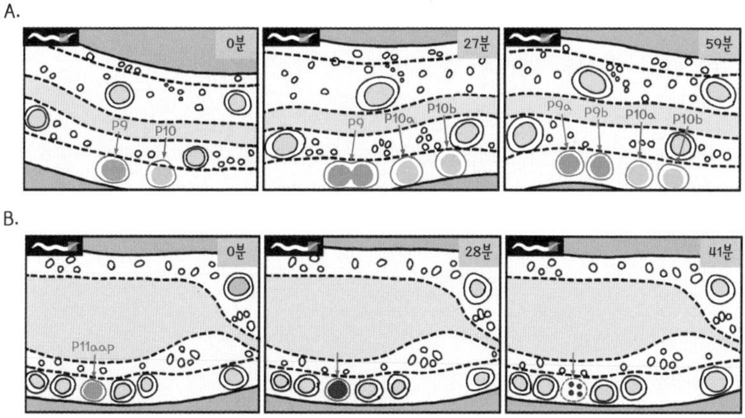

그림 3. L1 애벌레의 세포분열 과정과 세포 죽음 과정

A 세포분열 과정. P9세포는 27분이 지날 무렵 분열을 시작하여 59분에는 완전한 2개의 세포(P9a, P9b)로 분열한다. 그리고 P10세포는 27분경에 이미 P10a와 P10b로 분열하였다. **B** 세포 죽음 과정. P11aap세포는 28분경 수축하여 크기가 작아지기 시작하며 41분경에는 죽음에 이르러 흔적만 남았다(화살표).

합하여 DNA 복제시 G:C 염기쌍을 A:T 염기쌍으로 돌연변이를 일으키는 에틸메탄설포네이트Ethyl Methanesulfonate, EMS를 이용하여 1967년부터 대규모 무작위 점 돌연변이 실험을 시작하였다. EMS에 의해 무작위로 G가 A로 치환된 돌연변이가 일어나면 아미노산 서열이 바뀌어 기능을 상실한 단백질이 만들어지고, 결과적으로 표현형이 변형된 돌연변이 개체를 만들 수 있다. 그는 EMS를 이용하여 자웅동체인 예쁜꼬마선충의 정자와 난자에 무작위 점 돌연변이를 일으킨 다음, 이들을 자가 교배하여 상동염색체 모두에 점 돌연변이가 생긴 예쁜꼬마선충을 만들었다(그림 2B). 현미경 관찰을 통해 형태에 이상이 있거나 움직임이 이상한 돌연변이 개체를 선별하여 유전자를 조사하는 방법으로 619개 돌연변이를 발견하였고, 이를 1974년 논문을 통해 발표함으로써 예쁜꼬마선충을 이용한 세포분열 및 분화에 관한 연구의 기초를 마련하였다.

시드니 브레너 교수가 확립한 예쁜꼬마선충 연구를 이어받은 존 설스턴 교수 연구팀은 생각만 해도 끔찍한 열정과 노력으로, 예쁜꼬마선충을 이루고 있는 모든 세포의 계보를 작성하는 엄청난 일을 완성하였다. 그들은 예쁜꼬마선충 애벌레의 발생 과정을 현미경으로 관찰하여 모든 세포가 분열하는 과정과 죽어서 사라지는 과정을 빠짐없이 기록하였다. 그림 3은 존 설스턴 교수 연구팀이 관찰한 세포의 분열과 죽음을 시간별로 나타낸 것이다. P9세포는 관찰한 지 59분 만에 P9a, P9p세포로 분열하였고, P10세포는 27분 만에 P10a, P10b세포로 분열하였음을 볼 수 있다. 한편 P11에서 3번 분열하여 만들어진 P11aap세포는 관찰한 지 28분에는 수축하여 크기가 작아졌으며, 41분경에는 죽음에 이르렀다.

존 설스턴 교수는 현미경으로 관찰한 예쁜꼬마선충의 발생 과정을 종합하여 47페이지에 달하는 긴 논문을 발표하였다. 1976년 발표된 이 논문에는 세포들의 계보를 나타내는 복잡한 그림과 도표가 무수히 많은데, 그림 4는 신경계를 이루는 56개 세포와 죽어 없어진 9개 세포의 계보를 나타낸 것이다. 그림을 좀 더 자세히 살펴보면, 위쪽과 아래쪽의 그림은 시간에 따른 세포의 위치와 이름을 표시하였고, 가운데는 하나의 P1–P10 전구세포로부터 어김없이 5개의 신경세포가 만들어지는 계보를 나타냈다. 계보에서 X표에 붉은 동그라미로 표시한 것은 죽어서 없어진 세포를 나타낸 것이다.

존 설스턴 교수 연구팀은 자웅동체 예쁜꼬마선충 성체의 세포 수가 (생식세포의 수를 빼고 나면) 정확히 959임을 밝혀냈다. 실제로 발생 과정

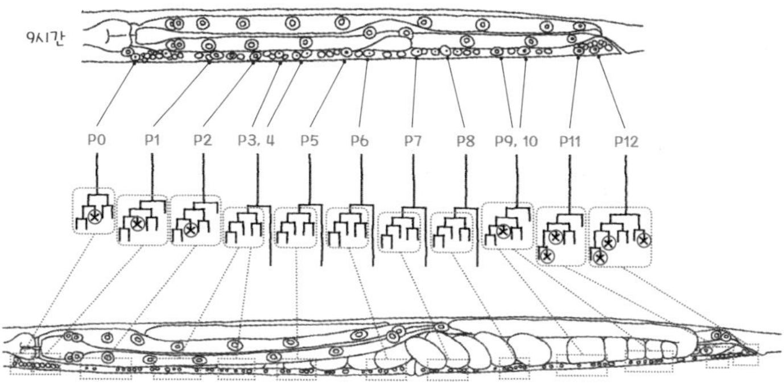

그림 4. 예쁜꼬마선충 배쪽 신경세포의 위치와 발생 계보

예쁜꼬마선충에 표시된 세포와 발생 계보는 시간에 지남에 따라 세포분열과 세포자살의 결과로 변화된 세포의 위치와 이름을 나타낸다. 예쁜꼬마선충 애벌레의 발생 9시간이 지나면 배쪽에서 신경계를 만드는 P0-P12의 전구세포가 만들어진다. 세포 발생 계보는 P0-P12 전구세포로부터 분열하여 생긴 세포와 아포토시스로 사라진 세포를 나타낸다. P1-P10 계열은 한 개의 전구세포로부터 6개의 신경세포가 만들어진 다음 1개는 아포토시스를 일으켜 사라지고(X에 붉은 동그라미로 표시된 세포) 결국 5개의 신경세포가 살아남는다. P3-P8 전구세포의 자손 중에서 한 개의 세포는 분열을 통해 생식계를 이루는 세포를 만든다.

에서는 1090개의 세포가 만들어지지만, 131개는 죽어서 없어지고 959개만 남은 것이다. 그들의 정교한 현미경 관찰에 의하면, 배아 시기에는 671개 세포가 생겨나서 113개가 죽고 558개의 세포가 애벌레 단계로 넘어가며, 애벌레 시기에는 558개의 세포 중에서 일부가 분열하여 997개의 세포가 만들어지지만 38개 세포가 죽어서 최종적으로 959개의 세포만 남는다. 엄청난 노력이 들어간 현미경 관찰의 가치는 세포분열에 의한 1090개 세포의 탄생, 131개 세포의 죽음이 모든 예쁜꼬마선충에서 예외 없이 일어난다는 사실을 밝혀낸 것에 있다.

그러나 이보다 더욱 흥미롭고 중요한 사실은 131개 세포의 죽음이 존

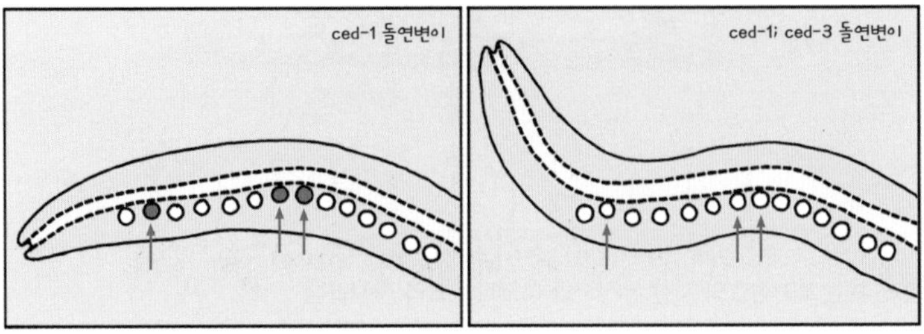

그림 5. ced-1; ced-3 돌연변이 분석

ced-1 돌연변이에서 아포토시스를 시작한 세포(붉은 화살표)가 ced-1; ced-3 돌연변이에서는 보이지 않는다. 이 결과는 ced-3 유전자에 돌연변이가 생기면 아포토시스가 일어나지 않음을 보여준다. 따라서 ced-3 유전자가 아포토시스를 일으키는 중요한 유전자임을 알 수 있다.

커 교수 등이 발견한 아포토시스 형태를 띤다는 점이다. 존 설스턴 교수와 그의 동료들은 아포토시스와 관련된 유전자를 찾고자 EMS를 이용한 무작위 점 돌연변이 실험을 실시하였고, 8종류의 돌연변이를 발견하였다. 일반적으로 아포토시스를 일으킨 세포는 1시간 내에 주변 세포에 흡수되어 사라지는데, 이들 돌연변이 개체는 아포토시스가 시작된 후에도 주변 세포에 흡수되지 않고 남아 있는 것들이었다. 존 설스턴 연구팀은 돌연변이를 두 그룹으로 구분하여 세포 죽음cell death이라는 뜻의 ced-1, ced-2라 이름 붙였다. ced-2 그룹에 속하는 nuc-1 유전자는 DNA를 파괴하는 효소인데, nuc-1 돌연변이 개체에서는 세포자살을 일으킨 세포의 핵이 파괴되지 않고 그대로 남아 있었다. 그러나 애석하게도 그들은 아포토시스를 직접적으로 일으키는 유전자를 발견하지는 못하였다.

아포토시스를 일으키는 유전자의 발견은 로버트 호비츠 교수의 몫이었다. 로버트 호비츠 교수는 아포토시스가 시작되지만 죽은 세포가 흡수되지 않고 남아 있는 ced-1 돌연변이 개체를 에드워드 헤지콕Edward

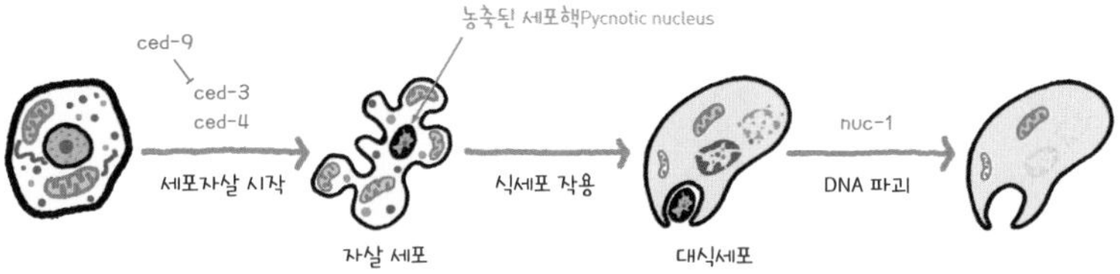

그림 6. 예쁜꼬마선충의 자살 유전자와 아포토시스의 진행과정

아포토시스를 개시하는 물질은 ced-3과 ced-4이다. 아포토시스의 진행 과정에서 대식세포로 하여금 조각난 세포 부스러기를 먹어치우게 하는 물질은 ced-1과 ced-2이고, DNA를 파괴하여 재사용하도록 하는 물질은 nuc-1이다. 이들 물질의 단계적인 작용에 의해 아포토시스는 완성된다. 그러나 이러한 아포토시스 과정은 ced-9이 존재하는 한 일어나지 않는다. ced-9은 아포토시스가 일어나지 않도록 방지하는 역할을 하며, ced-9이 없는 경우에만 아포토시스가 진행된다.

Hedgecock 교수로부터 얻어와 EMS 무작위 점 돌연변이 실험을 실시하였다.* 그는 4000여 개의 개체를 관찰하여 아예 처음부터 아포토시스가 시작되지 않는 돌연변이 개체를 발견하고 ced-3라 이름 붙였다. 그림 5의 ced-1 돌연변이 개체에 있는 화살표는 아포토시스를 시작하였지만 식세포 작용이 일어나지 않아 제거되지 않은 세포를 나타낸 것이다. 그런데 ced-1 돌연변이와 ced-3 돌연변이가 겹친 개체에서는 ced-1 돌연변이에서 아포토시스를 시작하는 세포가 처음부터 아포토시스를 시작하지 않는다. 이는 ced-3 돌연변이에서는 아포토시스가 일어나지 않으며, 이는 결과적으로 ced-3가 아포토시스를 시작하는 중요한 유전자임을 의미한다.

또 다른 아포토시스 유전자인 ced-4는 신경세포에 이상이 있는 egl-1 유전자 돌연변이 개체를 분석하는 과정에 발견되었는데, ced-4는 ced-3와 기능이 비슷하였다. 이후로도 호비츠 교수는 돌연변이 실험을 계속하였고, 마침내 아포토시스를 억제하는 ced-9 유전자를 발견하였다.

ced-9은 ced-3와 ced-4의 기능을 억제하여 아포토시스를 조절하는 것으로 밝혀졌다. 로버트 호비츠 교수는 자신이 찾은 유전자와 존 설스턴 교수팀이 찾은 유전자들의 기능을 종합하여 예쁜꼬마선충에서 일어나는 아포토시스를 정리하였다. ced-9 유전자가 발현되지 않으면, ced-3와 ced-4에 의해 아포토시스가 시작되어 세포가 조각나고, nuc-1에 의해 DNA의 분해된다. 그리고 ced-1와 ced-2에 의한 식세포 작용으로 조각난 세포들은 깨끗하게 사라진다. 그러나 만약 ced-9 유전자가 발현되면 ced-3와 ced-4가 억제되어 아포토시스는 일어나지 않는다(그림 6).

로버트 호비츠 교수의 ced-3, ced-4, ced-9 자살 유전자 발견은 아포토시스 연구의 방아쇠를 당겼고, 수많은 과학자의 연구에 의해 인간을 포함한 모든 동물에서 자살 유전자가 발견되었다. 또한 아포토시스는 우리가 상상한 것보다 훨씬 다양한 이유 때문에 여러 세포에서 복잡한 과정을 거쳐 진행된다는 사실을 알게 되었다. 지금부터는 최대한 단순화시킨 아포토시스 메커니즘을 살펴보자.

세포자살의 진행 과정

세포가 자살하는 경우는 인간이 자살하는 것처럼 헤아릴 수 없을 정도로 다양하다. 병이 나서 자살하기도 하고 정상적인 상태임에도 불구하고 어쩔 수 없이 자살하는 경우도 있다. 특히 개체의 발생 과정에서는 미세조정을 위해 정상적인 세포가 자살을 강요받기도 한다. 손과 발의 발생은 마치 석상을 만드는 것과 같이 불필요한 부분을 제거하는 방식으로 진행되기 때문에 손가락과 발가락 사이의 갈퀴는 세포자살을 통해 제거된다. 아까운 세포가 낭비되는 셈이다. 소화관이 형성될 때에도 긴 막대 모양의 구조가 형성된 후, 속에 있는 세포의 자살을 통해 관이 만들어진다. 이 역시 아까운 세포의 낭비이다. 내부 생식기관의 경우에는 여성과 남성의 생식기관이 모두 만들어진 다음, 성별에 따라 필요 없는 생식기관이 자살을 통해 제거되는 비효율적인 방식을 취한다. 운동신경세포의 성숙 과정에서도 엄청난 자살이 강요되는데, 근육을 향해 뻗어나간 세포 중에서 경쟁에 뒤져 근육에서 성장인자를 충분히 공급받지 못한 절반가량의 세포는 자살을 통해 사라진다. 이 역시 낭비처럼 보이지만 완벽하게 신경세포를 근육에 연결하기 위한 불가피한 조치일 것이다. 사실 세포자살을 일으킨 세포는 조각조각 쪼개어져 조금의 낭비도 없이 주변 세포에 흡수되어 재사용되기 때문에 약간의 부지런함과 소란스러움을 제외하면 낭비되는 것은 별로 없다.

성체에서도 많은 수의 세포가 자살을 통해 사라지는데, 할 일을 마쳐 더 이상 필요가 없어졌거나 기능에 이상이 생겼을 경우가 대부분이다. 자궁내막세포는 임신이 되지 않으면 세포자살을 감행한 후 월경을 통해 탈락되고, 염증세포들은 염증 반응이 끝나면 곧 자살을 통해 사라진다. 면역세포들은 흉선에서 자신과 남을 구별하는 교육을 받을 때, 자신을 공격할 기미가 보이면 어김없이 자살을 강요받는다. 한편 병든 상태의 세포는 자살을 통해 사라짐으로써 조직의 이익을 극대화한다. DNA의 손상이 심해 수선이 불가능할 때, 단백질의 엉김 현상이 심해 정상적인 기능을 발휘하지 못할 때, 또는 바이러스에 감염되어 병을 일으킬 가능성이 높을 때, 노화되어 모든 세포소기관이 제 기능을 발휘하지 못할 때, 세포는 의도된 자살 혹은 강요된 자살에 의해 생을 마감한다.

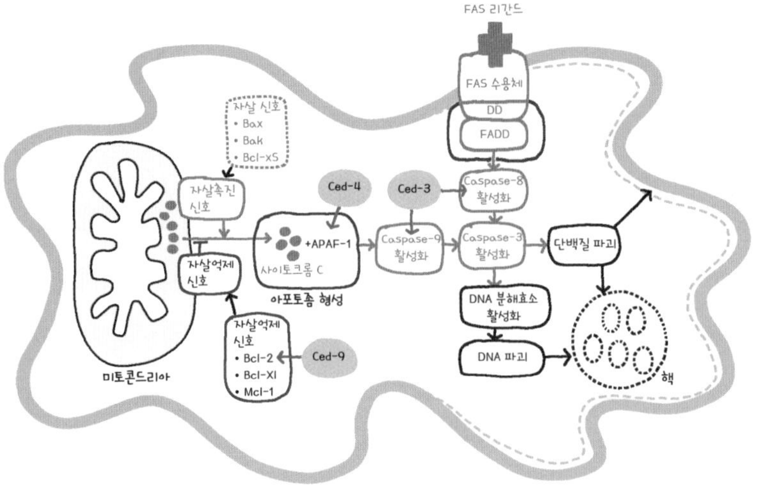

그림 7. 세포의 자살 과정

세포의 자살은 세포의 자발적인 결정에 따라 일어나기도 하고, 외부의 신호에 반응하여 일어나기도 한다. 세포의 자발적 결정은 세포의 자살을 촉진하는 물질과 억제하는 물질 사이의 균형에 의해 결정된다. 세포의 자살을 촉진하는 물질인 Bcl-2가 억제하는 물질인 Bax보다 많으면 미토콘드리아 내막의 사이토크롬 C가 세포질로 빠져나가 APAF-1과 결합하여 아포토좀을 만들고, 단계적으로 캐스페이즈-9과 캐스페이즈-3를 활성화하여 아포토시스를 일으킨다. 한편, 외부로부터의 자살신호는 FAS를 통해 전달되어 자살유도신호복합체가 형성되고 순차적으로 캐스페이즈-8과 캐스페이즈-3가 활성화되어 아포토시스가 일어난다. 아포토시스는 미토콘드리아에 존재하는 사이토크롬 C가 세포질로 이동하는 것에서부터 시작되어 캐스페이즈-3에 의해 종료된다.

세포자살의 원인은 세포의 사정에 따라 다양하지만, 자살의 실행은 정해진 과정에 따라 조금의 주저도 없이 일사불란하게 진행된다. 자살은 외부에 의해 강요되기도 하고 내부의 자발적인 결정에 의해 일어나기도 한다(그림 7).

내부의 자발적인 결정에 의한 자살의 진행은 세포의 상태를 점검하는 감지기들로부터 시작된다. 감지기들은 여러 가지 사정으로 세포가 제 기능을 수행하지 못할 것이라 판단되면, 곧장 세포질에 존재하는 자살신호물질Pro-apoptotic molecule인 Bax를 활성화시키고, 활성화된 Bax는 미토콘드리아로 이동한다. 미토콘드리아에 도착한 Bax는 미토콘드리아에 구멍을 뚫어 내막과 외막 사이에 존재하는 사이토크롬 C를 세포질로 방출시킨다. 사이토크롬 C가 세포질로 방출되면 자살은 되돌릴 수 없이 일사천리로 시작된다. 세포는 사소한 실수라도 방지하기 위하여 항상 견제장치를 마련해두고 있는데, 자살처럼 중대한 일에서도 마찬가지이다. 자살억제신호물질Anti-apoptotic molecules인 Bcl-2는 미토콘드리아로 이동하여 사이토크롬 C의 방출을 방해한다. 결국 세포의 자살을 결정하는 중대한 문제는 미토콘드리아에 존재하는 사이토크롬 C의 방출을 둘러싼 단순한 문제로 귀결되며, Bax와 Bcl-2의 힘겨루기에 의해 결정된다. Bax의 힘이 우세하여 자살이 결정되면, 사이토크롬 C는 세포질로 방출되어 APAF-1*과 함께 아포토좀Apoptosome을 형성한다. 아포토좀은 캐스페이즈-9*을 활성화시키는데, 캐스페이즈-9의 활성화로부터 세포자살이 시작된다. 활성화된 캐스페이즈-9은 세포자살을 직접적으로 실행하는 캐스페이즈-3를 활성화시킨다. 활성화된 캐스페이즈-3는 핵과 세포질의 골격을 이루는 단백질을 분해하여 핵과 세포를 파괴하고, DNA 분해효소로 하여금 DNA를 조각내게 하여 세포를 죽음에 이르게 한다.

한편 외부의 강요에 의한 세포자살은 면역세포에서 분비되는 사이토카인 TNFα의 결합에 의한 Fas 수용체*의 활성화로부터 개시된다. Fas 수용체에는 세포자살을 담당하는 단백질 조각이 있는데, 이 조각은 Fas 수용체가 활성화되면 세포질로 분리되어 또 다른 단백질 조각인 FADD Fas-associated death domain와 결합하여 자살유도신호복합체*를 형성한다. 자살

유도신호복합체는 세포자살을 개시하는 캐스페이즈-8을 활성화하고, 활성화된 캐스페이즈-8은 세포자살을 실행하는 캐스페이즈-3를 활성화한다.

외부의 강요에 의한 자살과 세포의 자발적인 결정에 의한 자살 경로는 모두 캐스페이즈-3로 수렴되며, 캐스페이즈-3는 최종적으로 자살 행위를 실행한다. 로버트 호비츠 교수가 예쁜꼬마선충에서 발견한 Ced-9은 자살억제신호 물질인 Bcl-2와 같고, Ced-4는 APAF-1과 같으며, Ced-3는 캐스페이즈-8, 또는 캐스페이즈-9과 동일한 물질임이 밝혀졌다.

세포의 자살 과정에서 자살을 명령하는 단백질은 모두 미토콘드리아와 관련이 있다. 미토콘드리아는 에너지를 생산하여 세포의 생존을 가능하게 하는 곳인데, 반대로 세포의 죽음을 조절하는 곳이기도 하다. 미토콘드리아가 사용하는 사이토크롬 C는 세포 내에서 에너지를 생산하는 호흡의 중요한 물질임과 동시에 자살을 개시하는 중요한 물질이기도 하다. 세포의 생사는 세포 내 사이토크롬 C의 위치에 달려 있는 셈이다.

알려진 바에 의하면, 아주 오랜 옛날에 고세균 내부로 미토콘드리아가 들어가 더부살이를 시작하면서 진핵세포가 탄생했고, 미토콘드리아와의 공생 관계 덕분에 에너지 문제를 해결한 진핵세포는 비로소 다세포를 형성할 여유를 얻게 되었으며, 이로부터 지구상에 다양한 다세포 생명체가 탄생하게 되었다. 그러나 미토콘드리아의 활약상을 들여다보면, 진핵세포의 공생 관계에서 실질적인 권력은 미토콘드리아가 쥐고 있는 것처럼 보인다.*

세포자살과 질병

단세포 생물에게 있어 자살은 존재가 완전히 사라지는 것을 의미한다. 따라서 이들은 무모하게 자살을 감행하지 않는다. 그러나 다세포 생물의 경우는 상황이 조금 다르다. 다세포 생물의 세포들은 처음부터 모여서 사는 것이 유리한 삶을 선택하였기 때문에 개별 세포들은 기꺼이 전체의 생존에 이득이 되는 방식을 따른다. 손상을 입어 기능을 수행하지 못하는 세포는 자살을 감행하여 전체의 부담을 줄임으로써 전체의 생존 확률을 높이는 전략을 사용하는 것이다. 더군다나 개별 세포들은 모두 같은 유전자를 가진 부모 · 형제 · 자매 세포들이기 때문에 자살이란 부담은 작고 명분은 높은 명예스러운 사건일지도 모른다. 실제로 발생과정이나 성체에 상관없이 세포가 자살하는 이유는 전체의 이익을 위해서 자신을 희생하는 경우가 대부분이다. 따라서 자살을 거부하는 것은 전체의 이익을 거스르는 행위가 되며, 세포자살이 제대로 일어나지 않으면 질병이 발생한다.

암은 세포자살이 제대로 일어나지 않아 생기는 대표적인 질병이다. 세포의 자살 과정에는 많은 유전자들이 관여하는데, 이들 유전자 중 하나라도 제대로 작동하지 않으면 세포자살은 일어나지 않고 암이 발생한다. p53은 스트레스에 의한 세포의 손상을 감지하여 세포자살신호를 내리는 최초의 물질인데, p53 돌연변이는 손상된 세포를 제거하지 못하여 암을 일으키며, 대부분의 암세포에서 p53 돌연변이가 발견된다. 세포의 자살신호와 자살억제신호 물질인 Bcl-2와 Bax/Bak 유전자 돌연변이 역시 혈액암, 대장암/위암을 일으킨다. 아포토좀을 형성하여 캐스페이즈를 활성화시키는 APAF-1의 발현이 줄어든 경우에도 흑색종, 백혈병, 뇌종

양, 자궁경부암 등 다양한 암이 발생한다. 자살을 강요하는 외부의 신호를 감지하는 FAS 수용체에 돌연변이가 생긴 경우에도 간암, 식도암, 백혈병, 대장암, 난소암, 흑색종 등 다양한 암이 발생한다. 따라서 최근에는 암세포의 세포자살을 유도해서 암을 치료하려는 시도가 끊임없이 이루어지고 있다.

세포자살이 일어나지 않는 경우와는 반대로 세포가 지나치게 자살한 경우에도 질병이 발생한다. 치매, 파킨슨 병, 헌팅턴 병 등 많은 퇴행성 뇌 질환은 오랜 세월의 손상에 시달린 신경세포가 마지막으로 자살을 선택하였기 때문에 생기는 질환이다. 치매는 세포 내에 엉킨 아밀로이드 베타 단백질이나 타우 단백질이 캐스페이즈-3, 캐스페이즈-6를 활성화시켜 신경세포가 자살을 일으킨 경우이고, 파킨슨 병은 PINK1(Bax) 단백질의 발현량이 높아, 캐스페이즈-9, 캐스페이즈-3가 활성화되어 도파민 신경세포가 자살을 일으킨 경우이다. 헌팅턴 병은 돌연변이 헌팅틴 단백질 조각들이 단독으로 또는 다른 단백질과 결합하여 캐스페이즈-6, 또는 캐스페이즈-9을 활성화한 경우이다. 한편 심장은 세포분열이 잘 일어나지 않는 대표적인 조직인데, 스트레스에 의해 자살하는 세포가 새로 생기는 세포보다 많은 경우에 혈관 손상, 심장 마비 등이 발생한다.

우리 몸을 침입한 세균이나 바이러스는 대식세포가 식세포 작용으로 잡아먹어 퇴치하기도 하지만, 면역세포인 T세포가 침입자들의 자살을 유도하여 퇴치하기도 한다. 영악한 AIDS 바이러스는 반대로 T세포의 자살을 유도함으로 우리가 면역결핍증에 걸려 목숨을 잃게 한다. 류머티즘, 제1형 당뇨병, 아토피 등 자가면역 질환은 침입자를 공격해야 할 면역세포가 자신의 관절, 인슐린을 분비하는 베타세포, 피부세포를 공격하기 때문에 생기는 병인데, 이는 흉선에서 실시한 '자기와 남을 구별하는 교육'에서 불합격한 면역세포들이 자살하라는 명령을 듣지 않고, 몰래 탈출하여 온몸을 돌아다니면서 자기 세포를 죽이기 때문이다. 이처럼 세포자살이 제대로 일어나지 않으면 발생 과정의 기형뿐만 아니라 다양한 질병이 발생한다.

세포의 자살과 개인의 자살

허무해 씨의 세포들은 이미 그도 모르는 사이에 자의에 의해서든 혹은 강요에 의해서든 자살을 감행하고 있는 것이 틀림없다. 허무해 씨의 세포들은 앞에서 살펴본 것처럼 허무해 씨를 구성하는 조직 전체의 이익을 위해 자살하기 때문에 정당성을 인정받는 것처럼 보인다. 그렇다면 허무해 씨의 자살은 어떨까? 세포에서처럼 전체의 이익을 위한 자살만이 정당성을 인정받는다면 허무해 씨의 자살은 비난의 대상이 될 것이다. 그러나 먼저 따져볼 것이 있다. '개인과 국가(공동체 혹은 전체)의 관계를 세포와 조직의 관계처럼 유기체로 보아야 하는가' 하는 점이다. 현대인은 태어날 때부터 국가에 소속되기 때문에 당연한 것처럼 보이지만 700만 년을 살아온 인간의 역사에 비추어보면, 국가는 겨우 2000~3000년 전에 만들어진 기원도 알 수 없는 조직에 불과하다. 나약한 개인이 스스로를 다수로부터 보호하기 위해 합의를 통해 만든 리바이어던일 수도 있지만, 힘세고 탐욕스러운 개인이 힘없는 개인을 억압하기 위해 만든 불량스러운 조직일지도 모른다. 단언컨대, 오랜 기간 그렇게 살아왔듯이 국가가 없어도 개인은 살 수 있다. 역사가 보여주듯이 국가가 부당하면 국민들이 국가를 바꾸는 것은 부당한 일이 아니다. 우리나라에서는 국가가 앞장서서 국민들을 경쟁시키고 서열화하는 것이 일상화되어 있다. 경쟁을 하면 반드시 잘하는 사람과 못하는 사람이 생기기 마련이다. 잘하는 사람을 추켜세우고, 못하는 사람을 비난하는 것은 국가가 해야 할 일이 아니다. 어쩔 수 없이 경쟁시켰음을 사과하고, 경쟁에서 패한 사람을 보호해야 하는 것이 마땅히 국가가 해야 할 일이다. 설령 개인이 공동체 혹은 국가를 위해 자발적으로 자살을 감행한다고 해도 이를 장려해서는 안 될 일이다. 또한, 개인의 자살이 집단에 꼭 필요하다고 해서 세포에서처럼 자살을 강요할 수는 더더욱 없는 일이다. 최근 개봉된 영화의 궁색한 변명을 보자. 북한 군부의 강경파가 쿠데타를 일으켜 한반도에서 핵 전쟁이 일어난다는 내용의 영화인 〈강철비〉에서 주인공인 북한 특수공작원은 핵 전쟁을 막기 위해 지하 벙커의 위치를 찾아내어 자신도 미사일 공격에 희생되는 자살을 선택한다. 아무리 숭고한 목적이라도 자살을 강요 혹은 방관할 수 없기에 감독은 주인공이 췌장암 말기이기 때문에 살아날 가망이 없다는 사실을, 주인공만 모른다는 어설픈 가정하에, 궁색하게 설정하고 있다.

다시 허무해 씨의 자살로 돌아가보자. 허무해 씨처럼 무기력한 개인이 세상을 살면서 선택할 수 있는 유일한 자유가 자살밖에 없다고 생각한다면 자살을 인정해야 할까? 아무리 생각해봐도 그럴 수는 없는 일이다. 사회가 나서서 허무해 씨가 살아갈 수 있는 방법을 강구해야 할 것이다.

10장

대규모 숫자와의 전쟁

항체의 다양성

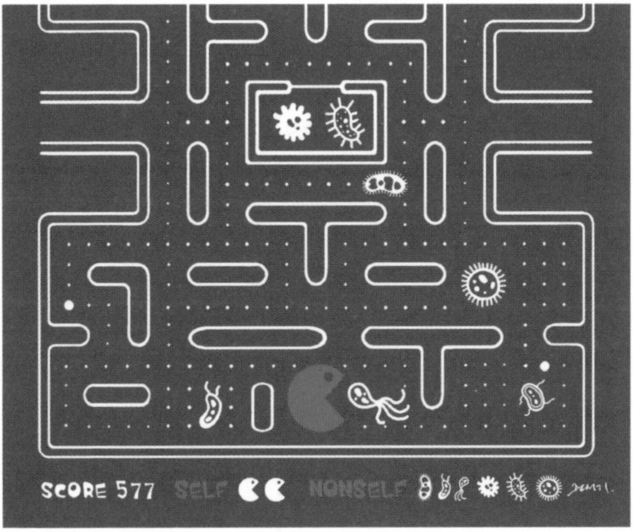

노벨상 수상자

생리의학상

도네가와 스스무 利根川 進 (1987)

조그마한 갈등에도 안절부절못하는 소심해 씨는 오늘이 마침 쓰레기 분리수거일이라서 피트니스 클럽 앞을 지나지 않아도 된다는 사실이 마냥 다행스럽다. 피트니스 클럽 수석 매니저와 회원권 환불 문제로 말다툼을 하였고, 아직도 마지막 큰 싸움을 하나 남겨놓고 있기 때문이다. 직장생활이 주는 스트레스로 인한 폭식과 부족한 운동 때문에 주체할 수 없을 정도로 몸이 불어난 소심해 씨는 집 근처 피트니스 클럽의 그럴듯한 광고에 매료되었다. 넓고 쾌적한 환경에 최신의 기계가 가득 들어차 있고, 요가, 필라테스, 다이어트 복싱뿐만 아니라 다양한 그룹액스Group exercise 프로그램들이 마련되어 있어 지겹지 않게 운동할 수 있다는 것이다. 그중에서도 가장 매력적인 것은 개인 트레이너가 맞춤형으로 지도하기 때문에 6개월만 꾸준히 운동하면 연예인 못지않은 몸매를 가질 수 있다는 점이었다. 유혹을 뿌리치지 못한 소심해 씨는 피트니스 클럽의 문을 두드렸고, 몸매 좋은 수석 매니저의 언변에 혹해 6개월 회원권과 다이어트에 꼭 필요하다는 건강식까지 할인 가격으로 구입하고 말았다.

그러나 일주일이 채 지나지 않아 운동은 힘들고 지겹게만 느껴졌으며, 건강식은 입에 맞지 않아 구토가 날 지경이었다. 수석 매니저에게 일주일밖에 지나지 않았으니 환불을 해달라고 요구하였지만, 매니저는 읽어보지도 않은 복잡한 약관을 운운하며 환불을 거절하였다. 결국 사소한 말다툼이 있었고, 약관을 꼼꼼히 읽은 후에 다시 이야기하자며 되돌아온 것이 바로 엊그제의 일이었다. 혹시라도 매니저를 만날까 마음을 졸인 소심해 씨는 아침부터 스스로 우울해졌다.

소심해 씨는 피트니스 클럽 반대편에 자리 잡은 쓰레기 분리수거장을 지나, 재개발 문제로 집회와 싸움이 끊일 날이 없는 천사마을 옆으로 난

작은 산길을 따라 출근한다. 주소가 1004번지라서 천사마을이라 불리는 이곳은 서울에 몇 남지 않은 산동네 재개발 지역이라 선거 때마다 공약이 만발하는 곳이었다. 지지난번 국회의원 선거 때 여야 후보 모두가 재개발 공약을 내걸었고, 마침내 재개발이 결정되었다. 그러나 재개발의 방법을 둘러싸고 6년째 싸움이 그치지 않고 있다. 싸움의 발단은 재개발 결정 후에 입지 조건이 좋지 않아 경제성이 떨어진다는 이유로 주민들의 재개발 분담금이 높아졌기 때문이다. 마을 사람들은 시청 앞으로 몰려가 분담금을 낮춰달라는 시위를 하면서 단합을 과시하기도 했으나, 형편이 각기 다른 주민들 사이에 갈등이 생기기 시작했다. 처음 계획대로 아파트를 짓자고 주장하는 집단과 개인이 자체적으로 재산권을 행사할 수 있도록 해달라고 주장하는 집단으로 나뉘어 싸움이 시작되었고, 시간이 지날수록 싸움은 감정 문제로 얽혀들어 해결할 수 없을 정도로 악화되었다.

애당초 지하철과도 멀리 떨어져 있어 교통이 좋지도 않고, 학군이 좋은 것도 아니며, 외진 산자락에 자리 잡고 있어서 상권도 좋지 않아 개발 입지로서는 장점이 하나도 없는 곳이었음에도 불구하고, 표를 얻기 위해 재개발 바람을 불어넣은 국회의원들이 나쁜 사람들이라고 소심해 씨는 생각했다. 그냥 두었으면 비록 넉넉하지는 않을지언정 형편대로 평화롭게 살아갔을 마을 사람들이 갈수록 난폭해지고, 개보수를 하지 않아 슬럼화되어가는 마을이 마냥 안타까웠다. 소심해 씨는 천사마을 옆으로 난 산길을 따라 출근하는 것을 좋아한다. 사람 사는 일과는 달리 산길의 주변 풍경이 평화로운 느낌을 주기 때문이다. 길 양옆에 제멋대로 자란 잡초도 아침이슬을 먹어 차분하고, 갑자기 튀어나와 길 위를 가로지르고 다시 산속으로 사라지는 조그마한 다리도 고즈넉해서 좋다. 출근길의 작은 평화도 잠시, 퇴근 후를 생각하니 소심해 씨의 머리는 아파오기 시작했다. 저녁에 있을 피트니스 클럽 수석 매니저와의 큰 싸움을 어떻게 해결해야 할까?*

싸움 혹은 전쟁의 기원에 대한 가설은 여러 가지가 있지만, 토머스 홉스Thomas Hobbes의 가설과 장-자크 루소Jean-Jacques Rousseau의 가설은 대표적으로 상반된 주장을 하고 있다는 점에서 눈길을 끈다. 홉스는 그의 대표작인 『리바이어던』에서 자연 상태의 인간은 끊임없이 만인에 대한 투쟁을 벌이는 호전적인 존재라고 주장했다. 투쟁의 원인은 자신의 생존, 이익, 안전, 명예 등 한도 끝도 없었다. 홉스가 보기에 인간은 먹을 것이 부족해서 싸우고, 먹을 것이 충분해지면 남보다 우월한 지위를 차지하려고 싸우고, 서열이 결정되면 호시탐탐 서열 재조정을 위해 싸우고……, 만약 싸울 이유가 없어지면 이유를 만들기 위해 싸우는 듯이 보였다. 홉스는 이러한 전쟁 상황을 종료하기 위해서는 도저히 대항할 수 없는 거대한 힘을 가진 리바이어던, 즉 국가를 만들어 중재할 수밖에 없다고 주장했다.

반면 장-자크 루소는 『인간 불평등 기원론』에서 원래 인간은 자연 속에 드문드문 흩어져 평화롭게 사는 존재였는데, 신석기 시대에 농업을 하게 되면서부터 잉여 생산물이 생기고, 이에 따라 사유 재산이 생기고, 인구가 늘어나고, 계급이 분화하고, 급기야 국가가 생겨나면서부터 전쟁이 시작되었다고 주장하였다.

거대한 절대 권력을 가진 국가의 탄생과 전쟁의 기원에 대한 상반된 주장은 시대 상황에 따라 선호도가 바뀌었다. 양육 강식에 의한 식민지 쟁탈의 시대에는 인간의 DNA에 싸움의 유전자가 있다고 생각하는 홉스의 주장이 옳은 것처럼 보였지만, 국가 간의 상호 존중과 개인의 인격이 존중받는 현대에는 루소의 생각에 찬성하는 세력이 더 많아 보인다.

그러나 어찌되었건 인간은 싸우고 또 싸운다. 인간이 먹이사슬의 최상위가 아닌 원시 시대에도, 먹이사슬의 최상위에 있는 것처럼 보이는 현대에도 다른 종에 의해 희생된 경우보다 동종인 인간에 의해 죽임을 당한 경우가 훨씬 많아 보인다. 그러나 이는 보이지 않는 데서 생기는 대단한 착각이다. 기록이 비교적 정확하게 남아 있는 유럽의 역사만 살펴보더라도, 14세기에는 페스트 때문에 유럽 인구의 30~50%에 이르는 7500만 명에서 2억 명에 이르는 사람이 사망하였고, 16~17세기에는 천연두, 19세기에는 콜레라와 결핵에 의한 대량살상이 일어났다. 사실 인간이 벌이고 있는 전쟁 중에서 가장 오래되고 치열한 전쟁은 바이러스와 세균 같은 병원미생물과의 전쟁이다. 인간은 자신도 모르는 사이에 벌어지는 병원미생물과의 전쟁에서 대부분 이기고 있지만, 이미 페스트, 천연두, 결핵, 콜레라와의 전쟁에서 경험한 바와 같이 한 번 패할 경우 그 손실은 상상을 초월한다.

우리 몸에서 병원미생물과의 전쟁을 담당하는 부서는 면역계이고 직접 싸움을 수행하는 군인은 자연살해세포Natural Killer cell, NK cell, 대식세포Macrophage, 수지상세포Dendritic cell, 호중구Neutrophil, 보조T세포Helper T cell, 세포독성T세포Cytotoxic T cell, B세포B cell 등이다. 이들은 단독으로 또는 협동작전을 펼쳐 우리 몸속으로 침입한 병원미생물을 물리친다. 자연살해세포, 대식세포, 호중구, 세포독성T세포, B세포는 병원미생물을 직접 죽이는 공격병 역할을 하고, 대식세포, 수지상세포, 호중구, B세포는 병원미생물을 찾아서 보고하는 정찰병 역할을 한다. 한편, 보조T세포는 면역

체계를 총괄하여 지휘하는 사령관 역할을 한다. 오늘 이야기의 주인공인 B세포는 보조T세포의 도움을 받아 유도미사일처럼 정밀하게 적을 공격하는 항체Antibody를 발사하여 적을 섬멸한다.

면역세포들은 자기Self가 아니라고 판단되는 모든 이물질Non-self(비자기)을 공격하는데, 비자기에는 병원미생물뿐 아니라 암처럼 우군에서 적군으로 변절한 세포는 물론이고, 미세먼지와 같이 생명체가 아닌 물질도 포함된다. 면역세포가 면역 반응을 일으키는 모든 물질을 항원Antigen이라고 하는데, 가장 대표적인 항원인 바이러스의 침입에 대항하여 이를 섬멸하는 면역세포들의 일사불란한 작전을 한번 살펴보자.

나의 면역*

바이러스가 나를 지키는 일차 관문인 피부를 뚫고 몸속으로 침투하면 나의 몸에 항상 존재하는 선천면역Innate immunity세포들, 즉 자연살해세포, 대식세포, 호중구, 수지상세포가 곧장 이를 알아차리고 바이러스의 종류에 상관없이 무작위로 공격을 개시한다. 면역세포들이 바이러스 또는 바이러스에 감염된 세포를 찾아낼 수 있는 이유는 나의 모든 세포는 나에게만 독특하며 우군임을 보여주는 I형 MHC 단백질을 신분증처럼 표면에 붙이고 다니기 때문이다. MHCMajor Histocompatibility Complex(주조직적합성복합체)에는 2가지가 존재하는데, 이들은 자기와 남을 구별하고 항원을 제시하는 기능을 한다(그림 1).

대식세포는 나와 다른 MHC 신분증을 달고 있는 바이러스를 만나면 이를 수상한 적으로 여기고 공격해서 죽인다. 요행히 바이러스가 대식세

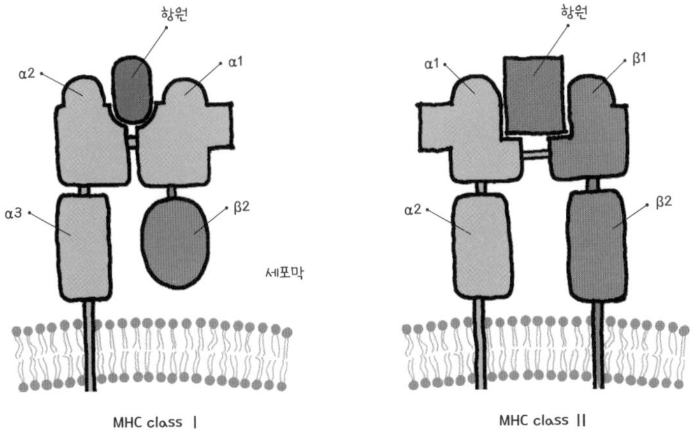

그림 1. MHC의 구조

I형 MHC는 α1, α2, α3 등 3개의 세포 외 도메인Extracellular domain을 가진 알파사슬과 β2 도메인을 가진 베타사슬로 구성되어 있다. 알파사슬의 α3 도메인이 세포막과 결합되어 있으며, α1 도메인과 α2 도메인에 의해 만들어진 틈새로 항원이 결합한다. II형 MHC는 2개의 α1, α2 도메인을 가진 알파사슬과 2개의 β2, β2 도메인을 가진 베타사슬로 구성되어 있다. α2 도메인과 β2 도메인이 세포막에 결합되어 있으며, α1 도메인과 β1 도메인 사이에 생긴 틈으로 항원이 결합한다. 인간의 경우, MHC는 HLAHuman Leukocyte Antigen 유전자에 의해 만들어지는데, HLA 유전자의 높은 다형성Polymorphism 때문에 개인마다 독특한 MHC를 가진다.

포에 들키기 전에 나의 세포에 침투하더라도 자연살해세포가 바이러스에 감염된 세포를 찾아 죽인다. 자연살해세포는 바이러스에 감염된 세포뿐만 아니라 암으로 변한 세포, 돌연변이가 일어난 세포들 중에서 MHC 신분증에 이상이 있는 세포를 만나면 이를 적으로 여기고 공격해서 죽인다. 선천면역세포들의 활약으로 대부분의 바이러스가 증식하지 못하고 제거된다. 그러나 일부 바이러스는 세포를 감염시키고 대량으로 복제되어 방출되므로 새로운 대책이 필요한데, 보조T세포, 세포독성T세포, B세포가 이들을 담당한다. 보조T세포, 세포독성T세포, B세포는 대량으로 증식한 바이러스만을 공격하기 위하여 새롭게 만들어지므로 획득면역 Acquired immunity이라고 하며, 조준 사격을 통해 특정한 바이러스만을 제거한다. 이들 획득면역세포들이 만들어지기 위해서는 선천면역세포의 도움이 필요하다. 대식세포는 공격병뿐만 아니라 정찰병 역할도 하는데, 자신이 감싸 죽인 바이러스를 조각조각 분해하여 그 조각을 자신의 II형 MHC에 붙인 다음, 보조T세포에게 외부 침입자가 있다고 보고한다. 수지상세포 역시 바이러스 항원에 대한 정보를 획득하여 대식세포와 같은 방법으로 보조T세포에게 보고한다. 보고를 받은 보조T세포는 사이토카인*을 분비하여 자연살해세포, 세포독성T세포, B세포로 하여금 감염된 세포를 죽이도록 명령한다.

오늘 이야기의 주인공인 B세포는 항체를 분비하여 바이러스를 섬멸한다. 항체는 B세포 표면에 붙어 있는 Y자 모양의 B세포 수용체인데, 항체가 항원을 인식하는 부위의 모양은 헤아릴 수 없을 정도로 다양하다. B세포는 각기 다른 모양의 항체를 만들어 표면에 붙이고 다니다가 자신의 항체와 모양이 닮은 바이러스를 만나면 항체를 분비하여 공격을 개시한다. B세포 역시 대식세포나 수지상세포처럼 바이러스를 분해하여 바이러스 조각을 자신의 II형 MHC에 붙여 보조T세포에게 보고한다. 보고를 받은 보조T세포는 사이토카인을 분비하여 B세포가 증식을 통해 항체를 대량으로 생산, 방출하도록 지시한다.

항체가 바이러스를 공격하는 방법은 다양한데, 첫 번째 방법은 바이러스가 세포를 감염시키는 것을 막는 중화Neutralization이다. 바이러스가 세포에 침투하기 위해서는 세포 표면에 있는 바이러스 수용체에 결합해야 하는데, 항체가 바이러스 표면에 붙어 바이러스 수용체와의 결합을 방해함으로써 감염을 방지한다.* 두 번째 방법은 대식세포의 공격력을 높이는 옵소닌화Opsonization이다. 옵소닌은 버터를 살살 펴 발라 먹기 좋게 한다는 뜻인데, 대식세포는 바이러스가 단독으로 있을 때보다 항체를 달고 있을 때 바이러스를 훨씬 잘 인식하여 공격하기 때문에 이러한 이름이 붙었다. 세 번째는 면역 반응에 도움을 주는 보체Complement를 이용하는 결정적 방법이다. 항체가 바이러스에 결합하면 여러 가지 보체 성분들이 도미노처럼 연쇄 반응을 일으킨다. 먼저 C1이 활성화되고 이어 C4, C2, C3, C5 …… C9이 활성화된다. C3가 분해된 C3b는 대식세포가 바이러스를 더 잘 공격하도록 하는 옵소닌화 작용을 하며, C3a와 C5a는 염증 반응을 일으키는 또 다른 면역세포에게 도움을 청한다. 결정적인 역할을 하는 C9복합체는 바이러스에 구멍을 뚫어 바이러스를 죽인다.

바이러스를 물리친 B세포들은 대부분 자살을 통해 사라지지만, 일부는 기억세포Memory cell가 되어 림프절에 숨어 있다가 동일한 바이러스가 침입해오면 순식간에 대량으로 증식해 두 번 다시 같은 병에 걸리지 않도록 한다. 바이러스에 의한 전염병을 예방하는 백신Vaccine 요법은 면역 기억세포를 이용하는 방법이다. 병을 일으키지 않을 정도의 바이러스를 주사하여 우리 몸에서 바이러스에 대한 항체를 생산할 수 있는 면역기억 B세포를 미리 만들어두면, 실제로 병을 일으키는 바이러스가 침입하였을 때 기억을 간직하고 있는 B세포는 바이러스가 병을 일으키지 못하도록 순식간에 항체를 만들어 바이러스를 섬멸한다.

그런데 지구상에 존재하는 병원미생물 혹은 우주에서 날아오는 항원의 종류는 얼마나 많을까? 우리 인간의 B세포는 이 모든 항원에 대한 항체를 만들어낼 능력이 있을까? 만약 그럴 능력이 있다면 B세포는 어떤 방법으로 다양한 항체를 만들까? 도네가와 스스무利根川 進 박사는 B세포가 다양한 항체를 생산하는 방법을 밝혀 1987년 노벨 생리의학상을 단독으로 수상하였다.

항체의 다양성을 규명한 도네가와 스스무 박사의 실험

도네가와 박사는 역전사효소를 발견한 공로로 노벨상을 받은 레나토 둘베코Renato Dulbecco 박사에게서 분자생물학 실험 방법을 익혔으며, 둘베코 박사의 조언에 따라 스위스의 바젤연구소에서 면역학 연구를 시작하였다. 면역학에 대한 지식이 부족했던 그는 오랜 고민 끝에 자신이 가장 잘 할 수 있는 분자생물학을 이용하여 당시 면역학 분야에서 해결하지 못한 항체의 다양성에 관한 연구를 시작하였다. 면역의 가장 신비로운 특징 중 하나는 헤아릴 수도 없이 다양한 항원에 대응하는 항체를 대부분 만들 수 있다는 점이다. 항체는 단백질이므로 결국 각각의 항체를 만드는 유전자가 존재해야 하는데, '우리 몸에 그토록 많은 유전자가 존재할까?'라는 의문은 오랫동안 풀리지 않은 문제였다. 도네가와 박사는 제한된 유전자의 수로 엄청나게 다양한 종류의 항체를 생산하기 위해서는 항체를 만드는 유전자가 완성된 단계로 존재하는 것이 아니라, 필요한 DNA 조각들이 재조합되어야 한다고 생각하였다.

운이 좋게도 도네가와 박사가 연구를 시작할 무렵에 특정한 DNA의 존재를 확인할 수 있는 서던 블롯 분석법Southern blot analysis이라는 최신의 분자생물학 연구 기법이 개발되었는데, 그는 서던 블롯 분석법을 이용하여 자신의 가설을 증명하였다.

특정 DNA의 존재 유무를 알아내는 분자생물학 실험 방법

특정한 DNA, mRNA, 단백질의 존재 유무를 알아내기 위한 분자생물학 실험 방법을 각각 서던, 노던, 웨스턴이라고 하는데, 이처럼 우스꽝스러운 이름이 붙은 이유는 1975년 영국의 에드윈 서던Edwin Southern 박사가 특정 서열을 가진 DNA 조각을 찾는 방법을 개발하여 자신의 이름을 붙였기 때문이다. 이후 비슷한 원리로 mRNA 조각을 찾는 방법이 개발되자 이를 노던Northern blot hybridization이라 이름 붙였고, 단백질을 찾는 방법이 개발되자 웨스턴Western blot hybridization이라 이름 붙이게 되었다. 서던 실험 방법의 요점은 찾고자 하는 DNA와 상보적 결합을 하는 DNA 탐침을 이용하는 것이다. 탐침은 방사능을 가진 뉴클레오타이드를 가지고 있어서 X-선 필름을 감광시키므로 눈으로 탐침과 결합한 DNA 조각을 확인할 수 있다. 실험은 전체 DNA를 제한효소로 절단하여 작은 DNA 조각으로 만들고, 전기를 흐르게 하여 크기별로 분리(전기영동)한 다음, 분리된 DNA 조각들을 그대로 나일론 천으로 옮기고, 방사능으로 표시된 탐침과 결합한 후, X-선 필름의 감광을 확인하는 과정으로 이루어진다.

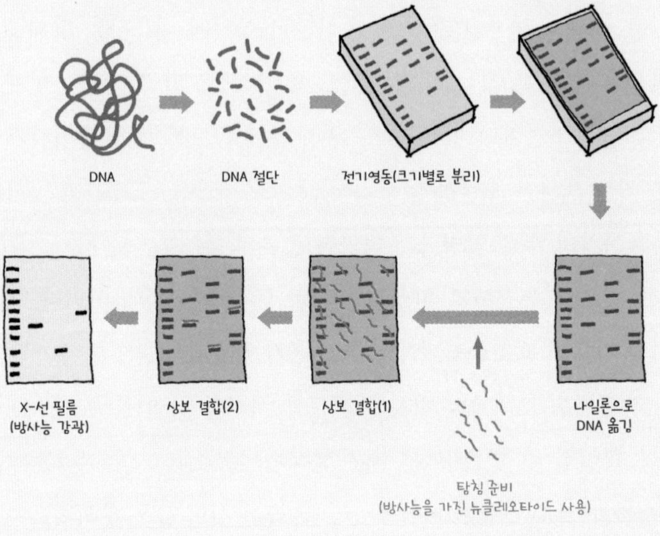

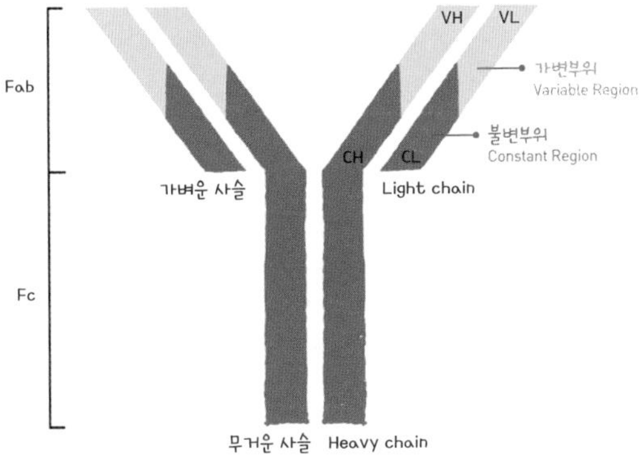

그림 2. 항체의 구조

무거운 사슬의 불변부위는 5종류(γ, α, μ, δ, ε)가 있으며, 이에 따라 IgG, IgA, IgM, IgD, IgE 등의 항체로 분류된다. 가벼운 사슬의 가변부위와 불변부위는 연속적으로 이루어져 있으며, 두 종류(κ, λ)가 있다.

항체는 Y자 모양으로 배열된 2개의 무거운 사슬Heavy chain과 2개의 가벼운 사슬Light chain로 구성되어 있다. 각각의 사슬에는 가변부위Variable region와 불변부위Constant region가 존재하는데, 항원에 결합하는 항체의 다양성은 가변부위에 의해 결정된다(그림 2).

도네가와 박사는 생쥐 항체의 가벼운 사슬에서 가변부위와 불변부위를 결정하는 DNA에 관해 연구하였다. 그는 '생쥐 항체의 가벼운 사슬에서 가변부위와 불변부위를 결정하는 DNA 조각들이 재조합되는 것이 아닐까?'라는 가설을 세웠는데, 다양한 조각들이 조합하는 방식이 다양성을 높이는 간단하고 효과적인 방법이라 생각하였기 때문이다. 그는 배아세포는 항체를 만들지 않으므로 가변부위와 불변부위를 만드는 DNA 조각들이 온전한 상태로 있지만, 항체를 만드는 B세포가 암세포로 변한 생쥐 형질세포종 MOPCMouse plasmacytoma에서는 항체를 만들기 때문에 가변

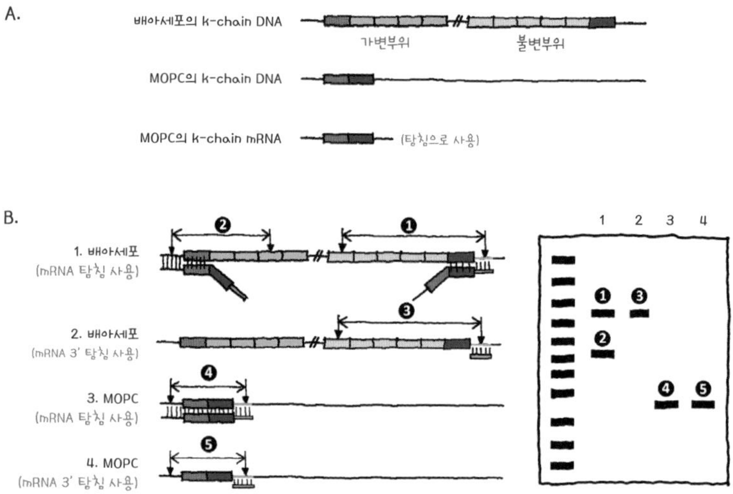

그림 3. 도네가와 박사의 가설 및 실험 결과 해석

A 도네가와 박사의 가설. 배아세포에서는 항체가 만들어지지 않으므로 가벼운 사슬의 가변부위와 불변부위는 재조합되지 않은 상태로 있다. 그러나 항체를 만드는 B세포가 암세포로 변한 형질세포종에서는 가변부위와 불변부위 DNA의 재조합이 일어난 상태이므로 DNA의 길이는 짧아졌을 것이다. **B** 도네가와 박사의 실험. 배아세포와 형질세포종에서 DNA를 추출한 다음 제한효소로 DNA를 절단하였다. 절단된 DNA 조각들을 전기영동 방법으로 분리하고, 형질세포종에서 추출한 항체의 mRNA 조각을 탐침으로 이용하여 가변부위와 불변부위에 해당하는 DNA의 크기를 확인하였다. 방사선 동위원소 P^{32}로 표지한 탐침과 결합한 DNA 조각들이 X-선 필름에 표시되고, DNA 조각들의 크기를 해석하기 위하여 재조합에 의해 DNA 조각들이 생성되는 과정을 도식으로 나타냈다. mRNA 전체를 탐침으로 사용한 경우, 제한효소에 의해 잘린 배아세포 DNA 조각들 중에서 불변부위에 해당하는 ①번 DNA 조각과 가변부위에 해당하는 ②번 DNA 조각이 검출된다. 그러나 mRNA의 불변부위에 해당하는 3'-말단부위를 탐침으로 사용한 경우에는 불변부위에 해당하는 ③번 DNA 조각만이 검출된다. ③번 DNA 조각은 ①번 DNA 조각과 동일한 부위이므로 크기가 같다. 한편 mRNA 전체를 탐침으로 사용하여 제한효소에 의해 절단된 형질세포종의 DNA 조각들을 검출한 경우, 가변부위와 불변부위의 재조합에 의해 새로 생성된 ④번 DNA 조각이 검출된다. mRNA 3'-말단부위를 탐침으로 사용할 때도 가변부위와 불변부위는 이미 재조합에 의해 연결되어 있으므로 ④번 DNA 조각과 크기가 같은 ⑤번 DNA 조각이 검출된다.

유전자 단편	무거운 사슬 (가변부위)	가벼운 사슬	
		κ	λ
V	48	41	34
D	23	0	0
J	6	5	5
가능한 V-D-J 조합의 수	48×23×6=6624	41×5=205	34×5=170
가능한 항체의 수	6624×(204+170)≒2480000 (V 단편의 개수는 정확히 밝혀지지 않았으며, 따라서 항체의 개수 역시 대략적인 수치이다.)		

표 1. 재조합에 의한 항체의 개수

부위와 불변부위의 DNA 조각들이 재조합되었을 것으로 생각했다. 만약 재조합을 통해 항체를 생산한다면 DNA의 구성이 달라지므로 제한효소로 DNA를 절단하였을 때, 잘린 DNA 조각의 크기가 달라질 것이다(그림 3A). 그는 배아세포와 형질세포종에서 DNA를 추출하고 제한효소로 절단한 다음 탐침을 이용하여 DNA의 크기를 비교하였다(그림 3B). 도네가와 박사는 항체를 만드는 형질세포종의 DNA 조각이 항체를 만들지 않는 태아의 DNA 조각보다 짧다는 사실을 밝혀 가변부위를 결정하는 유전자 조각과 불변부위를 결정하는 유전자 조각들이 재조합을 통해 각기 다른 항체를 생산할 것이라는 그의 가설이 옳음을 증명하였다.

도네가와 박사가 면역학 연구를 시작하던 1970년대 중반에는 인간의 유전자 개수에 대한 정보가 없었다. 그러나 유전자의 수가 항체의 수보다 적을 것이라는 사실을 대부분 연구자가 인식하고 있었다. DNA 염기서열 분석 기술이 발전함에 따라 항체를 만드는 무거운 사슬과 가벼운 사슬에 대한 DNA 분석도 이루어졌는데, 사람의 무거운 사슬 가변부위는 VVariable, DDiversity, JJoining라는 3종류의 유전자 단편의 조합으로 이루어지며, 가벼운 사슬의 가변부위는 V와 J라는 2종류의 유전자 단편의 조합으로 구성된다는 사실이 밝혀졌다. 가벼운 사슬과 무거운 사슬에 존재하는 V, D, J 단편의 대략적인 개수는 표 1과 같으며, 이들 V, D, J 단편의 조합을 통해 만들어낼 수 있는 가변부위의 개수, 즉 항체의 개수는 무려 200만 개에 이른다는 사실도 밝혀졌다.

2001년 완성된 인간 게놈 프로젝트Human Genome Project에 의해 인간이 가지고 있는 유전자는 2만 5000개 정도로 밝혀졌는데, 이는 항체 단백질의 개수에도 턱없이 모자라는 개수이다. 항체의 생산에서 보듯 인간의 세포는 DNA 재조합 기술을 사용하여 유전자의 개수보다 훨씬 많은 수의 단백질을 만들어낼 수 있다.

재조합을 이용하여 유전자의 개수보다 많은 단백질을 만들어낼 수 있는 또 다른 방법은, 하나의 mRNA에서 여러 개의 단백질을 만드는 mRNA 재조합RNA splicing이다. 진핵세포의 유전자는 엑손Exon과 인트론Intron이라는 부위로 나누어져 있는데, 단백질은 엑손에 있는 염기서열이 재조합된 정보를 이용하여 만들어진다. 엑손의 재조합에 따라 하나의 유전자로부터 구조가 비슷한 단백질을 여러 개 만들 수 있다. 만약 어떤 유전자의 엑손이 4개라면 이론적으로 만들 수 있는 조합은 24가지이므로 하나의 유전자로부터 구조가 비슷한 24개의 단백질을 만들 수 있는 셈이다.*

인간은 20~20000헤르츠의 진동수에 해당하는 소리를 들을 수 있는데, 청각세포의 소리감지 수용체 유전자인 KCNMA1은 17개의 엑손을 가지고 있어서 엑손의 재조합을 통해 20~20000헤르츠 사이의 모든 소리를 감지할 수 있는 다양한 소리감지 수용체를 만들 수 있다. 이처럼 조합을 이용하여 다양성을 늘리는 것은 생명체가 널리 사용하는 방법이다. 유성 생식을 통해 자손의 유전자를 다양하게 만드는 것 역시 조합을 이용하는 방법이다. 인간은 22개의 상염색체를 가지고 있는데, 난자가 만들어질 때 부모에게서 물려받은 22쌍의 염색체로 만들 수 있는 조합의 수는 무려 2^{22}가지나 된다. 이는 난자 생산을 통해 엄청난 유전적 다양성을 확보할 수 있다는 이야기이다. 물질에 불과한 유전자가 이렇게 똑똑한 수학적 방법을 사용한다는 것이 그저 놀랍기만 할 뿐이다.

면역을 이용한 암의 치료

면역 반응을 간단히 말하면 MHC 단백질을 통해 나와 남을 구별하고, 남을 공격하여 제거하는 것이다. 그런데 살다 보면 나와 남을 구별하기 아주 애매한 상황들이 있다. 가령 엄마의 입장에서 보면, 아기는 반은 나에게서 유래한 나이고 반은 남편에게서 유래한 남이다. 공격해야 할까? 당연히 아기는 남이기 때문에 공격해야 하지만, 다행스럽게도 엄마의 면역세포는 태반을 통과하지 못하기 때문에 아기는 엄마의 면역세포로부터 공격받지 않는다.

그렇다면 암세포는 어떨까? 암세포는 원래는 나였지만 언제부터인지 나를 배신하고 내가 아닌 것처럼 행동한다. 심지어 나를 해치기까지 한다. 관용을 베풀지 말고 당연히 공격을 해야 할 것 같다. 그런데 암세포는 기본적으로 나의 MHC-I을 가지고 있을 뿐만 아니라, 불리한 경우 자신의 정보를 나타내는 MHC-I의 생산량을 줄여 실체를 숨기기 때문에 찾아내어 공격하기가 쉽지 않다. 자연살해세포는 MHC-I 생산량을 줄여 자신의 실체를 숨기는 암세포를 찾아서 공격하는 데 탁월한 능력을 가지고 있다. 자연살해세포의 수용체 중에는 KIR(Killer Immunoglobulin like-receptor)이라는 것이 있는데, KIR은 정상세포의 MHC-I을 만나면 자연살해세포의 살해 본능을 억제하여 정상세포를 보호하는 역할을 한다. 그러나 MHC-I이 없거나 양이 부족한 암세포를 만나면, KIR의 억제신호로부터 자유로운 자연살해세포는 마음껏 살해 본능을 발휘하여 암세포를 제거한다. 이처럼 자연살해세포는 그 자체로 훌륭한 암 치료제이다. 최근에는 생체로부터 온전히 자연살해세포를 추출하는 기술, 세포 배양을 통해 대량으로 확보하는 기술, 활동성이 줄어들지 않은 상태에서 장기간 보관하는 기술 등을 개선하여 암을 치료하기 위한 자연살해세포 치료제의 실용화에 나선 회사들이 생기고 있다.

암세포는 자신의 신분을 감추어서 면역세포의 공격을 피하려고 하지만, 암세포로 변하는 과정에서 어쩔 수 없이 낯선 단백질을 만들어 표면에 붙임으로써 신분이 탄로 나기도 한다. 수지상세포는 암세포가 분비하거나 표면에 달고 있는 항원을 찾아내는 능력이 탁월하다. 암세포의 항원에 대한 정보를 획득한 수지상세포는 보조T세포에게 상황을 보고하여 세포독성T세포로 하여금 암세포를 공격하도록 한다. 수지상세포 역시 암 치료제로 사용할 수 있는데, 생체로부터 추출한 다음, 환자의 암세포 항원에 대한 정보를 입력하여 활성화시킨 후 환자에게 주입하는 방식이다. 환자의 림프절로 간 수지상세포는 환자의 T세포를 활성화하여 암세포를 공격하도록 할 것이다. 수지상세포는 그 특성상 수가 매우 적기 때문에 효율적으로 추출하여 대량생산하는 과제를 해결해야 한다.

T세포는 특정 항원을 인식하여 최종적으로 세포를 죽이는 특성 때문

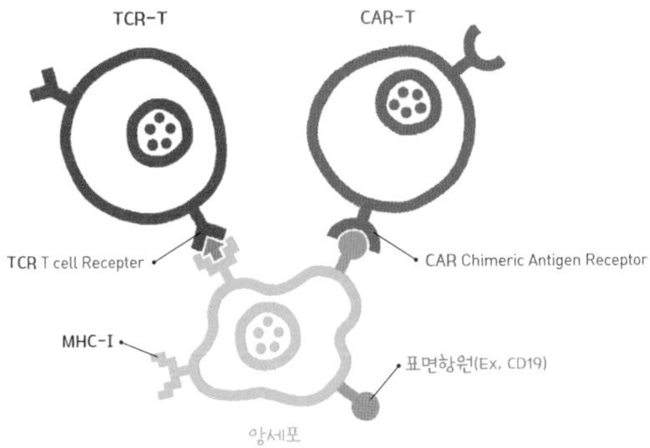

그림 4. T세포와 CAR-T를 이용한 암의 치료

암세포의 항원을 인식하도록 활성화된 T세포 치료제는 암세포의 MHC-I에 있는 항원을 인식하여 암세포를 공격한다. MHC-I은 사람마다 다르므로 개인별로 T세포 치료제를 만들어야 한다. 반면 CAR-T는 T세포 수용체를 변형하여 암세포의 표면항원을 인식하도록 만들어졌다. 표면항원을 인식한 CAR-T는 암세포를 공격할 것이다. CAR-T는 MHC-I과 관계없이 작용하므로 개인별로 만들지 않아도 된다. 특정 암세포의 표면항원을 인식하도록 만들면 누구에게나 사용할 수 있는 암 치료제가 될 수 있다.

에 특정한 암을 치료하기 위한 세포 치료제의 강력한 후보이다. T세포의 전구체T cell progenitor는 골수에서 만들어진 다음 흉선으로 이동하여 성숙한 T세포로 분화하고, 아군과 적군을 구별하는 교육을 받는다. 나와 남을 구별하지 못하는 세포는 자살을 강요받아 제거되고, 교육을 통과한 세포는 혈액으로 분비되어 순찰하다가 병원체를 공격하는 면역 반응을 수행한다. 아군과 적군을 구별하지 못하는 T세포가 자살하라는 명령을 어기고 흉선을 탈출하여 몸속을 다니면서 나를 공격하는 병을 자가면역 질환이라고 하는데, 자신의 피부를 공격하는 아토피 피부염, 관절을 공격하는 류머티스 관절염, 인슐린을 만드는 베타세포를 공격하는 제1형 당뇨병 등이 이에 해당한다. 반면, 교육을 잘 받아 특정 항원을 인식하여 공격하는 T세포는 훌륭한 암 치료제로 활용할 수 있다. T세포를 추출하여 암세포와 섞어 배양하면서 암세포 항원을 인식하도록 교육한 다음 환자에게 다시 넣어주면, 활성화된 T세포는 암세포만을 찾아 공격할 것이다. 그러나 이 방법은 환자 개개인에게 맞는 세포독성T세포를 만들어야 하기 때문에 가격이 비싸다는 단점이 있다. 환자와 상관없이 특정 암세포만 공격하는 T세포를 만들면 상용화할 수 있는데, 이러한 용도로 만든 T세포 치료제가 카티CAR-T, Chimeric antigen receptor-T이다. T세포가 암세포를 인식할 때는 자신이 가지고 있는 수용체로 암세포의 MHC-I에 올려진 항원을 인식한다. MHC-I는 사람마다 다르므로 암을 치료하는 T세포 치료제는 환자의 T세포를 이용해야 한다. 만약 T세포가 MHC-I에 올려진 항원이 아니라 암세포의 표면에 있는 항원을 직접 인식할 수 있도록 T세포 수용체를 변형한다면, T세포는 환자의 MHC-I과 무관하게 특정 표면 항원을 가진 암세포를 공격할 것이다(그림 4). 한 예로 세계적인 제약회사인 노바티스사가 만든 CTL019은 혈액암을 일으키는 림프구의 표면에 과도하게 발현되는 CD19 항원을 인식하여 공격하도록 만든 카티이다.

카티는 범용적으로 사용할 수 있는 장점이 있지만, 여전히 비싸고 부작용도 보고되고 있다. 또한, 혈액암에서는 그 효능이 뛰어나지만, 고형암에서는 여전히 별 효과가 없는 한계도 보인다. 그러나 현재의 열기와 개발 속도를 보면 머지않아 기능이 향상된 다양한 카티가 개발되어 면역세포를 이용한 암 치료의 새로운 시대가 열릴 것으로 기대된다.

11장

이웃한 세포의 운명을 결정하는 세포 집단

형성체(신경계 형성의 비밀)

노벨상 수상자

생리의학상

한스 슈페만Hans Spemann(1935)

앨범도 발표 못하고 버스킹이나 별 볼 일 없는 동네잔치 무대에서 6개월을 보낸 무명 밴드의 리더 노의지 군은 벌써 몇 시간째 연습실 근처 나무그늘 아래의 벤치에 앉아 수다 떨기와 스마트폰 들여다보기로 시간을 죽이고 있다. 점심 시간도 한참 지나 이제는 지나가면서 말을 붙이는 사람도 없다. 울퉁불퉁한 돌바닥에 반사된 햇살이 튕겨 올라 눈이 부시다. 이런 날은 언제나 토요일 오후의 권태를 데자뷔처럼 데려다 놓는다. 눈을 감으면 조그맣고 투명한 동그라미들이 눈앞에서 천천히 중력을 따라 아래로 내려앉다가 눈동자의 갑작스러운 움직임에 브라운 운동의 입자처럼 다시 위로 떠오르길 반복한다. 이제 눈을 뜨면 주체할 수 없이 환한 세상에 잠시 정신을 잃으리라!

시간은 오후 세 시를 가리키고 있다. 이제 조금만 있으면 기획사에서 정한 회의 스케줄대로 가을쯤에 발표하기로 약속한 신곡에 대한 아이디어를 발표해야 한다. 사랑의 그리움에 대한 복고풍 곡을 발표하기로 작정하고, 1980년대 밴드의 곡들을 찾아 들어보고 적당한 기타 리프들도 끄적여두기는 했다. 하지만, 대충이라도 곡 전체를 만들어 들려주기에는 시간이 턱없이 부족한데도 노의지 군은 짐짓 여유를 부리고 있는 것이다. 조금이라도 남의 곡 냄새가 나거나 코드 진행이 마음에 안 들면 "푸우" 하고 인상을 찌푸리며 잔소리와 함께 공포 분위기를 조성하는 기획사 팀장 강유인의 까탈스러운 얼굴이 떠오르자 오늘은 유난히 더 짜증스럽다. 그러나 그 까탈스러움이 밴드 멤버들에게 해를 끼칠지도 모른다는 걱정과 당장 밴드 활동의 불편함으로 되돌아올 것을 생각하면, 그냥 나 몰라라 손 놓고 있을 수만도 없는 일이다. 그러나 노의지 군은 될 대로 되라는 심정으로 "아 정말 싫다"는 혼잣말을 되뇔 뿐이다.

사실 노의지 군은 미래에 대해 크게 고민하지 않는다. 얼굴도 스스로 생각하기에 그럭저럭 잘생겼고, 허스키한 목소리에 매력을 느껴 따라다니는 팬들도 꽤 있으니, 뭐가 되어도 될 것이라는 막연한 믿음을 가지고 있기 때문이다. 노의지 군의 마음이 이렇듯 태평한데 미래에 대한 자잘한 고민 따위를 좀 덜 한다 하여 그의 멋진 인생을 가로막을 것이 무엇인가! 반면, 밴드의 생사를 쥐고 있는 팀장 강유인은 모든 일을 계획에 따라 추진하는 치밀한 성격을 가지고 있다. 뿐만 아니라 자신의 오랜 밴드 활동 경험을 바탕으로 주변의 음악하는 친구들 인생사에 대한 상담 역할과 인생계획 설계 도우미 역할을 마다하지 않는데, 하물며 자신이 키우려는 밴드의 리더인 노의지 군의 진로에 대해선 말해 무엇하랴! 하지만 조금의 불편함과 갈등이 있다 하더라도 노의지 군과 강유인 팀장의 밴드는 원래 계획대로 잘 유지될 것이 분명하다.

어머니 뱃속에 있던 당신의 발생 과정에도 노의지 군이나 강유인 팀장처럼 주변 세포에 의해 운명이 결정되거나 주변 세포의 운명을 결정하는 세포가 존재한다. 당신의 의식과 행동을 지배하는 뇌와 척수의 신경세포는 주변 세포에 의해 운명이 결정된 대표적인 세포이며, 배아 시기에는 척삭을 형성하고 있었지만 지금은 근육, 뼈, 혈관 등으로 운명을 바꾼 세포는 주변 세포의 운명을 결정하는 대표적인 세포이다. 생명체의 발생 과정은 그 어느 것도 신비롭지 않은 것이 없지만, 그중에서도 가장 경이로운 것은 외부 환경으로부터 정보를 수집하고 분석하여 적절히 반응함으로써 생명을 유지하는 신경계의 형성에 관한 것이다. "나는 생각한다. 고로 나는 존재한다."라는 르네 데카르트René Descartes의 정언명법은 생각할 수 있는 뇌를 가지게 된 당신에게는 유희에 가까운 철학적 문제이지만, 어머니 뱃속에 있던 배아 시기의 어린 당신에게는 생각할 뇌가 없는 상태에서 뇌를 만드는 계획을 세워야 하는 매우 어려운 존재의 문제였을 것이다. 어머니의 뱃속에 있던 어린 당신은 어떻게 뇌와 척수를 만드는 신경관을 형성한 것일까? 이 어려운 문제는 1924년 독일의 한스 슈페만 Hans Spemann 박사와 그의 제자 힐데 만골트Hilde Mangold에 의해 처음 발견되어 슈페만 박사에게 노벨상의 영예를 안겨주었지만, 1990년대 초 분자 생물학의 발달에 힘입어 겨우 그 실체가 밝혀진 매우 긴 역사를 가진 연구이다.

도롱뇽과 개구리의 알을 이용한 실험

무심코 넘어가는 문제이지만, 현대 학문 체계의 중심에는 항상 인간이 있다. 인문학은 '사람들 속에서 인간은 어떻게 살아가는가?'라는 문제를 연구하고, 사회학은 '사회현상은 인간의 삶에 어떤 영향을 미치는가?'를 연구하며, 자연과학은 '자연 속에서 인간은 어떤 상태로 존재하는가?'라는 것을 연구한다. 당연히 생명과학의 중심에도 인간이 있다. 그러나 인간을 대상으로 하는 생명과학 연구는 실험 재료를 구하는 방법이 한정되어 있기 때문에 연구는 한계에 부딪힐 수밖에 없다. 더욱이 배아 시기를 연구하는 발생학은 인간을 대상으로 연구하는 것이 애초부터 불가능한지도 모른다. 발생학에서 인간을 대신하여 사용되는 실험동물은 바다향이 상큼한 성게, 예쁜꼬마선충이라는 의외의 이름이 붙은 아주 작은 지렁이, 어린이에게 친숙한 개구리와 도롱뇽, 몸이 투명한 줄무늬 송사리, 과일을 먹고 사는 초파리, 조류를 대표하는 닭, 포유류를 대표하는 생쥐 등이 있

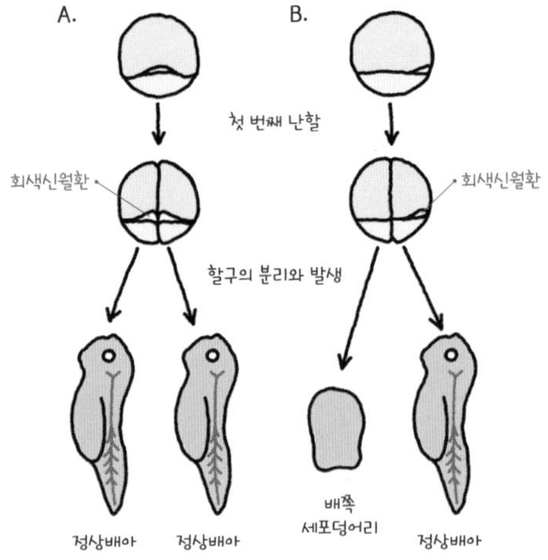

그림 1. 도롱뇽의 수정란 분리 실험

도롱뇽의 수정란이 분열한 2세포기 배아에는 난할면을 기준으로 양쪽에 균등하게 초승달 모양의 회색신월환이 존재한다. **A** 난할면을 따라 2세포기 배아를 분리하면 회색신월환도 2개의 난할에 균등하게 분리되고 각각의 난할은 정상적인 배아로 발생한다. **B** 난할면에 직각으로 2세포기 배아를 분리하면 회색신월환은 1개의 난할로만 분리된다. 이때 회색신월환을 가진 난할은 정상적인 배아로 발생하지만, 회색신월환이 없는 난할은 등쪽이 발달하지 않는 복부(배)쪽의 세포덩어리로 발생한다. 이러한 결과는 회색신월환이 배아의 등쪽을 만드는 데 꼭 필요함을 보여준다.

다. 특히 양서류인 개구리와 도롱뇽의 알은 크고 발생 속도가 빠르기 때문에 이식을 통해 세포의 운명을 관찰하는 실험에 매우 유리하다.

독일 프라이부르크 대학교의 한스 슈페만 박사는 양서류 알을 이용하여 세포의 운명 결정과 몸의 축 형성을 연구한 발생학자이다. 그가 가지고 있던 의문은 '발생 과정에서 세포의 운명은 언제 어떻게 결정되는가?' 라는 것이었다. 이를 연구하기 위하여 그는 어린 딸의 가느다란 머리카락으로 도롱뇽의 알을 묶어 두 개로 분리하는 초등학생의 방학 숙제같이 재미있는 실험을 하였는데, 신기하게도 묶는 방향에 따라 다른 결과를 관찰하였다. 수정란이 분열하여 2개의 세포가 되었을 때,• 초승달 모양으로 생긴 회색신월환Grey crescent이 양쪽으로 균등하게 배분되도록 세포를 난할면을 따라 분리하면 2마리의 정상적인 도롱뇽이 발생하지만, 회색신월환이 한쪽으로만 치우치게 분리하면 회색신월환이 있는 쪽은 정상 도롱뇽 발생하고, 반대쪽은 배쪽 세포만 있는 비정상적인 세포덩어리가 만들어졌다(그림 1). 이런 현상을 관찰한 슈페만은 회색신월환에 정상적인 배아 발생에 필요한 무엇인가가 있을 것으로 생각했다. 회색신월환 부위는 발생을 계속하여 등쪽원구입술• Dorsal blastopore lip 세포를 만든다는 사실이 회색신월환 부위의 발생을 추적하고 조사하는 과정에서 밝혀졌다.

노벨상의 영예를 안겨준 신경관 형성 실험

그렇다면 회색신월환으로부터 만들어진 등쪽원구입술 부위는 도롱뇽의 배아 발생에 어떤 일을 하는 것일까? 이 문제를 해결하기 위해 한스 슈페만 박사의 대학원생인 힐데 만골트는 등쪽원구입술을 다른 도롱뇽에게 이식하였다(그림 2). 그녀는 피부 색깔이 다른 두 종류의 도롱뇽을 이용하여 이식된 세포와 이식받은 세포를 구별하였다. 색소를 띤 도롱뇽의 등쪽원구입술을 분리하여 색소가 없는 도롱뇽의 배쪽 피부세포가 될 부위에 이식하였더니, 색소를 띤 세포는 등쪽 부위에서 만들어지는 척삭과 체절 등의 중배엽• 조직으로 분화하였다. 더욱 놀라운 사실은 등쪽원구입술을 이식한 주변에 있던 세포가 자신의 정체성을 상실하고 배쪽 피부세포로 발생하는 대신에 등쪽에서 발달하는 신경관으로 변한 것이다.• 결과적으로 등쪽원구입술을 이식받은 도롱뇽은 원래 가지고 있는 하나

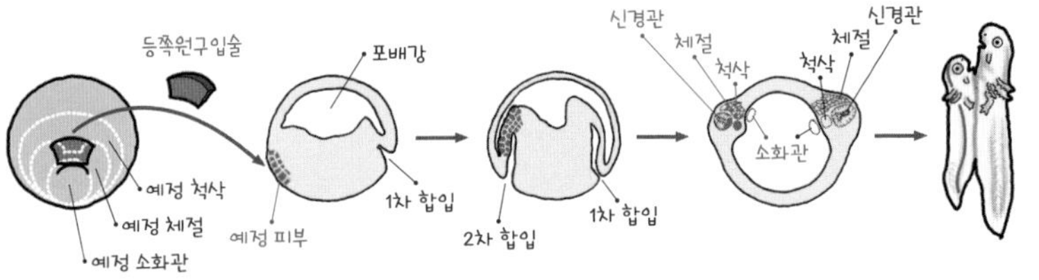

그림 2. 등쪽원구입술 이식에 의한 축 형성 및 신경관 형성 실험
색소를 가진 도롱뇽의 등쪽원구입술을 분리하여 색소가 없는 도롱뇽의 피부가 될 부분에 이식하면 피부가 만들어지는 대신에 체절, 신경관, 척삭, 소화관을 가진 새로운 축이 만들어진다. 결과적으로 등쪽원구입술을 이식받은 배아는 2개의 체절, 신경관, 소화관을 가진 도롱뇽으로 발생한다.

의 신경관 외에 배쪽 부위에 또 다른 하나의 신경관을 가지게 되었다. 슈페만은 등쪽원구입술 부위와 이로부터 발생한 척삭 등의 중배엽 조직을 형성체Organizer라고 이름 지었다. 이들이 발견한 슈페만 형성체는 주변에 있는 세포의 운명을 결정하여 신경관이 되게 하는 성질을 가지고 있다.

형성체의 분자적 메커니즘

슈페만과 만골트의 실험은 형성체가 존재한다는 사실을 보여주었으나, 형성체가 어떤 방법으로 피부세포로부터 신경관을 유도하는지에 대한 새로운 의문을 불러일으켰다. 핀란드의 군나르 에크만Gunnar Ekman 박사는 등쪽원구입술과 피부세포 사이에 세포가 통과할 수 없을 정도로 작은 구멍이 있는 여과지를 끼워 넣었지만, 피부세포로부터 신경관이 형성되는 사실을 관찰하였다. 이 결과는 세포와 세포 사이의 직접적인 접촉에 의한 것이 아니라, 형성체에서 분비되는 물질이 신경관 형성을 유도한다는 사실을 암시하였다. 세계 각국의 과학자들이 앞다투어 형성체에서 분

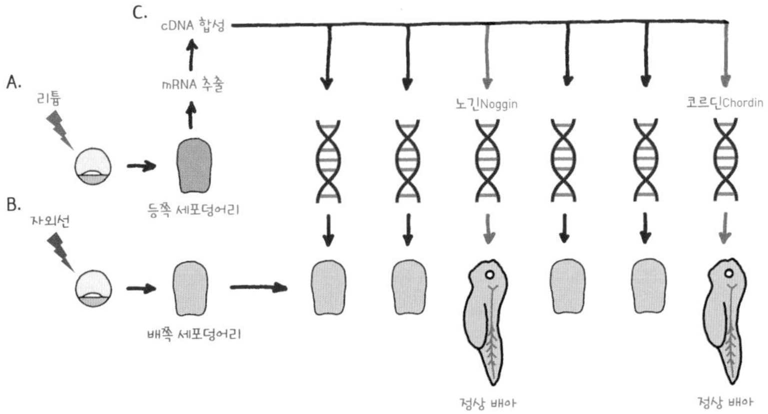

그림 3. 형성체에서 분비되어 신경관을 형성하는 유전자 발견 실험

A 개구리 수정란에 리튬을 처리하면 정상적으로 발생하지 않고 등쪽 세포덩어리로 발생한다. **B** 한편, 개구리 수정란에 자외선을 쪼이면 배쪽 세포덩어리로 발생한다. **C** 등쪽 세포덩어리에서 mRNA를 분리하여 cDNA를 합성하고, 각각의 cDNA를 배쪽 세포덩어리에 주입하여 정상적인 개구리로 발생하게 하는 유전자(cDNA)를 탐색하였다. 실험 결과 노긴 유전자와 코르딘 유전자가 배쪽 세포덩어리로부터 등쪽(체절, 신경관, 소화관)을 만들어 정상적인 개구리로 발생시키는 능력을 가지고 있음을 발견하였다.

비되는 물질을 찾으려고 노력하였지만, 이 단백질은 양이 너무 적을 뿐만 아니라 양서류의 알에는 난황이 너무 많아 단백질을 분리하기 어려운 기술적 문제 때문에 실패를 거듭하였다.

시간이 흘러 분자생물학이 발달함에 따라 단백질 대신에 단백질을 만드는 유전자를 찾으려는 연구가 시도되었다. 그 사이 개구리 수정란에 리튬을 처리하면 신경관으로 이루어진 등쪽 세포덩어리가 만들어지며, 자외선을 쪼이면 배쪽 세포덩어리가 만들어진다는 사실이 실험을 통해 밝혀졌다.

1992년 미국 버클리 대학교의 리처드 할랜드Richard Harland 박사는 리튬을 처리하여 만들어진 등쪽 세포덩어리에서 발현한 유전자들을 각각 분리하였다. 아마도 이들 중에 신경관을 만드는 유전자가 포함되어 있을 것이라는 가설을 세우고, 자외선을 쪼여 만든 배쪽 세포덩어리에 이 유전자들을 하나씩 주입하여 신경관 형성을 유도하는 유전자를 찾아내는 실험을 시도하였다. 마침내 이 유전자들 중에서 등쪽 구조와 신경관을 형성하는 유전자를 발견하고 머리를 뜻하는 '노긴Noggin'이라는 이름을 붙였다(그림 3). 비슷한 방법으로 미국 캘리포니아 대학교 로스엔젤레스 캠퍼스의 에디 드 로버티스Eddy De Robertis 박사는 '코르딘Chordin'이라는 유전자를 발견하였다. 형성체에서 분비되어 신경관을 형성하는 또 다른 물질인 '폴리스태틴Follistatin'은 미국 하버드 대학교의 더글러스 멜턴Douglus Melton 박사가 중배엽을 유도하는 물질을 찾는 과정에서 우연히 발견되었다.

신경세포 분화의 비밀

슈페만 박사의 실험 이후 과학자들은 형성체에서 분비되는 물질이 피부세포를 신경세포로 분화시킨다고 생각하였다. 그러나 멜턴 박사는 뼈 형성단백질Bone morphogenic protein, BMP*의 기능을 억제하는 폴리스태틴이 외배엽세포를 신경조직으로 만든다는 사실을 발견하고, BMP가 없으면 외배엽세포가 신경세포가 된다는 가설을 제안하였다.

멜턴 박사의 가설은 세 가지 알려진 사실을 기초로 하고 있다. 첫째, 외배엽세포는 피부세포 또는 신경세포로 분화한다. 둘째, 형성체에서 분비되는 노긴, 코르딘, 폴리스태틴은 모두 BMP 억제제이다. 셋째, BMP 억제제는 외배엽세포를 신경세포로 분화시킨다. 그는 이 세 가지 사실로

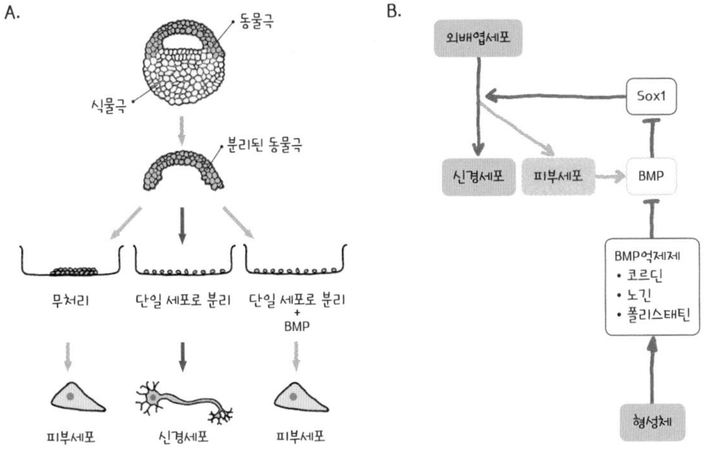

그림 4. 신경세포 분화의 기본 기전 Default mechanism

A 개구리 배아의 동물극에 있는 외배엽세포를 분리하여 덩어리째로 배양접시에 키우면 피부세포로 분화한다. 그러나 외배엽세포를 단일 세포로 분리하여 배양접시에 키우면 신경세포로 분화한다. 단일 세포로 분리한 외배엽세포에 BMP를 처리하면 다시 피부세포로 분화한다. **B** 외배엽세포는 단일세포로 있을 때 Sox1 유전자가 발현하여 신경세포로 분화한다. 그러나 외배엽세포에서 분비되는 BMP는 Sox1의 기능을 억제하여 이웃한 외배엽세포가 신경세포로 분화하는 것을 막고 피부세포로 분화되도록 한다. 즉 외배엽세포는 이웃한 세포의 영향을 받지 않고 혼자 있을 때에는 신경세포로 분화한다. 이를 신경세포 분화의 기본 기전Default mechanism of neural differentiation이라고 한다.

부터 외배엽세포는 기본적으로 신경세포가 되는데, BMP 때문에 신경세포로의 분화가 억제되어 피부세포로 분화한다고 유추하였다. 그러나 형성체가 있는 곳에서는 형성체에서 분비되는 BMP 억제제에 의해 BMP의 역할이 차단되면서 신경세포로 분화될 것으로 생각하였다. 더글러스 멜턴 박사의 가설은 다음과 같은 실험에 의해 사실로 입증되었다. 운명이 결정되지 않은 개구리의 외배엽세포를 분리하여 덩어리째로 배양하면 외배엽세포는 피부세포가 된다. 이는 개구리 외배엽세포가 서로 붙어 있으면 이웃한 세포의 영향을 받기 때문이다. 실제로 개구리 외배엽세포는 BMP를 분비하여 서로서로 이웃한 세포가 신경세포로 분화하지 못하도록 한다. 개구리 외배엽세포를 떼어낸 다음 하나의 세포로 각각 분리하여 배양하면 BMP의 영향을 받지 않기 때문에 분리된 각각의 세포는 신경세포가 된다. 그러나 개구리 외배엽세포를 하나의 세포로 각각 분리하여 배양하면서 BMP를 처리하면 피부세포가 되는데, 이것은 BMP를 처리하여 세포들이 이웃한 세포의 영향을 받는 것처럼 해주기 때문이다(그림 4A).

지금까지의 연구 결과를 종합하여 신경계 형성의 분자 기전을 정리하면 다음과 같다. 개구리 외배엽세포는 이웃한 세포의 영향을 받지 않으면 Sox1이라는 유전자를 발현하여 스스로 신경세포가 된다. 그런데 옆에 이웃한 세포에서 BMP가 분비되어 Sox1을 방해하기 때문에 신경세포로 분화하지 못하고 피부세포가 된다. 그러나 형성체에서 분비되는 노긴, 코르딘, 폴리스태틴 등이 다시 BMP를 억제하기 때문에 Sox1이 발현되어 형성체 주변의 세포는 신경세포가 된다(그림 4B). 인간사처럼 세포들의 세계에도 간섭하는 얄미운 세포와 간섭하는 세포를 말려주는 고마운 세포가 존재한다는 사실이 신기하기만 하다.

개구리 외배엽세포를 하나하나 분리하여 배양하면 신경세포가 된다는 사실에 착안하여 일본 교토 대학의 사사이 요시키 박사*는 운명이 결정되지 않은 배아줄기세포를 이웃한 세포의 영향을 받지 않을 정도로 듬성듬성 떨어트려 배양하는 방법을 이용하여 배아줄기세포를 신경세포로 분화시키는 방법을 개발하였다. 이 방법은 나중에 배아줄기세포를 이용한 뇌 질환 치료에도 이용될 수 있을지도 모른다.

형성체 발견의 의미

도롱뇽에서 밝혀진 슈페만 형성체 및 신경관 형성은 양서류뿐만 아니라, 제브라피시(줄무늬 송사리), 닭, 생쥐, 사람에게도 그대로 적용된다. 더욱 놀라운 사실은 슈페만 형성체에서 분비되는 물질을 줄무늬 송사리, 닭, 생쥐 사람도 거의 동일하게 사용한다는 점이다. 슈페만 형성체 실험 이후 몸을 형성하는 방법에 대한 의문을 해결하기 위한 많은 실험이 진행되었고 많은 사실을 알게 되었다. 발생 과정 중인 몸의 여러 부위에는 다양한 형성체가 존재하며, 이곳으로부터 분비된 여러 종류의 형태형성 물질들이 이웃한 세포의 운명을 결정하여 우리의 몸을 현재의 상태로 만든다. 앞쪽 복강내배엽에서 분비되는 Dkk1과 Cerberus에 의해 전두엽이 형성되며, 중뇌와 후뇌 사이의 좁은 부위인 이스무스Isthmus에서 분비되는 Fgf8, Wnt1, Shh에 의해서 중뇌와 후뇌가 결정되어지고, 정단 외배엽융기에서 분비되는 Fgf10에 의해 팔 다리가 만들어진다. 우리의 몸이 민주주의의 꽃이라 할 수 있는 지방자치제에 의해 형성된다는 것은 매우 흥미로운 일이다.

형성체의 특성을 이용한 연구는 최근 줄기세포의 개발과 더불어 새로운 분야로 발전하고 있다. 배아줄기세포 또는 성체줄기세포를 3차원으로 배양하면서 형성체에서 분비되는 신호를 제공하면 세포들이 스스로 조직화하여 3차원 구조를 만드는데, 이를 오가노이드Organoid(조그마한 장기유사체)라고 한다. 네델란드 후브레흐트 연구소의 한스 클레버스Hans Clevers 박사가 장 줄기세포와 상피세포를 이용하여 장 오가노이드를 만든 이후 신장, 뇌, 눈, 췌장 등 다양한 오가노이드를 만드는 연구가 경쟁적으로 진행되고 있는 상황이다. 특히 환자의 세포를 이용한 오가노이드 연구는 질병 모델링, 신약개발 플랫폼 구축 등 의학적 가치가 매우 높은 분야이다. 오가노이드의 크기는 보통 1mm 내외인데, 이보다 클 경우 영양분과 산소를 공급하기 어렵기 때문이다. 따라서 혈관을 공급하고 무게를 지지할 수 있는 결합조직을 제공하여 오가노이드의 크기를 향상시키는 연구도 활발하게 진행되고 있다. 아직까지는 인간의 장기를 완벽하게 구현하는 오가노이드를 생산하지 못하는 단계이며, 모든 장기에 대한 오가노이드를 생산하는 데도 한계가 있지만, 이 분야의 기술 발전 속도가 빨라 조만간 인간 장기를 생산할 것으로 기대된다.

형성체 발견의 뒷이야기

1935년 한스 슈페만 박사에게 노벨상 수상의 영광을 안겨준 등쪽원구입술 이식 실험 및 이에 대한 해석은 대학원생인 힐데 만골트의 박사학위 논문이다. 박사학위 논문이 노벨상의 영예를 획득한 것은 노벨생리의학상 역사상 매우 드문 일이다. 아쉽게도 힐데 만골트는 1924년 보일러 폭발 사고로 26세의 젊은 나이에 생을 마감하였다. 그녀의 논문이 발간된 지 11년 만에 노벨상이 수여되었으니, 그녀가 사고를 당하지 않았더라면 노벨상을 공동으로 수상하였을지도 모를 일이다.

생리 · 의학 분야는 실험과학이므로 아이디어도 중요하지만 실험으로 증명하는 것이 더욱 중요하다. 그러므로 한스 슈페만 박사와 힐데 만골트의 경우처럼 좋은 아이디어를 구상하는 사람과 이를 실험으로 구체화하는 능력 있는 사람이 만나 좋은 동반자 관계를 유지하면서 연구하는 것이 무엇보다도 중요하다.

12장

다수결에 의한 민주적 의사결정

신경세포의 활동전위

노벨상 수상자

생리의학상

존 에클스John C. Eccles(1963),
앨런 호지킨Alan L. Hodgkin(1963),
앤드루 헉슬리(Andrew F. Huxley(1963)

새벽에 잠을 깬 한민주 씨는 뭔가 잘못되었다고 생각했다. 몸이 일으켜지지 않는 것이다. 꿈을 꾸고 있는 것일까? 아니면 가위에 눌린 것일까? 창밖이 어스름하게 밝아오고 방안의 사물이 눈에 익숙해지자 몽롱하던 기운은 차츰 두려움으로 바뀌어갔다. 도대체 무슨 일일까? 혹시 프란츠 카프카Franz Kafka의 소설에서처럼 벌레로 변한 것일까? 아니면 나를 원망하는 누군가의 주술에 걸린 것일까? 별별 무서운 상상을 하는 동안에도 몸은 일으켜지지 않았다. 결국 한민주 씨는 큰 소리로 도움을 청했고, 급히 출동한 구급차를 타고 응급실로 갔다.

한민주 씨를 맞이한 레지던트 정명의 씨는 밤새 환자들을 돌보느라 피곤과 졸음이 묻어나는 와중에도 한민주 씨의 상태를 단박에 짐작하였다. 한민주 씨가 최근 갑상선기능항진증을 앓고 있으며 어제 심한 운동을 했다는 문진 결과로 미루어보아, 얼마 전에 배운 갑상선 중독성 주기적 마비 증세가 틀림없다고 판단되었다. 교과서에서 배우기는 했지만, 한 번의 실습도 없이 이렇게 실전에서 직접 맞닥뜨리게 될 줄은 짐작조차 못한 레지던트 정명의 씨는 흥분으로 피곤과 졸음이 달아났고, 곧바로 혈액 검사를 시행하였다. 한민주 씨의 혈중 칼륨 농도는 정상치보다 한참이나 낮게 측정되었고, 예측대로 저칼륨성 주기적 마비Hypokalemic periodic paralysis 증세임이 분명했다. 지체 없이 칼륨 이온 주스와 칼륨을 포함한 링거액이 한민주 씨의 혈관을 통해 공급되었고, 한 시간이 채 지나지 않아 한민주 씨는 언제 그랬냐는 듯이 정상으로 되돌아왔다. 새로운 환자를 정확히 진단하고 무사히 치료하였다는 흥분과 자랑스러움이 채 가시지 않은 2년 차 레지던트 정명의 씨는 저칼륨성 주기적 마비에 대한 자료를 찾아와 한민주 씨에게 자세히 설명하였다. 무슨 이유인지는 아직 확실히 모르지만, 세포 밖에 있던 칼륨 이온이 갑자기 모두 세포 안으로 이동하여 근육세포가 제대로 기능하지 못하고, 급기야 마비 증세가 일어났다고 말이다. 한민주 씨는 이따위 이온 나부랭이의 위치가 조금 잘못되었다고 몸을 움직일 수 없게 되었다는 사실에 어이가 없었다. 심장 근육에 이상이 생겼을지도 모른다며 심장 모니터링을 온종일 시행한 후에야 한민주 씨는 무사히 퇴원하였다.

이온에 의해 기능이 조절되는 세포는 비단 근육세포만이 아니다. 우리의 행동과 사고를 조절하는 신경세포는 이온들의 이동에 민감한 대표적인 세포이다. 신경세포의 주된 기능은 정보를 전달하는 것인데, 정보 전달의 주요 방법인 활동전위는 이온들이 세포 안팎으로 이동하여 생기는 현상이다. 지금부터 신경세포에 대해 간단히 살펴보고, 활동전위를 생성하는 이온들의 이야기를 살펴볼 것이다.

뇌는 감각기관을 통해 외부의 자극을 받아들이고 이에 대해 적절히 반응하여 생명을 유지한다. 그뿐만 아니라 호흡, 체온 조절, 수면, 섭식, 생식 등 생명현상과 관련된 대부분의 일을 수행한다. 인간처럼 고등한 생명체에서는 언어, 학습 등과 같은 고등 인지 작업을 담당하기도 한다. 뇌는 어떻게 이러한 일들을 수행할 수 있을까? 뇌의 기능을 연구하기 위해 두개골을 열어본 과학자들 앞에 나타난 것은 연노란 색을 띤 세포덩어리였다. 신경과학자들은 포기하지 않고 끈질기게 세포덩어리를 분석하여 뇌의 비밀을 풀고 있는데, 이미 많은 것을 알게 되었고 앞으로 더 많은 것을 알게 될 것이다.

뇌를 구성하는 세포덩어리를 잘게 쪼개어 현미경으로 살펴보면 신경세포Neuron, 성상세포Astrocyte, 희돌기교세포Oligodendrocyte, 소교세포Microglia

등 다양한 세포가 모여 있는 것을 볼 수 있다. 이들 중에서 뇌의 신비로운 기능을 담당하는 것은 신경세포인데, 신경세포가 하는 주된 일은 정보를 전달하는 일이다. 신경세포가 정보를 전달하는 방식은 컴퓨터의 정보처리 방식과 아주 유사하게 이분법적이다. 즉 정보를 전달하라는 명령이 오면 정보를 전달하고, 정보의 전달을 차단하라는 명령이 오면 정보를 차단한다. 신경세포는 정보를 전달하기 위하여 활동전위Action potential라고 하는 전기적 신호를 이용하는데, 이를 수식을 이용하여 계산한 사람은 영국인 과학자 앨런 호지킨Alan Hodgkin과 앤드루 헉슬리Andrew Huxley이다. 한편 스위스 과학자 존 에클스John Eccles는 활동전위에 의한 신경세포들 사이의 신호전달을 연구하였다. 이들은 1963년 노벨상을 받았다.

신경세포의 구조와 정보전달 방법

신경세포는 몸체에 해당하는 세포체와 가지를 뻗은 수상돌기와 축삭으로 구성되어 있다. 수상돌기는 다른 세포로부터 정보를 받아들이고, 축삭은 다른 세포로 정보를 내보내는 역할을 한다. 수상돌기에서 받아들인 정보량이 일정 수준 이상인 역치Threshold에 이르면 정보는 축삭언덕에서 활동전위로 변환되어 축삭을 통해 말단으로 전달된다. 신경세포가 다른 세포와 정보를 교환하는 장소를 시냅스라고 하는데, 시냅스에서는 신경전달물질을 통해 정보가 전달된다. 즉 수상돌기 쪽의 시냅스에서 신경전달물질을 통해 정보를 받아들이고, 신경세포 내에서는 '활동전위'라는 전기적 방법으로 정보를 축삭으로 전달하며, 축삭에서는 다른 세포와 시냅스를 형성한 후 신경전달물질을 분비하여 정보를 전달한다(그림 1).

보통 한 개의 신경세포는 1000개 이상의 시냅스를 이루고 있는데, 이는 신경세포가 단일 정보에 의존하는 것이 아니라 다양한 정보를 획득하고 이를 종합적으로 판단한다는 것을 의미한다. 어떤 시냅스에서는 정보를 전달하라는 흥분성 신호를 받으며, 또 다른 시냅스에서는 정보를 차단하라는 억제성 신호를 받는다. 그뿐만 아니라 어떤 시냅스에서는 한 번만 요구하는 데 비해 다른 시냅스에서는 끊임없이 요구하기도 한다. 신경세포는 흥분성 신호와 억제성 신호의 양을 비교하여 판단한 다음, 다수결의 원칙에 따라, 정보를 전달하라는 흥분성 신호의 세기가 반응을 일으키는 최소한의 자극 세기인 역치 이상일 경우에만 어김없이 신호를 전달한다.

흥분성 신호와 억제성 신호의 세기는 세포막의 이온 통로를 통해 신경세포 안으로 이동한 양이온과 음이온의 양에 의해 결정된다. 시냅스에서 분비된 신경전달물질이 수상돌기의 세포막에 존재하는 이온 통로에 결합하면 이온 통로의 문이 열리고 이온들이 신경세포 안으로 이동한다. 이때, 흥분성 신경전달물질에 의해 양이온 통로가 열리고, 억제성 신경전달물질에 의해 음이온 통로가 열린다. 흥분성 신경전달물질에 의해 신경세포 안으로 들어온 양이온의 양이 음이온의 양보다 많아 역치를 넘어서면 활동전위가 발생하여 정보를 전달한다.

노벨상 수상자인 호지킨 박사와 헉슬리 박사는 신경세포의 세포막을 둘러싼 전기적 성질을 연구하였는데, 이는 신경세포막에 존재하는 이온 통로를 통한 이온들의 이동에 의해 이루어진다. 그들은 휴지 상태의 신경세포는 세포막을 사이에 두고 세포 안쪽과 세포 바깥쪽에 −70mV의 전위차(휴지막전위)Resting membrane potential가 있음을 밝혔다.

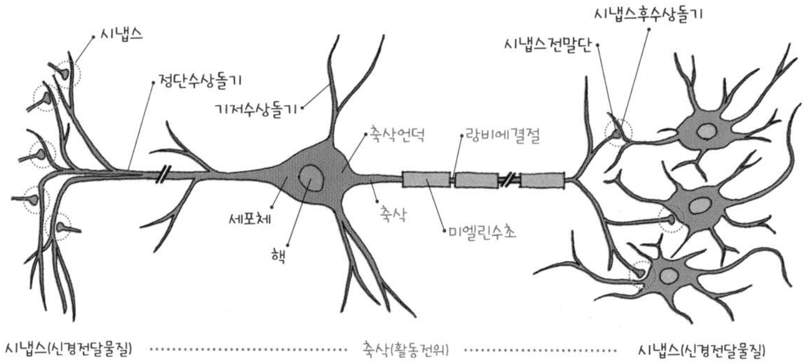

그림 1. 신경세포의 구조와 정보 전달

신경세포는 핵이 위치하고 있는 세포체를 중심으로 한쪽으로는 수상돌기를 뻗어 정보를 받아들이고 반대쪽으로는 축삭을 뻗어 정보를 내보낸다. 수상돌기의 시냅스에서 신경전달물질을 통해 받아들인 정보는 축삭언덕에서 활동전위로 변환된 다음 축삭말단으로 전달된다. 축삭말단은 다른 세포와 시냅스를 형성하여 신경전달물질을 통해 정보를 전달한다.

활동전위의 발생

신경세포의 안쪽과 바깥쪽에는 여러 종류의 양이온과 음이온이 존재하는데, 이들 이온의 불균등한 분포로 인한 전하량 차이 때문에 세포막 안쪽과 바깥쪽 사이에 전위차가 형성된다. 일반적으로 세포막을 사이에 두고 생긴 전위차는 세포 바깥을 0mV로 할 때, 세포 안쪽이 훨씬 낮은 −70mV 정도인데, 이를 휴지막전위라 한다. 신경세포에 전달되는 흥분성 신호의 세기가 억제성 신호의 세기를 넘어서면, 즉 세포로 유입되는 양이온의 양이 음이온의 양보다 많아져서 −70mV인 휴지막전위가 역치인 −55mV 정도까지 변하는 탈분극*이 일어나면, 신경세포는 활동전위를 발생하여 정보를 전달한다. 이때 양이온의 양이 많더라도 휴지막전위를 역치까지 탈분극시키지 못하면 활동전위는 발생하지 않는다. 역치에

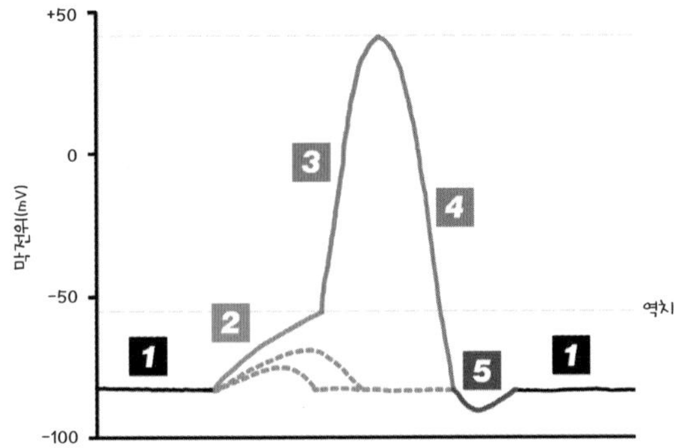

그림 2. 활동전위의 발생 과정

서 활동전위가 발생하는 것은 막전위의 변화에 따라 열리고 닫히는 성질을 가진 전압개폐성* Na^+ 통로와 K^+ 통로가 차례대로 열리기 때문이다. 그림 2의 선들을 따라 활동전위의 발생 과정을 단계적으로 살펴보자.

① 휴지막전위인 −70mV가 유지된다. ② 신경전달물질에 의해 이온 통로가 열리고, 양이온의 유입으로 막전위가 −55mV인 역치까지 탈분극된다. 만약 막전위가 역치에 도달하지 못하면 활동전위를 일으키지 못하고 다시 휴지막전위로 되돌아간다(점선 부분). ③ 막전위가 역치에 이르면 전압개폐성 Na^+ 통로가 열려 세포 밖에 높은 농도로 존재하던 Na^+이 급격하게 세포 안으로 유입되면서 막전위는 양의 값까지 빠르게 상승한다. 막전위가 Na^+의 평형전위에 가까워지면 곧 전압개폐성 Na^+ 통로는 닫히고 Na^+의 유입은 멈춘다. ④ 전압개폐성 K^+ 통로가 열려 세포 안에 높은 농도로 존재하는 K^+이 세포 밖으로 유출되면서 막전위는 음의 값으로 급격히 감소한다. ⑤ 대부분의 Na^+ 통로가 닫힌 상태에서 K^+ 통로가 여전히 열려 있다. 그래서 막전위는 휴지막전위보다 낮은, K^+의 평

형전위에 가까운 과분극기가 나타나지만 곧 K^+ 통로가 닫히면서 휴지막 전위로 안정화된다.

휴지막전위의 생성 (호지킨 박사와 헉슬리 박사에 의한 휴지막전위의 계산)

신경세포의 안쪽과 바깥쪽에는 여러 종류의 양이온과 음이온이 존재한다. 신경세포의 세포막 주변에 가장 많이 존재하는 이온은 K^+, Na^+, Cl^- 인데, K^+는 세포 안쪽에 더 많고 Na^+과 Cl^-은 세포 바깥에 더 많다(표 1).

이온의 종류	세포 안쪽의 농도(mM)		세포 바깥쪽의 농도(mM)		평형전위(mV)	
	오징어	포유동물	오징어	포유동물	오징어	포유동물
K^+	400	140	20	5	−75	−90
Na^+	50	5~15	440	145	+55	+62
Cl^-	52	4~30	560	110	−60	−65

표 1. 신경세포 세포막 안팎의 주요 이온 분포:오징어 거대 축삭 및 포유동물

휴지막전위는 이들 이온이 세포막을 통해 이동하여 평형 상태를 이룰 때 형성된다. 이온들이 이동하여 세포 안팎의 농도가 변함에 따라 휴지막전위가 형성되는 과정을 살펴보자. 우선 K^+을 통과시키는 K^+ 통로만 있는 경우를 생각해보자. K^+은 세포 안쪽에 더 많으므로 농도 경사에 따라 세포 바깥으로 이동한다. 따라서 세포막의 바깥쪽은 양전하가 축적되고 세포막 안쪽은 음전하를 띠게 된다. K^+이 더 많이 이동할수록 더 많은 전하가 분리되고 세포막 사이의 전위차도 더욱 커진다. 마침내 K^+의 이동으로 너무 커진 전위차 때문에 K^+은 더 이상 양전하를 띠고 있는 세포 밖으로 이동할 수 없게 되어 평형 상태를 이루게 된다. 이때의 전위를 K^+의 평형전위라 하는데, 독일의 과학자 발터 네른스트가 만든 공식을 이용하여 구할 수 있다. 네른스트 공식은 열역학 법칙을 응용하여 만든 공식인데 $Ex = \frac{RT}{zF} \ln \frac{[X]_o}{[X]_i}$ 로 표시된다. 공식의 R은 기체상수, T는 절대온도, z는 원자가, F는 패러데이 상수, $[X]_o$와 $[X]_i$는 세포 안팎의 이온 농도, ln은 자연로그를 나타낸다. 모든 상수를 대입하면 $Ex = \frac{58\text{mV}}{z} \log \frac{[X]_o}{[X]_i}$ 이다. 오징어의 경우, K^+의 원자가 1과 표 1에 나타난 K^+의 세포 안팎의 농도 400과 20을 대입하여 계산하면 $Ek = \frac{58mV}{1} \log \frac{[400]}{[20]} = -75mV$ 이다.

K^+와 마찬가지로 각각의 이온에 대한 통로만 존재하는 상황이라면 Na^+의 평형전위는 +55mV, Cl^-의 평형전위는 －60mV이다. 그러나 신경세포에는 이들 이온을 통과시키는 통로들이 모두 존재하므로 신경세포의 휴지막전위는 이들 통로의 총합에 의한 이온의 이동으로 결정된다. 먼저 K^+ 통로에 의해 휴지막전위가 －75mV인 상황에서 Na^+ 통로가 추가된 경우를 생각해보자. Na^+은 세포 밖에 더 많을 뿐만 아니라 안쪽이 음전위이기 때문에 세포 안쪽으로 이동하게 된다. 양이온인 Na^+의 유입으로 －75mV인 세포막전위는 조금이라도 양의 값으로 변하여 K^+의 평형전위보다 높아지게 되므로 K^+은 세포 밖으로 이동하려고 할 것이다. 결국 Na^+이 세포 안으로 이동하려는 힘과, K^+이 세포 바깥으로 이동하려는 힘이 균형을 이루는 새로운 안정 상태에서 세포막전위가 결정된다. 이때 형성되는 새로운 세포막전위는 대략 －65mV인데, 이는 K^+의 평형전위인 －75mV에 보다 가깝고, Na^+의 평형전위인 +55mV와는 많은 차이가 난다. 이러한 결과는 신경세포막에 K^+ 통로가 Na^+ 통로보다 훨씬 더 많아 K^+의 이동이 Na^+의 이동보다 훨씬 많기 때문이다. 이온의 이동 정도는 (전기구동력+화학구동력) × 막전도도에 의해 결정되는데, 막전도도는 열려 있는 통로의 수에 비례한다.

만약 세포막에 존재하는 Cl^- 통로마저 열리게 된다면 Cl^-은 세포 밖에 더 많이 존재하므로 우선 세포 안쪽으로 이동하다가 새로운 안정 상태를 이루게 될 것이다. 결론적으로 휴지막전위는 K^+, Na^+, Cl^- 이온들 평형전위의 중간값을 가지게 되는데, 휴지막전위는 이온들의 세포 안팎 농도와 이온 통로의 수에 의존적인 세포막 투과성permeability, P으로 결정된다. 이온의 투과성과 농도에 의한 세포의 휴지막전위는 골드만 등식인 $Vm = \frac{RT}{F}\ln\frac{P_K[K^+]_o + P_{Na}[Na^+]_o + P_{Cl}[Cl^-]_i}{P_K[K^+]_i + P_{Na}[Na^+]_i + P_{Cl}[Cl^-]_o}$ 으로 계산할 수 있다.

앨런 호지킨과 버나드 카츠는 오징어 거대 축삭에서 세포 바깥의 Na^+, Cl^-, K^+의 농도 변화에 따른 막전위의 변화를 측정하여 휴지 상태에서 각 이온들의 투과성이 $P_K : P_{Na} : P_{Cl} = 1.0 : 0.04 : 0.45$임을 알아내었고, 휴지막전위가 －70mV임을 계산하였다.

활동전위의 전도

활동전위의 발생은 세포체로부터 축삭이 시작되는 축삭언덕의 전압개폐성 Na^+ 통로가 열리면서부터 시작된다. 그러나 활동전위의 하강기(그림 2의 ④단계) 동안에는 전압개폐성 Na^+ 통로가 불활성화되기 때문에 역치 이상의 탈분극 자극이 오더라도 활동전위는 발생하지 않는다. 이러한 시기를 불응기라고 하는데, 불응기 때문에 활동전위는 세포체에서 축삭말단 방향으로만 전달된다. 축삭언덕에서 Na^+의 유입이 시작되면 바로 이웃한 축삭의 막전위가 역치 이상으로 탈분극되어 그 부위에서 다시 활동전위가 발생한다. 이 과정은 활동전위가 축삭을 따라 이동하면서 반복적으로 일어난다. 활동전위의 크기와 지속 시간은 축삭의 위치와 상관없이 일정하기 때문에 활동전위는 축삭언덕으로부터 축삭말단으로 도미노와 같은 방식으로 전달된다. 활동전위가 한 방향으로만 전달되는 이유는 위에서 설명한 바와 같이 활동전위가 지나간 바로 뒷부분은 전압개폐성 Na^+ 통로가 불활성화되어 불응기가 끝나기 전까지는 다시 활동전위가 발생할 수 없기 때문이다. 즉 활동전위가 이미 지나온 반대 방향으로 되돌아 진행되는 것은 불가능하다.

대부분 신경세포의 활동전위 지속시간은 1~2밀리초로 매우 짧아서 1초에 수백 번의 높은 빈도로 활동전위가 생성될 수 있다. 활동전위의 빈도는 신경세포에 전달되는 자극의 세기와 밀접한 연관이 있다. 감각기관과 연결된 신경세포의 경우 자극의 크기가 클수록(큰 소리, 강한 냄새, 강한 피부 압력 등) 더욱 빈번한 활동전위가 발생한다. 일반적으로 신경세포에 전달되는 자극의 크기는 신경전달물질에 의해 결정된다. 신경전달물질의 수용체는 대부분 이온 통로이므로 신경전달물질이 이온 수용체에 결합하면 이온 통로가 열리면서 Na^+, K^+, Ca^{2+}, Cl^- 등의 이온이 이동한다. 대표적 흥분성 신경전달물질인 아세틸콜린의 수용체는 Na^+과 Ca^{2+} 이온을 세포 안으로 이동시킨다. 한편, 대표적 억제성 신경전달물질인 GABA의 수용체는 음이온인 Cl^- 를 세포 안으로 이동시켜 과분극을 유도하여 활동전위의 발생을 억제한다. 물론 신경전달물질의 작용이

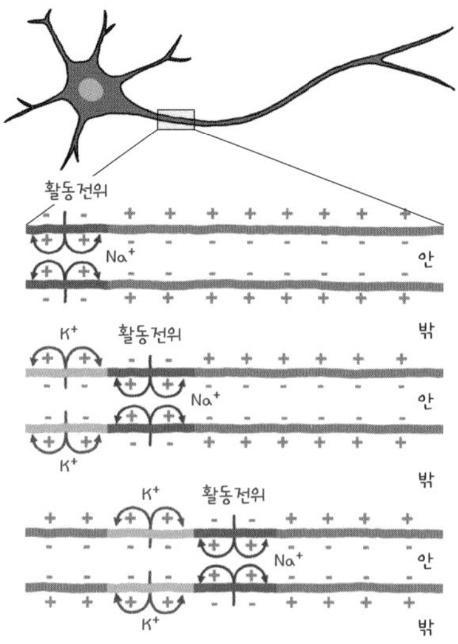

그림 3. 활동전위의 전도 과정

이처럼 단순하지는 않다. 도파민은 수용체의 종류에 따라 흥분성 신호로 작용하기도 하고 억제성 신호로 작용하기도 한다. 뇌에서 신경세포의 정보 전달 상황이 복잡한 까닭은 신경전달물질의 수용체가 이온 통로뿐만 아니라 다양하게 존재하며, 신경전달물질의 수용체가 신경전달물질뿐만 아니라 다양한 물질에 의해 조절받기 때문이다. 하지만 한 가지 확실한 사실은 모든 신경세포가 활동전위를 발생하여 정보를 축삭말단으로 전달한다는 점이다. 축삭말단에 도달한 활동전위는 또 다른 신경전달물질을 분비하여 다른 신경세포에 정보를 전달하거나, Ca^{2+} 분비를 유도하여 근육의 수축을 일으키거나, 신호전달 체계를 조절하여 유전자 발현을 일으키는 등 다양한 작용을 한다.

영화 〈써로게이트〉와 뇌의 미래

다이하드 시리즈로 친숙한 브루스 윌리스가 주연한 영화 〈써로게이트Surrogates(대리인)〉는 미래에 실제로 있을 법한 이야기를 다룬 참신한 발상의 영화이다. 형사인 주인공이 살아가는 세상에서는 사람들이 집 밖으로 나오지 않고 써로게이트인 인형들이 실제 세상에 나와서 살아간다. 사람들은 집에 누워 복잡한 장치를 머리를 쓰고 써로게이트를 조정하며 써로게이트들은 주인의 생각대로 행동한다. 형사인 주인공은 다쳐도 상관없으므로 과감하게 임무를 수행할 수 있다. 이 미래의 세상에서는 아무리 못생기고 작고 뚱뚱한 여자라도 문제가 되지 않는다. 예쁘고 늘씬하고 매력적인 써로게이트를 구입하여 살면 되기 때문이다. 늙어도 문제가 되지 않는다. 젊은 써로게이트를 사용하면 되기 때문이다. 심지어 남자가 여자 써로게이트를 구입하여 여자처럼 행동하며 세상을 살아갈 수 있다. 결국 영화는 허상만을 좇아 살아가는 인간성이 상실된 세상을 고발하는 내용을 담고 있지만, '이러한 일들이 과연 실현될 수 있을까?' 하는 상상은 뇌신경과학에서 매우 중요한 문제이다. 영화 〈써로게이트〉처럼 생각만으로 인형을 완벽하게 조절하지 못하더라도, 만약 사랑하는 사람이 느끼는 촉감을 내가 직접 느낄 수만 있다면 이는 정말 환상적인 일이 될 것이다.

미국 듀크 대학교의 미겔 니코렐리스Miguel Nicolelis 교수는 뇌-기계 인터페이스Brain-Machine Interface, BMI를 연구하는 뇌신경과학자로서 이 분야의 선두주자이다. 미겔 니코렐리스 교수는 원숭이인 오로라의 신경 반응만으로 멀리 떨어진 로봇의 팔을 움직일 수 있는 기술을 개발하였다. 오로라는 머리에 미세전극을 꽂고 미국 동부의 듀크 대학교 실험실에 앉아 있다. 연구팀은 오로라를 갑작스럽게 놀라게 하여 방어 동작을 취하게 하고, 이때 뇌의 운동 피질에서 발생하는 전기신호를 일본 교토에 있는 국제전기통신 기술연구소로 보냈다. 일본에서는 이 전기신호를 다시 미국 동부의 MIT에 있는 로봇에게 보내고, MIT에 있는 로봇은 전기신호를 받아 방어 동작을 취하였다. 결론적으로 영화 〈써로게이트〉의 내용처럼 오로라의 운동 피질에서 생성된 전기신호에 의해 멀리 떨어진 로봇의 팔이 움직인 것이다. 연구팀이 미국에서 일본으로, 다시 일본에서 미국으로 전기신호 보내는 데 걸린 시간은 불과 250 밀리초에 불과하다. 이는 실제로 신체 반응에서 뇌의 운동 피질로부터 근육으로 신호가 전달되는 시간인 200밀리초에 매우 근접한 속도이다. 미겔 니코렐리스 교수의 실험이 더욱 정교해져서 영화에서처럼 인간이 머리에 전극이 붙은 헬멧을 쓰고 써로게이트를 조절하면서 살아가는 멋진 신세계 혹은 암담한 미래가 곧 올지도 모를 일이다.

13장

집단 부호화

향기

노벨상 수상자

생리의학상

리처드 액설Richard Axel(2004),
린다 벅Linda Buck(2004)

성찬 씨는 음식 취향이 까다로운 편이다. 외모에서 풍기는 분위기는 어떤 음식이든 가리지 않고 먹을 듯하지만, 의외로 입에 대지 않는 음식이 많아 괜한 비난을 받기 일쑤이다. 사실, 음식 취향 때문에 성찬 씨와 친구하는 것이 쉽지만은 않다. 함께 식사라도 하려면 먹거리를 고르기도 힘들거니와, 어렵사리 고른 뒤에도 재료 손질이 제대로 되지 않아 냄새가 난다거나, 간이 제대로 되지 않았다거나, 음식에 맞지 않는 향신료를 사용했다거나 하는 등의 잔소리에 입맛이 저절로 사라지기 때문이다.

성찬 씨의 입맛이 이렇게 까다로워진 이유는 요리 솜씨 좋은 할머니 때문이기도 하지만, 더 큰 이유는 선천적으로 냄새를 잘 맡기 때문이다. 음식 냄새에 민감한 성찬 씨는 자취 생활을 시작할 때부터 스스로 음식을 만들어 먹기 시작하였고, 지금은 여느 요리사 못지않은 뛰어난 요리 실력을 갖추고 있다.

성찬 씨가 특히 자신 있어 하는 요리는 발효가 적당히 된 저장 음식인데, 간장과 고추장 같은 장을 담그는 솜씨가 일품이다. 김치는 물론 마늘장아찌, 매실장아찌, 참외장아찌 등은 독특한 맛과 향이 나서 먹는 이의 입을 매료시킨다. 돼지고기 편육 또는 잘 구운 삼겹살에 3년간 고추장에서 숙성시킨 마늘장아찌 한쪽을 올려 먹노라면 누구라도 기꺼이 성찬 씨의 음식 잔소리를 견디게 될 것이다. 성찬 씨가 잘 만드는 음식은 이것뿐만이 아니다. 집 안에 비린내를 풍기며 꼬들꼬들하게 명태를 말려 만든 쫄깃쫄깃한 명태 찜, 살아 있는 게를 살짝 냉동시켜 금방 만들어낸 탱글탱글한 양념게장, 솔로 하나하나 정성들여 씻은 후 고압의 찜통에서 살짝 찐 다음 매콤한 간장 양념을 살짝 올린 꼬막무침, 잘 말린 무청 시래기로 만든 시원한 된장국, 내장과 머리를 제거하고 기름 없는 프라이팬에 멸치를 살짝 볶은 후 그것으로 육수를 우려낸 깔끔한 맛의 잔치국수 등 어느 것 하나도 그 맛과 향이 예사롭지가 않다.

부산 청학동 바닷가에서 어린 시절을 보내 온갖 생선 비린내에 익숙한 성찬 씨는 날것으로 먹는 생선회에는 더욱 까다롭게 군다. 공기를 타고 코로 들어오는 비린내는 어린 시절의 추억과 입맛을 돋우지만, 입천장을 통해 들어오는 잘못 손질한 생선회의 역한 비린내는 구토를 유발하기 때문이다. 성찬 씨의 주장에 따르면, 잘 손질한 싱싱한 생선회는 냄새가 나지 않기 때문에 기본적으로 아무런 맛이 없고 단지 탱글탱글한 식감을 즐길 수 있을 뿐인데, 고급스럽게 치장한 일식집에서 제공하는 값비싼 생선회는 너무 얇게 썰어 식감조차 느낄 수 없다는 것이다. 따라서 웬만한 일이 아니면 성찬 씨와 생선회를 먹기는 참으로 어렵다. 기어이 생선회를 먹고자 한다면 고깃배가 들어오는 어촌 마을을 찾아가거나, 허름한 포장마차에서 어린 치어를 뼈째 잘게 썬 고소한 새꼬시를 한입 가득 베어 무는 수밖에 없다.

성찬 씨는 음식 냄새뿐만 아니라 남들이 맡지 못하는 모든 냄새에 민감해서 일상생활에서 많은 어려움을 겪는다. 자동차 배기가스 냄새에 예민하여 대중교통을 이용하는 것도 고통스럽고, 미세한 에어컨 곰팡이 냄새에도 머리가 아파 여름에도 선풍기에만 의존하여야 하며, 기압이 낮은 날에는 맨홀 구멍에서 올라오는 하수구 냄새 때문에 길을 걸어 다닐 때 고통을 느낀다. 냄새를 잘 맡는다는 것이 결코 좋은 것만은 아닌 듯하다.

파트리크 쥐스킨트Patrick Suskind의 소설 『향수(어느 살인자의 이야기)』를 읽거나, 이를 원작으로 톰 티크버Tom Tykwer 감독이 만든 영화 〈향수〉를 관람하는 사람은 누구나 냄새에 대해 이전과는 다른 생각을 가지게 될 것이다. 프랑스 파리의 온갖 악취, 특히 썩어가는 생선 비린내 속에서 태어난 주인공 장 바티스트 그르누이는 세상의 온갖 냄새를 맡고 구별할 수 있는 능력을 지니고 태어났다. 심지어 그는 머릿속에서 냄새를 섞어 새로운 냄새를 만들어내는 신비로운 능력도 가지고 있다. 천사의 향기를 만들고자 하는 열망에 사로잡힌 그는 오랜 준비 끝에 아름다운 처녀들로부터 냄새를 추출하여 향수를 완성한다. 그르누이가 처형되는 장면은 영화 〈향수〉의 클라이맥스인데, 그르누이의 처형장에서 25명의 처녀로부터 추출한 향수 냄새를 맡은 군중들은 집단 난교를 벌인다. 이 충격적인 영상을 접한 사람은 분명 두려움과 함께 향기를 탐지하는 후각에 관심을 갖게 될 것이다.

후각은 향기, 즉 냄새 분자의 화학 성분을 감지하는 화학적 감각이다. 약 35억 년 전에 단세포 생물에게서 처음 나타난 것으로 추측되는 원시적인 감각이다. 지금도 단세포 생물인 대장균이나 짚신벌레 등은 화학물질에 반응하는 주화성을 이용하는데, 이것으로 보아 후각의 원시성과 중요성을 짐작할 수 있다. 인간은 다소 예외적이지만, 대부분의 육상 포유류에게 후각은 생존에 필수적이다. 그들은 후각을 통해 먹이를 찾고 독성이 있는 먹이를 구별해내며, 향기를 통해 서로 소통하고 짝을 찾아 번식한다. 인간은 수백만 년 전 호모 에렉투스가 직립보행을 하게 되면서 땅에서부터 코가 멀어져 후각을 잃고 시각이 발달하게 되었다는 설이 있는데, 아직 엄밀하게 증명되지는 않았다. 그러나 조류는 높은 곳에서 먹잇감을 찾기 때문에 시각이 뛰어나다는 사실을 미루어보면, 이 이야기는 꽤 설득력이 있어 보인다. 직립보행에 따라 후각기관의 구조가 바뀌고 기능도 상실하여 인간이 다른 포유류에 비해 후각이 뒤떨어지는 것은 사실이지만, 인간의 후각은 우리가 상상하는 것보다 훨씬 다양한 냄새를 맡고 구별할 수 있다. 영화 〈향수〉의 주인공 그르누이만큼은 아니겠지만, 고도로 숙련된 향수 제조업자는 1만 가지의 향기를 구별할 수 있다고 한다. 〈세상에 이런 일이〉나 〈생활의 달인〉에 나오는 기인처럼 모든 포도주의 향과 맛을 구별하는 정도는 아니더라도, 우리는 대개 생활에 필요한 만큼의 냄새 정도는 맡고 구별할 수 있다.

그렇다면 인간은 어떻게 냄새를 맡을 수 있으며, 또 어떻게 다양한 냄새들을 구별할 수 있을까? 냄새를 맡는 과정은 공기 중의 냄새 분자가 코의 흡입 작용으로 뒤쪽의 후각상피로 이동하여 후각세포* 말단에 있는 후각수용체에 결합하면서 시작된다. 냄새 분자와 결합한 후각수용체는 전기신호를 일으키며, 이 전기신호는 후각구로 전달되어 냄새를 종류별로 분류한다. 후각구에서 분류된 냄새의 전기신호는 후각신경세포를 통해 뇌의 각 부분으로 전달되며, 이를 통해 우리는 냄새를 인식하고, 기억하고, 좋고 나쁨에 대한 선호도를 결정한다. 후각에 관한 연구는 미국 컬럼비아 대학교의 리처드 액설Richard Axel 교수와 그의 연구원이었던 린다 벅Linda Buck 박사에 의해 대부분 이루어졌으며, 그들은 후각수용체Olfactory receptor에 관한 탁월한 연구로 2004년 노벨상을 받았다.

리처드 액설 교수와 린다 벅 박사의 실험

리처드 액설 교수와 린다 벅 박사의 가장 큰 업적은 냄새 분자를 감지하는 후각수용체 유전자 집단을 발견한 일이다. 그들이 냄새의 인식 및 구별에 관한 연구를 시작할 무렵, 이미 냄새 분자가 후각세포에서 G-

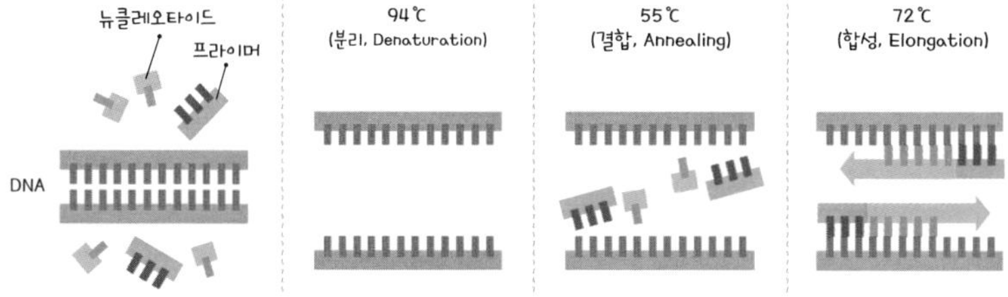

그림 1. PCR 실험 방법

분리 단계에서는 높은 온도로 DNA의 상보적 결합을 파괴하여 DNA를 2개의 단일가닥으로 분리하는데, 분리된 2개의 단일가닥은 새로운 DNA 합성을 위한 주형으로 사용된다. 결합 단계에서는 프라이머Primer라고 하는 짧은 길이의 상보적 DNA 조각을 사용한다. 이들은 분리된 단일가닥의 주형에 붙어 새로운 DNA 합성의 시작점으로 작용한다. 합성 단계에서는 비교적 고온에서 작용하는 Taq DNA 중합효소*를 사용하여 새로운 DNA를 합성한다. 분리-결합-합성이 한 번 진행됨에 따라 DNA 조각은 2배씩 늘어나게 되므로 분리-결합-합성을 n번 반복하면 DNA 조각은 2^n으로 기하급수적으로 증폭하게 된다.

단백질결합수용체를 활성화하며, 그 결과로 활동전위가 생성된다는 사실이 알려져 있었다. 이러한 사실로부터 후각수용체는 G-단백질결합수용체일 것이라는 가설이 유력해졌으며, 리처드 액설 교수와 린다 벅 박사 연구팀 역시 후각세포에서 발현하는 G-단백질결합수용체 집단에 주목해 그곳에서 후각수용체 유전자를 찾는 연구를 시작하였다. 그들은 후각수용체 유전자를 찾기 위해 중합효소연쇄반응Polymerase Chain Reaction, PCR이라는 실험방법을 사용하였다. PCR은 염기서열이 밝혀진 DNA 조각을 대량으로 증폭하기 위해 개발된 기술로, 반응 온도에 따라 분리-결합-합성의 3단계로 이루어진다. 분리-결합-합성이 한 번 진행될 때마다 DNA 조각은 2배씩 늘어나게 되므로 분리-결합-합성을 n번 반복하면 DNA 조각은 2^n으로 기하급수적으로 증폭하게 된다(그림 1).

리처드 액설 교수와 린다 벅 박사 연구팀은 PCR 방법을 약간 변형한

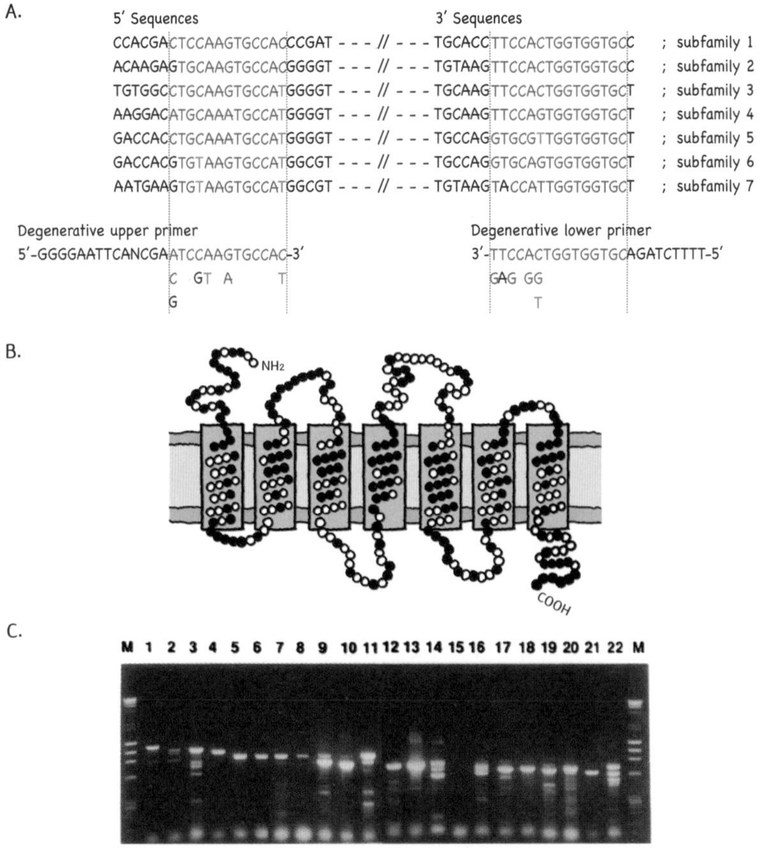

그림 2. 후각수용체의 유전자 집단을 발견하는 데 이용한 역추적 PCR

A 역추적 PCR의 한 가지 예를 나타낸 것으로 동일계열의 유전자 집단에 속하는 7개 유전자를 한 번의 PCR로 증폭시킬 수 있다. 각각의 붉은색 염기서열에서 검은색, 파란색, 초록색의 염기는 동일 계열의 유전자 집단에서 보이는 변이들이다. 역추적 PCR에 사용되는 프라이머는 이러한 변이를 구별하여 DNA에 결합할 수 있는 조합으로 구성되며, 프라이머 조합에 의해 동일 계열 유전자군 중에서 여러 개의 유전자가 한꺼번에 증폭하게 된다. **B** 후각수용체는 G단백질결합수용체의 한 종류로, 세포막을 7번 가로지르는 구조를 가지고 있다. 후각수용체를 구성하는 아미노산의 변이에 따라 다양한 종류의 후각수용체가 존재한다. 검은 동그라미 부분은 변이가 많이 생길 수 있는 아미노산을 나타낸다. **C** 역추적 PCR의 결과. M은 DNA 조각의 크기를 판별할 수 있는 마커이며, 위쪽 숫자는 1쌍의 프라이머를 나타내는데, 1쌍의 프라이머에 의해 여러 개의 DNA 조각이 증폭되었음을 알 수 있다.

역추적 PCRDegenerate PCR* 방법을 개발하여 실험을 진행하였다. 그들이 고안한 역추적 PCR은 비슷한 종류의 프라이머Primer 여러 개를 한꺼번에 사용하여, 일부 염기서열만이 다른 동일 계열의 유전자 집단을 한꺼번에 증폭시키기에 적합한 실험 방법이다(그림 2A). 그들이 찾고자 한 G-단백질결합수용체는 세포막을 7번 가로지르고, 양쪽 끝이 각각 세포 안쪽과 바깥쪽으로 뻗어 있는 구조로 되어 있는데, 린다 벅 박사는 세포막을 가로지르는 2번 부위에서 5그룹, 7번 부위에서 6그룹의 프라이머 쌍들을 제작하였다(그림 2B). 그녀는 흰쥐 후각세포에서 추출한 RNA를 이용하여 RT-PCR*을 시행하여, 한 쌍의 프라이머에 의해 여러 개의 DNA 조각이 증폭되었다는 사실을 확인하였고, 다양한 프라이머 조각에 의해 증폭된 DNA 조각들을 확보하였다(그림 2C). 린다 벅 박사는 이들 DNA 조각들의 염기서열을 밝히고, 이로부터 생성되는 아미노산 서열을 분석하여 이들이 후각수용체 유전자 집단이라는 사실을 밝혔다. 그리고 역추적 PCR에 의해 만들어진 DNA 조각 탐침으로 흰쥐의 전체 DNA를 분석하여 200여 개의 후각수용체 유전자를 발견하였다. 지금까지의 연구 결과, 흰쥐에는 1207개의 후각수용체가 있는 것으로 밝혀졌다.

냄새의 인식

후각수용체를 통해 냄새를 맡는 과정을 자세히 살펴보자. 코의 뒤쪽에 있는 인간의 후각상피에는 지지세포와 점액분비세포, 그리고 수백만 개의 후각세포가 분포되어 있다. 후각세포는 후각수용체를 가지고 있는 신경세포이다. 후각세포는 더 깊은 곳에 있는 후각구 쪽으로 축삭을 뻗

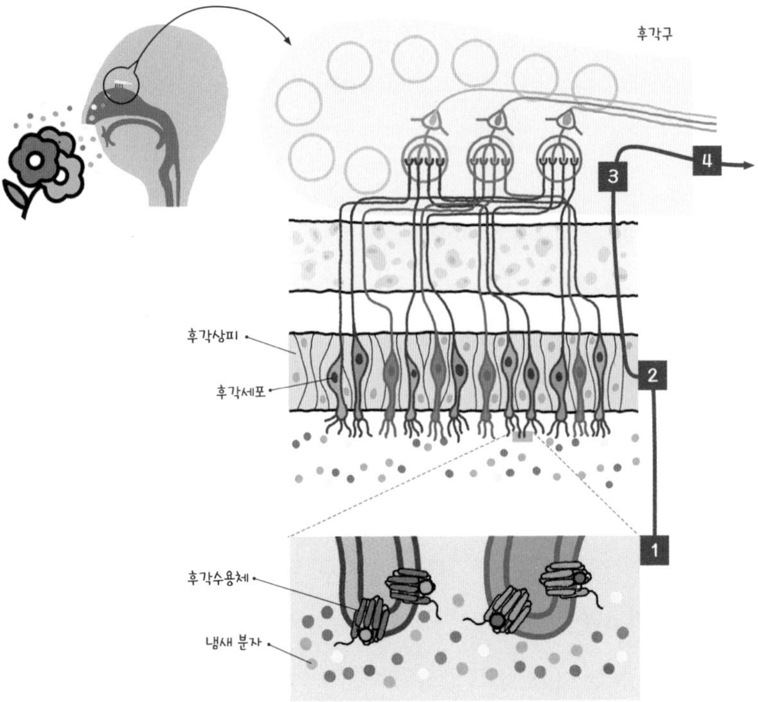

그림 3. 냄새를 인식하는 후각 체계

냄새를 맡는 후각 체계는 후각상피와 후각구로 구성되어 있다. 후각상피에는 후각세포들이 모여 있으며, 말단에 위치한 후각수용체를 통해 냄새를 감지한다. 후각구에는 사구체들이 있는데, 하나의 사구체에는 같은 냄새 분자를 인지한 후각세포의 축삭말단이 모여 있다. 냄새를 인식하는 과정은 (1)-(2)-(3)-(4)의 과정을 따른다. (1) 냄새 분자가 콧속으로 들어가 후각상피에 있는 후각세포의 후각수용체에 결합한다. (2) 냄새 분자와 결합한 후각수용체는 전기신호(수용기전위)를 발생하고, 이는 후각세포의 활동전위를 발생시킨다. (3) 활동전위는 후각구에 있는 사구체에 전달된다. 이때 같은 냄새 분자를 감지한 후각세포의 축삭말단은 하나의 후각구로 수렴된다. (4) 사구체에서 수렴된 신호는 대뇌의 후각피질로 전달되어 냄새를 인식한다.

고 있으며 반대쪽으로는 수상돌기를 뻗고 있다. 수상돌기는 코점막을 향하고 있는데, 수상돌기의 끝부분에는 여러 갈래로 갈라진 후각섬모들

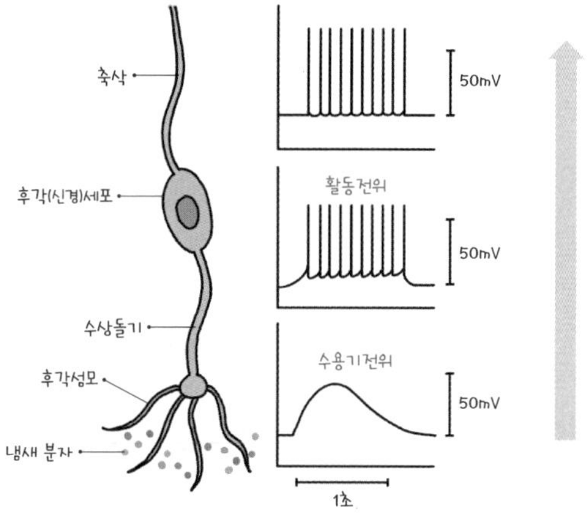

그림 4. 냄새 분자와 결합한 후각수용체의 수용기전위 생성 및 후각세포의 활동전위 발생
냄새 분자가 후각수용체에 결합하면 G-단백질 활성화 → 아데닌고리화효소 활성화 → cAMP 생성 → 특정 양이온 통로에 cAMP 결합 → 양이온 통로가 열려 Na^+와 Ca^{2+}의 세포 내 유입 → Ca^{2+} 의존성 Cl^- 통로 열림 → Cl^-의 세포 외 유출 과정이 차례로 일어나 후각수용체에 의한 수용기전위가 발생한다. 수용기전위에 의해 후각세포의 활동전위가 생성되고 이는 축삭을 타고 후각구로 전달된다.

이 있다. 후각섬모에는 후각수용체들이 분포되어 있어 숨을 쉴 때 코점막으로 들어온 냄새 분자Odorant(후각원)를 감지한다(그림 3). 냄새 분자는 3~4개 혹은 18~20개의 탄소로 구성된 매우 작은 탄소 화합물이다. 라벤더 향기와 같은 하나의 향기는 여러 가지의 다양한 냄새 분자로 구성되어 있다.

냄새 분자가 후각수용체의 바깥 부위에 결합하면 세포 안쪽의 G-단백질이 활성화되어 냄새 분자를 감지하였다는 전기신호인 수용기전위를 생성한다. 수용기전위에 의한 탈분극이 역치를 넘어서면 후각세포의 축삭언덕에서 활동전위가 발생하여 축삭을 타고 반대쪽의 후각구로 전달된다(그림 4). 후각구에는 사구체들이 분포되어 있는데, 각각의 사구체는

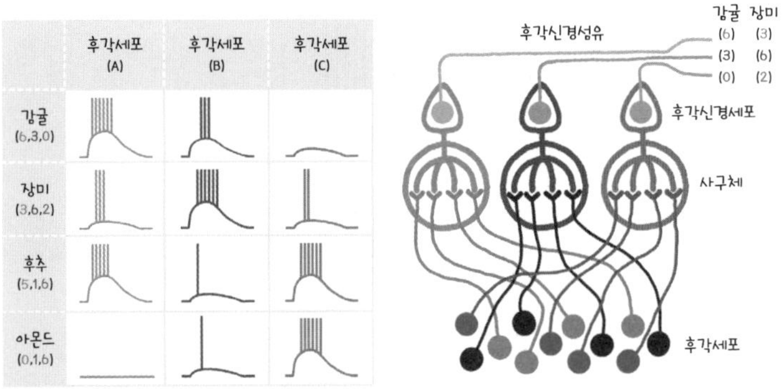

그림 5. 냄새를 구별하는 방법을 설명하는 가상의 예

감귤, 장미, 후추 냄새가 같은 후각세포 A, B, C를 자극하여 전기신호를 생성한다고 해도, 후각세포를 자극하는 정도가 각각 다르다.

동일한 후각수용체를 가진 후각세포로부터 전기신호를 받아들인다. 후각구의 사구체를 통해 같은 냄새 분자를 감지한 후각세포들의 전기신호가 분류되는데, 이는 각기 다른 냄새를 구별하는 데 매우 중요하다.

냄새의 구별

각각의 후각세포는 오직 한 종류의 후각수용체만을 가지고 있는데, 이는 하나의 후각세포는 한 종류의 냄새 분자만을 감지할 수 있다는 의미이다. 인간은 대략 1000개의 후각수용체 유전자를 가지고 있지만, 직립보행에 따른 후유증으로 현재는 대략 400종류의 후각수용체만 기능하는 것으로 밝혀졌다. 그렇다면 어떻게 400종류보다 훨씬 많은, 1만 개 이상의 냄새를 구별할 수 있을까? 이는 냄새가 다양한 냄새 분자들의 조합으로 구성되어 있으며, 뇌가 각각의 냄새 분자가 자극하는 전기신호 세기

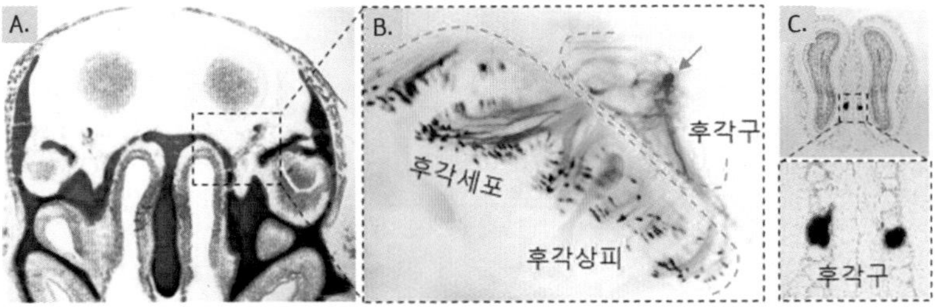

그림 6. 생쥐의 P2 후각수용체를 가진 후각세포를 추적한 그림

A 후각상피의 후각세포에서 후각구로 축삭이 뻗어 있다. **B**는 A를 확대한 이미지다. **C** 같은 후각수용체를 가진 후각세포의 축삭은 하나의 후각구에 수렴한다. 후각구는 좌우대칭 구조이므로 실제로는 대칭의 위치에 있는 2개의 후각구로 수렴한다.

의 조합을 하나의 냄새로 인식하기 때문이다.

가상의 예를 통해 냄새를 구별하는 방법을 살펴보자(그림 5). 감귤 냄새는 2개의 냄새 분자로 구성되어 있으며, 후각세포 A와 후각세포 B를 자극하여 전기신호를 생성한다. 한편 장미의 향기는 3개의 냄새 분자로 구성되어 있으며, 후각세포 A, B, C를 자극하여 전기신호를 생성한다. 한 가지 주목해야 할 사실은 감귤 냄새와 장미향이 같은 냄새 분자를 가지고 있지만, 후각세포를 자극하는 정도가 다르다는 점이다. 감귤 냄새는 6의 세기로 후각세포 A를 자극하는 반면, 장미향은 3의 세기로 후각세포 A를 자극한다. 이와 같은 방식으로 냄새 분자들이 후각세포를 자극하기 때문에 후각세포 A, B, C 각각에 대하여 감귤 냄새는 6, 3, 0, 장미향은 3, 6, 2, 후추 냄새는 5, 1, 6, 아몬드 냄새는 0, 1, 6의 세기로 전기신호를 생성한다.

한편, 후각구의 해부학적 구조는 냄새를 구별하기 쉽도록 발달되어 있다. 후각구에는 사구체들이 분포하고 있는데, 하나의 사구체에는 같은 후각수용체를 가진 후각세포들의 축삭이 모인다. 그림 6은 후각수용체의 하나인 P2 후각수용체를 가진 후각세포의 축삭을 추적한 실험인데, 후각상피에 있는 P2 후각세포의 축삭이 후각구에 있는 하나의 사구체로 모이는 것을 볼 수 있다(후각구는 좌우대칭 구조이므로 실제로는 대칭관계에 있는 2개의 사구체로 모인다). 이는 후각상피에서 같은 냄새 분자를 감지한 후각세포들의 말단이 하나의 사구체에서 모여 신호의 세기를 결정한다는 것을 의미한다.

사구체에서 합쳐진 후각세포의 축삭은 후각신경세포mitral cell(마이터럴 세포)와 시냅스를 이뤄 냄새 정보를 전달하고, 후각신경세포는 후각세포들이 생성한 전기신호를 뇌의 후각피질로 전달한다. 감귤 냄새의 경우, 각각의 후각세포에 의해 생성되어 뇌의 후각피질로 전달되는 전기신호의 세기는 6, 3, 0이고 장미향의 경우는 3, 6, 2이다. 다양한 냄새들은 각기 다른 후각세포에 의해 생성된 3, 2, 6, 4 또는 2, 3, 5, 6, 2, 6 등의 전기신호 세기를 조합한 형태로 뇌의 후각피질로 전달될 것이다. 이는 냄새가 코에 의해서 인식되는 것이 아니라, 뇌가 만든 신경세포의 코드에 의해 인식된다는 사실을 보여준다.

이와 같은 감각 또는 감정의 인식 방법을 집단부호화Population coding라고 한다. 집단부호화는 다수의 신경세포가 나타내는 반응의 합을 이용하여 자극을 표시하는 방법이다(그림 7). 집단부호화에서 개별 신경세포는 주어진 자극에 대해 분산된 반응을 보이지만, 개별 신경세포들이 나타내는 반응의 합은 자극을 판단하여 구별할 수 있게 한다. 집단부호화를 통해 우리의 후각 체계는 적은 수의 후각수용체를 이용하여 많은 수의 냄새를 구별하는 놀라운 정보처리 능력을 보여준다. 비록 완벽하게 정확하지는

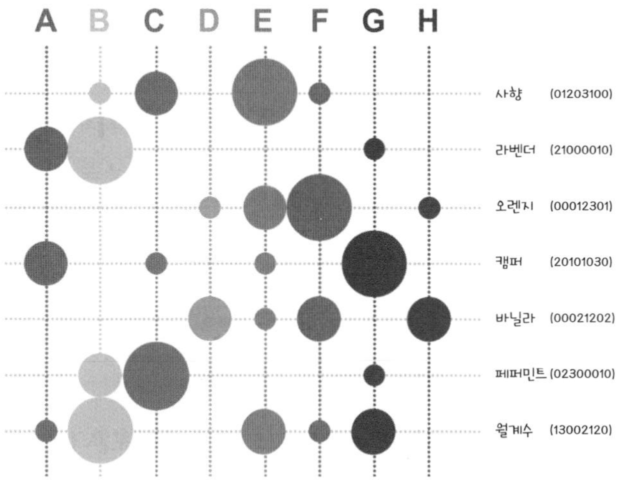

그림 7. 향기들의 집단부호화 예

A~H는 각기 다른 냄새 분자를 감지하는 후각세포를 나타내고, 원의 크기는 냄새 분자에 의해 생성된 전기신호의 세기를 나타낸다. 사향의 경우 B, C, E, F 냄새 분자가 각각 1, 2, 3, 1의 세기로 구성되어 있다는 것을 알 수 있다.

않지만, 근사치들을 이용하여 문제를 해결하는 우리 몸의 산수 능력을 보고 있노라면 신의 존재를 믿고 싶은 강력한 유혹에 빠진다.

집단부호화 방법을 사용하더라도 후각수용체의 종류가 많을수록 더 다양한 냄새를 맡을 수 있는 것은 자명한 사실이다. 아프리카 코끼리는 2000여 종류의 후각수용체를 가지고 있어서 인간이 도저히 상상할 수도 없는 냄새를 맡을 수 있는데, 실제로 아프리카 코끼리는 자신들을 공격하는 수렵민족인 마사이족과 자신들을 공격하지 않는 농경민족인 칸바족을 냄새로 구별할 수 있다. 뿐만 아니라, 멀리 떨어진 지하 10m에 있는 물 냄새도 맡을 수 있어서 극심한 가뭄에도 살아남을 수 있다고 한다. 코끼리의 긴 코는 외형상으로 다른 동물들을 압도할 뿐만 아니라 기능 면에서도 타의 추종을 불허하는 셈이다. 냄새를 잘 맡는 것으로 알려진 개는 800여 종류의 후각수용체를 가지고 있는데, 개의 넓은 후각상피에는 많은 수의 후각세포가 있고, 특히 냄새의 민감도에서 뛰어나다. 개는 마약 탐지뿐만 아니라, 강력한 피부암인 흑색종의 냄새를 맡을 수 있어서 암으로부터 주인의 목숨을 구할 수도 있다.

지금까지 연구된 결과에 의하면, 공기 중의 냄새를 잘 맡을 수 있는 민감도는 후각세포의 수와 밀접한 관계가 있고, 다양한 냄새를 구별할 수 있는 능력은 후각수용체의 종류에 의해 결정된다.

맛과 향기 그리고 기억

맛과 향기는 모두 화학적 감각으로 불가분의 관계를 맺고 있다. 우리가 흔히 알고 있는 사과, 양파, 불고기, 된장국, 동파육, 인초비 피자, 봉골레 스파게티의 맛은 사실 맛과 향기의 오묘한 조합이다. 감기에 걸리면 맛을 느끼지 못해 식욕이 떨어지거나, 코를 막고 먹은 양파를 사과와 구별하지 못하는 것은 모두 향기를 맡을 수 없기 때문이다. 맛의 종류는 단맛, 신맛, 짠맛, 쓴맛, 감칠맛, 이 다섯 가지밖에 없기 때문에 다양한 음식의 맛은 대부분 향기가 결정한다. 음식의 맛을 볼 때, 혀에 있는 미각수용체는 침에 녹아 있는 음식의 화학 성분으로부터 5가지 맛의 기본적인 조합을 감지할 뿐이다. 음식에서 증발한 휘발성 향이 목구멍 안쪽의 구멍을 통해 비강으로 들어와 수백 개의 서로 다른 후각수용체를 자극할 때 비로소 음식의 풍부한 맛을 느낄 수 있다.

인간은 최소한 하루 한 끼는 먹어야 목숨을 유지할 수 있기에, 음식의 맛과 향기는 일상생활에서 무시할 수 없는 중요한 요소이자 삶에서 놓칠 수 없는 즐거움 중의 하나이다. 심지어 신께서도 선호하는 향기가 있어 소합향, 나감향, 풍자향, 유향을 같은 비율로 섞어 만든 향을 예배 장소에 두게 하지 않았는가! 그러니 맛과 향기가 예술의 반열에 올라선 것은 결코 이상한 일이 아니다.

맛과 음식에 관한 문학 작품과 예술 작품은 너무나도 많은데, 멕시코의 작가 라우라 에스키벨Laura Esquivel이 지은 『달콤 쌉싸름한 초콜릿』은 매혹적인 제목만큼이나 향긋한 냄새와 맛을 통해 아름다운 사랑과 에로틱한 상상을 제공하는 탁월한 요리 문학 작품이다. "양파는 아주 곱게 다진다. 양파를 다지면서 눈물을 흘리고 싶지 않다면 자그마한 양파 조각을 머리 위에 얹는다. 양파를 다질 때 눈물이 나오면 우는 것 자체가 아니라 ……." 첫 문장부터 터져 나오는 주인공 티타의 감각적인 요리 설명을 들으면 다음 페이지를 넘기지 않을 수가 없다. 그러나 굳이 이 소설을 소개하는 이유는 다음 문장 때문이다. "냄새는 기억 속의 소리와 향을 전하며, 과거의 어떤 시간을 떠오르게 하는 특성을 지녔다. 티타는 파이 소가 양념에 재워지는 냄새를 흠뻑 들이마시며 그 각별한 냄새나 향과 함께 자신의 추억 속으로 여행을 떠나는 걸 좋아했다."

맛과 향기는 어떻게 기억되는 것일까? 후각 신호 체계에 의해 생성된 향기의 정보는 학습, 기억, 감정, 언어 등 다른 모든 감각 체계와 연관되어 뇌 깊숙한 곳에 보관되며, 훗날 음식의 맛과 향기에 대한 선호도 및 향수鄕愁를 불러일으키게 한다. 후각구에서 종합된 향기에 대한 정보는 일반적인 감각 정보가 전달되는 방식과는 조금 다른 방법으로 대뇌피질에 보

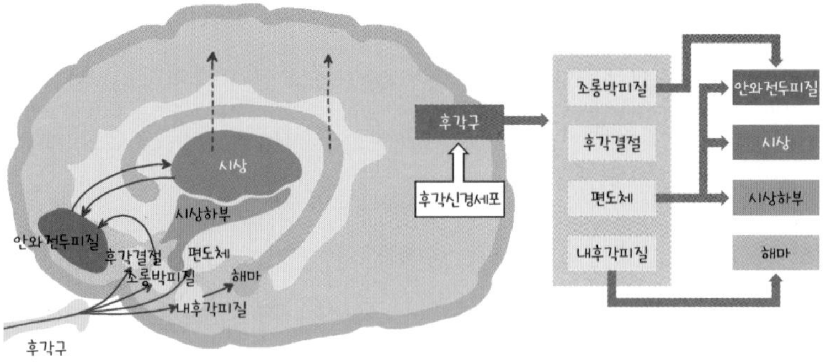

그림 8. 후각의 전달 체계

일반적인 감각 정보는 시상 및 시상하부가 있는 변연계에서 조정되며, 해마로 전달되어 장기기억 형성 과정을 거쳐 대뇌피질에 보관된다. 그러나 후각 정보는 원시피질로 알려진 조롱박피질을 거쳐 눈 위쪽의 안와전두피질에 보관된다. 안와전두피질에 보관된 정보는 다시 시상으로 전달되어 뇌의 다른 부분과 정보를 교환하는 것으로 추측된다. 후각구에서 종합된 향기에 대한 정보는 편도체로도 전달되는데, 편도체로 전달된 정보는 아마도 향기에 대한 정서 반응과 연관이 있는 것으로 보인다. 후각구로부터 내후각피질로 전달된 정보는 해마로 전달되어 정상적인 기억 형성의 과정을 거친다.

관되는 것으로 알려졌지만, 후각 정보의 전달과 관련된 신경회로는 아직 정확하게 밝혀지지 않았다. 어떤 방법을 통해 향기가 본능적인 반응과 정서 반응을 일으키며, 이와 관련된 기억은 어떻게 저장되는지에 대한 연구는 현재 활발히 진행 중이다(그림 8). 맛과 향기의 기억은 식욕을 자극할 뿐만 아니라 아득한 옛날의 기억을 끄집어내어 우리를 과거의 한 시점으로 안내한다. 비 오는 날에는 평상에 걸터앉아 고소하고 기름진 파전과 달콤 쌉싸름한 막걸리를 마시며 지난 일을 회상해도 좋을 일이다.

14장

인간을 인간답게

학습과 기억

노벨상 수상자

생리의학상

에릭 캔델 Eric R. Kandel(2000)

영화나 드라마에 나오는 연인들의 부분적 기억상실증은 가슴 조이는 낭만이 있는 듯 보이기도 한다. 그러나 당신의 늙은 부모가 차츰차츰 기억을 잃어 당신과의 아름다운 추억을 잊어버릴 뿐 아니라 당신을 알아보지도 못하다가 마침내 자아를 망각하고 백지 상태가 된다면, 더구나 당신에게 호의적이지도 않다면, 이는 결코 낭만의 문제가 아니다. 기억을 상실하여 과거로부터 단절된다면 일상의 생활은 가능할 것인가?

조너선 밀러가 제작한 〈의식의 죄수〉라는 텔레비전 프로그램은 클라이브 웨어링Clive Wearing 씨의 사례를 소개하는데, 그의 경우를 살펴보자. 바이러스 감염에 의한 뇌염으로 심각한 뇌손상을 입은 웨어링 씨는 불과 1~2분 전의 일을 기억하지 못한다. 웨어링 씨는 볼 때마다, 심지어 옆방에 잠시 다녀온 부인을 보고서도 기나긴 이별 끝에 다시 만난 사람처럼 반갑게 포옹하며 부인을 맞이하는데, 이런 웨어링 씨를 볼 때면 웃기면서도 슬픈 희극을 보는 듯하다. 물론 웨어링 씨는 앞 페이지에서 읽은 내용을 기억하지 못하기 때문에 책의 의미를 파악하지 못하며, 방금 지나온 길을 기억하지 못하기 때문에 마음대로 외출을 할 수도 없다. 웨어링 씨의 비극적인 삶은 우리에게 기억이 얼마나 소중한 것인지 새삼 일깨워 준다.

노벨 문학상 수상자인 가브리엘 마르케스Gabriel Marquez의 소설 『백년의 고독』에는 마꼰도 마을에 사는 사람들이 집단으로 전염성 기억상실증에 걸리는 마술적인 장면이 나온다. 소설의 주인공 호세 아르까디오 부엔디아와 마을 사람들은 사물의 이름과 용도를 메모하여 붙이는 방법으로 기억상실증에 대항하지만 언젠가는 메모에 적힌 글자의 의미까지 잊어버리게 될지도 모를 일이었다. 다행히 오랜 벗이자 집시 상인인 멜키아데스가 가지고 온 신비의 물약을 마시고 기억상실증에서 해방되는 해프닝으로 사건은 마무리되지만, 현실은 마르케스의 소설처럼 그렇게 간단하지 않다.

기억은 우리의 일상생활과 밀접한 연관을 가지고 있기 때문에 여러 학문 분야에서 다양한 방법으로 꾸준히 연구되어 많은 발견이 이루어졌지만, 여전히 우리는 많은 사실을 모른다. 생명과학 분야에서 기억을 연구하기 힘든 이유는 기억이 시각, 청각, 후각, 미각, 촉각(통각)과 같은 오감의 영역에 속하지 않는 새로운 영역일 뿐만 아니라 연구할 수 있는 실체를 파악하기 힘들기 때문이다. 우리는 오감을 통해 외부 환경에 대한 지식을 획득하고 행동을 변화시키는 데, 이를 학습이라고 한다. 기억은 우리의 신경세포가 오감을 통해 획득한 지식을 부호화하여 종류별로 뇌의 특정 부위에 저장했다가 필요할 때 다시 불러내는 일련의 과정이다. 신경세포는 어떻게 기억과 관련된 일련의 일들을 처리하는 것일까? 에릭 캔델Eric Kandel 박사는 과연 어떤 방법으로 신경세포가 하는 일의 비밀을 엿보고 세상에 폭로하여 노벨상을 차지할 수 있었을까?

일상의 생활에서 사용하는 학습 및 기억의 종류

인생의 황금기를 보내고 있는 27세 나지혜 양은 이국적인 마스크와 도시풍의 세련미를 가진 대학원생으로 생명과학을 전공하고 있다. 비록 지난겨울 사랑하는 애인과 헤어지는 실연의 아픔을 맛보았지만, 올해는 새로운 남자 친구를 만나 더욱 멋진 연애를 할 것이라는 막연한 기대에 부풀어 있다. 또한 스스로는 물론 지도교수도 만족스럽게 생각하고 있는 학위 논문이 곧 유명한 학술지에 발표되어 자신의 지적 활동이 활자화된다는 기쁨에 인생이 마냥 즐겁기만 하다. 나지혜 양의 하루 일과를 통해 기억의 종류를 살펴보자(표 1 참조).

그녀는 오전 6시에 일어나 수영장이 함께 있는 피트니스 클럽으로 향한다. 올 여름에는 기필코 이국적인 해변에서 멋진 몸매를 뽐내리라 다짐하였기 때문이다. 서너 달 동안 열심히 노력한 덕에 근사한 근육을 뽐내기 위해 필요한 보디빌더의 어려운 동작들도 어느새 자연스럽게 할 수 있게 되었을 뿐 아니라, 수영의 꽃이라 할 수 있는 접영의 멋진 동작도 우아하게 할 수 있게 되었다(동작 기술).

모닝 커피 한 잔과 함께 산뜻한 기분으로 연구실에 도착한 그녀는 다음 주 세미나 시간에 발표할 '스트레스와 기억의 상관관계'에 대한 논문을 읽고, '스트레스의 종류', '대뇌의 해부학적 위치와 각 부위의 이름', '장기강화의 정의 및 의미' 등 다소 어려운 용어와 의미를 세미나 발표 때까지 기억하기 위해 공부한 내용을 머릿속에 정리한다(의미기억).

점심시간이 되어 동료들과 함께 식사를 한 그녀는 돈가스 2개 12000원, 스파게티 3개에 21000원, 합해서 33000원을 순식간에 계산하여 미리 정해둔 순번대로 점심 값을 치른다(단기기억).

수다를 떨며 산보하여 실험실로 들어설 무렵, 대학교 동창인 해인에게서 오랫동안 보지 못한 아린에게 연락하여 저녁 때 함께 만나자는 전화가 온다. 핸드폰을 바꾸어서 아린의 연락처를 모른다고 하자 해인은 아린의 전화번호를 일러준다. 010-27*6-6472을 반복해서 되뇌이며 책상에 도착한 그녀는 잊어버리기 전에 급히 아린의 전화번호를 메모하고 나서(작업기억), 양치를 하려고 화장실로 간다. 계속되는 수업과 실험에 지친 그녀는 약속 시간에 맞추어 서둘러 지하철역으로 향한다. 퇴근 시간의 혼잡한 지하철의 소음도 의식하지 못한 채(습관화) 영화 〈중경삼림〉의 한 장면처럼 멍하니 서 있는데, 오리지널 사운드 트랙인 '캘리포니아 드림'의 노랫말처럼 뚜렷하게 아린이 자신을 부르는 소리가 들린다. 둘러보니 멀리서 아린의 환한 얼굴이 자신을 맞아준다. 약속 장소인 강남역의 맥주집 헤르젠은 오랜만에 오는 탓에 길이 헷갈리기도 하지만, 지난번에 왔던 기억을 곰곰이 되살린 끝에 조금의 실수도 없이 골목을 이리저리 돌아 무사히 도착한다(장기기억).

오랜만에 만난 친구들과 즐겁게 지난 추억을 이야기하다가, 대학 시절 야간열차를 타고 부산 영화제에 가서 몇 편의 영화를 연이어 보고, 새벽녘에 떠오르는 해를 맞으며 해운대 백사장을 영화 속의 주인공처럼 거닐던 추억이 생각나 감상적인 기분에 빠지기도 한다(일화기억).

깊은 밤 친구들과의 즐거운 술자리를 마치고 서둘러 집으로 향한다. 버스가 다니는 대로변에서 이면도로로 접어들자 갑자기 어두워지며, 멀리서 따라오는 듯한 발소리가 유난히 크게 들린다(민감화).

지난번 밤 늦은 시간에 이 길을 지나다 불량스러운 동네 조무래기들의 장난에 기분 나빴던 그녀는 저 멀리 집으로 들어가는 골목길 입구에 모여 있는 한 무리의 사람들 그림자에게서 무서움을 느낀다(고전적 조건화).

걸음을 멈춘 그녀는 집으로 전화를 걸어 아버지에게 도움을 요청한다. 아버지의 팔짱을 끼고 오늘 있었던 일을 재잘거리며 나지혜 양은 하루의 일과를 마감한다.

나지혜 양의 하루 일과를 통해 여러 종류의 학습과 기억에 대해 살펴보았는데, 분류하는 방법에 따라 학습과 기억은 더 여러 종류로 나뉘기

		의미
1	**동작 기술** (Motor skill)	목적하는 행동을 자연스럽고 효과적으로 수행하기 위하여 학습된 동작의 순서.
2	**의미기억** (Semantic memory)	의미, 개념에 기초한 지식, 이해에 대한 기억. 의미기억은 사실에 대한 정보와 세상에 대한 지식을 의도적으로 기억하는 데 필요하다.
3	**단기기억** (Short-term memory)	즉시 사용될 수 있는 상태에 있는 적은 양의 정보를 아주 짧은 시간 동안 저장하는 기억. 반복 연습을 하지 않을 경우 단기기억은 단지 몇 초 동안만 지속된다. 돈가스 가격 2x6000=12000원과 스파게티 가격 3x7000=21000원에 대한 기억이 12000+21000=33000이라는 계산이 일어나는 동안 저장되는 것을 의미한다.
4	**작업기억** (Working memory)	정보를 일시적으로 저장하고 조작하는 데 사용되는 구조 및 과정을 의미한다.
5	**습관화** (Habituation)	반복적인 자극이 긍정적이거나 부정적인 영향을 미치지 않을 경우, 자극에 대해 반응하지 않거나 반응을 감소시키는 학습의 한 형태.
6	**장기기억** (Long-term memory)	많은 양의 정보를 장기간 또는 영원히 저장하는 기억.
7	**일화기억** (Episodic memory)	전기적인 사건(시간, 장소 및 이와 관련된 감정이 이야기처럼 구성된 사건)에 대한 기억. 예) 20세 생일에 대한 기억.
8	**민감화** (Sensitization)	서로 관련이 없는 자극에 대해서도 과도하게 반응하는 학습의 한 형태. 예) 총소리를 듣고 놀란 경우, 차문이 닫히는 소리에도 깜짝 놀라는 민감한 반응을 보인다. 자라 보고 놀란 가슴 솥뚜껑 보고도 놀란다.
9	**고전적 조건화** (Classical conditioning)	파블로프의 조건화. 종소리를 울리는 것과 먹이를 주는 것을 연관시킴으로써 두 자극을 조건화시킬 경우, 종소리를 울리는 것이 침을 흘리는 것을 일으키는 학습의 한 형태.

표 1. 나지혜 양의 일과에 나타난 기억의 종류와 의미

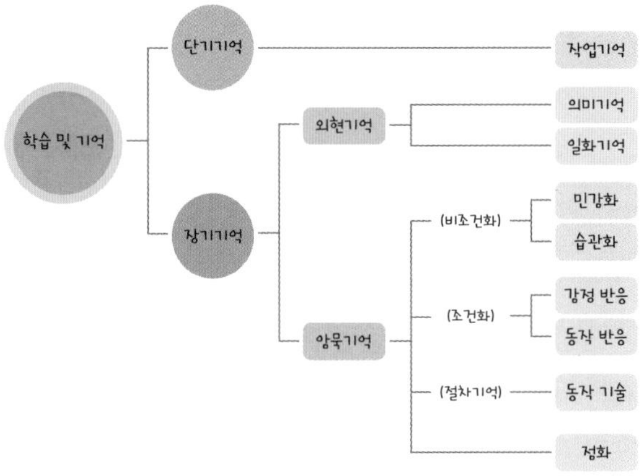

그림 1. 학습 및 기억의 종류

도 하고 서로 중복되기도 한다. 기억은 크게 단기기억과 장기기억으로 나뉘며, 장기기억은 다시 외현기억Explicit memory(서술기억)과 암묵기억Implicit memory(절차기억)으로 분류된다. 외현기억은 사람, 장소, 대상, 사물, 사건 등에 대한 것으로 대개 의식적으로 일어나며, 암묵기억은 습관화, 민감화, 고전적 조건화 등에 의한 것으로 대부분 무의식적이고 자동적으로 일어난다(그림 1).

그러나 의식적인 기억과 무의식적인 기억의 체계가 완전히 구별되어 있는 것은 아니다. 의식적인 지각에 의한 동작 기술은 반복적인 연습을 통해 무의식적인 기억으로 전환된다. 김연아 선수가 구사하는 우아한 트리플 러츠는 의식적인 기억이 무의식적인 기억으로 전환된 대표적인 예이다. 수많은 의식적인 연습을 통해 트리플 러츠 동작을 완벽하게 익힌 김연아 선수는 무의식적으로 트리플 러츠 동작을 기억하여 우아한 몸동작을 펼쳐 보일 뿐, 대회장에서 트리플 러츠를 펼치는 짧은 순간에 왼발로 점프하여 반시계 방향으로 세 바퀴를 회전한 다음 오른발 후진 아웃에지로 착지하고자 하는 의식적인 기억을 머릿속에 떠올리지는 않을 것이다. 김연아 선수의 예에서 보는 것처럼 우리는 흔히 '몸이 기억한다'라는 말을 사용하는데, 이때 몸이라는 단어에서 신경세포가 연상되지는 않는다. 그러나 '몸이 기억한다'는 말은 신경세포가 동작 기술을 무의식적으로 기억하였음을 뜻하는 것이다. '김연아 선수는 천재야!'라는 말에서 거부감이 느껴지는가? 신경세포의 입장에서 본다면 김연아 선수는 아인슈타인 못지않은 천재인 셈이다. 한 가지만 기억하자. 학습과 기억은 모두 신경세포가 관여하는 일이다.

군소를 이용한 에릭 캔델 박사의 실험

사람을 대상으로 하는 학습과 기억에 관한 연구는 심리학의 오랜 연구 주제이며 이를 통해 많은 사실이 알려져 있다. 그러나 사람을 대상으로 하는 연구에서 신경세포의 역할을 밝히는 것은 쉬운 일이 아니다. 신경세포의 회로가 워낙 복잡하기 때문이다. 반면 동물을 대상으로 하는 실험은 동물과의 의사소통 문제 때문에 우리가 일반적으로 기억이라고 말하는 의미기억과 일화기억에 대한 연구를 수행하기 어려운 단점이 있다. 따라서 동물을 대상으로 하는 실험은 암묵기억에 속하는 습관화, 민감화, 고전적 조건화와 같은 반사 학습에 대한 것이 대부분이다. 그러나 반사 학습 연구에 많이 사용되는 고양이도 반사 학습과 관련된 신경세포의 회로가 매우 복잡하기 때문에 신경세포 수준에서 작용 기전을 연구하는 것은 쉽지 않다.

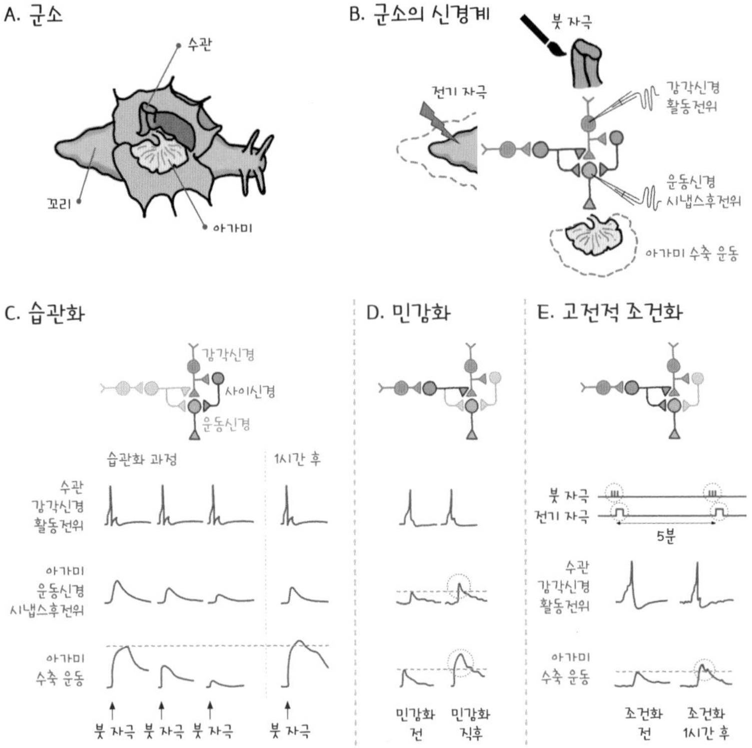

그림 2. 군소를 이용한 습관화, 민감화, 고전적 조건화 실험

A 군소의 모양. **B** 군소의 신경계 모식도. 자극을 인지하는 감각신경, 정보의 강약을 조절하는 사이신경, 아가미를 수축하는 운동신경 등을 표시하였다. 수관을 자극하면 수관에 있는 감각신경이 자극을 인지하여 운동신경으로 정보를 전달하고, 운동신경은 신경전달물질을 분비하여 아가미 수축 반응을 일으킨다. **C** 습관화. 수관을 반복적으로 자극하면 사이신경이 운동신경을 조절하여 시냅스후전위가 감소하고 신경전달물질의 분비량이 감소하여 아가미 수축 반응이 줄어든다. 1시간 후에는 습관화의 기억이 사라져 붓 자극에 대해 다시 강한 아가미 수축 반응이 나타난다. **D** 민감화. 붓으로 수관을 자극하기 직전에 꼬리에 전기 자극을 주면 꼬리의 전기 자극 신호를 조절하는 사이신경에 의해 민감해진 운동신경세포가 붓 자극에 대해 강하게 반응하여 아가미 수축 운동이 강하게 나타난다. **E** 고전적 조건화. 수관을 붓으로 자극하고 0.5초 이내에 꼬리에 전기 자극을 주어 두 자극을 조건화시킨다. 5분 후에 조건화를 한 번 더 시행하여 조건화를 학습시킨다. 1시간 후에 붓으로 수관을 자극하면 조건화 학습을 한 군소는 강한 아가미 수축 반응을 보인다. 고전적 조건화에 의해 전기 자극(민감화)을 기억하는 시간이 길어졌음을 알 수 있다.

그렇다면 반사 학습을 신경세포 수준에서 가장 연구하기 좋은 실험동물은 무엇일까? 학습과 기억 연구에 적합한 실험동물을 찾던 미국 컬럼비아 대학교의 에릭 캔델 박사는 오랜 고민 끝에 바다 달팽이의 일종인 캘리포니아 군소를 선택하였다. 캘리포니아 군소는 아가미 위에 붙어 있는 수관을 건드리면 아가미를 수축하는 독특한 반사 작용을 하는데, 이 아가미 수축 반사는 습관화, 민감화, 고전적 조건화를 학습하는 양상을 보여주기 때문이다. 더욱 매력적인 점은 캘리포니아 군소에는 불과 2만 개 정도의 신경세포밖에 없으며, 신경계의 구조 또한 매우 단순하여 학습과 기억 과정을 신경세포 및 유전자 수준에서 연구하는 것이 가능하다는 점이다.

군소에게 학습시킨 '습관화' 방법부터 살펴보자. 해롭지 않은 자극이 반복될 경우, 이를 인지하여 해롭지 않은 자극에 대해 반응을 보이지 않는 것을 습관화라고 한다. 에릭 캔델 박사는 습관화를 위해 붓으로 군소의 수관을 연속적으로 10번 자극하여 반사 작용을 확인한 다음, 5분 후에 다시 1번 자극하였다. 5분 후의 자극에 군소가 반사 작용을 보이지 않는다면 군소는 10번의 자극을 통해 붓으로 하는 자극이 해롭지 않음을 기억하고 5분 후의 자극에는 반응하지 않은 셈이다. 실제로 군소는 5분 후의 자극에 대해 반사 작용을 보이지 않았다. 그러나 1시간이 지난 후의 자극에는 반사 작용을 보였는데, 군소의 습관화에 대한 기억은 1시간을 넘지 않는 셈이다(그림 2C). 그렇다면 좀 더 반복적으로 학습시키면 습관화를 기억하는 시간이 길어질까? 놀랍게도 연속적인 10번의 자극을 하루 간격으로 나흘간 반복하였더니, 군소는 3주 동안 자극에 대해 반응하지 않았다. 반복적인 학습을 통해 군소의 습관화에 대한 기억이 3주로 늘어난 것이다.

한편, '민감화'는 해로운 자극이 주어지면 공포를 학습하게 되어 곧이어 나타나는 해롭지 않은 자극에 대해서도 심하게 반응하는 것을 말한다. 민감화 학습을 위해서는 붓으로 하는 자극보다 좀 더 강도가 센 해로운 자극이 필요한데, 캔델 박사는 전기 자극을 사용하였다. 꼬리 부분에 전기 자극을 주고 붓으로 수관을 자극하였더니, 아가미 수축 반사가 훨씬 심하게 일어났다(그림 2D). 전기 자극에 놀란 군소가 이를 기억하고 붓으로 하는 자극에 대해 과민 반응을 보인 것이다. 민감화에 대한 기억 역시 습관화처럼 5분 후에는 사라졌다. 반복적인 학습에 의해 민감화를 기억하는 시간 역시 길어졌는데, 전기 자극을 반복적으로 주면 붓으로 하는 자극에 대한 과민 반응이 오랫동안 지속되었다.

습관화 또는 민감화처럼 하나의 자극을 기억하는 것과 달리 두 개의 자극을 연관시켜 기억하는 것을 '고전적 조건화'라고 한다. 잘 알려진 이반 파블로프Ivan Pavlov 박사의 개를 대상으로 한 조건반사 실험처럼 종을 울리는 약한 자극과 음식을 주는 강한 자극을 연관시키면 약한 자극이 훨씬 효과적으로 작용한다. 군소에게 민감화와 고전적 조건화를 함께 학습시키면 아가미 수축 반응은 더욱 강해지며, 자극을 기억하는 시간도 민감화에 비해 훨씬 길어진다. 캔델 박사는 붓으로 수관을 자극한 다음 0.5초 이내에 전기 자극을 주어 두 자극을 조건화시켰다. 조건화 과정을 5분 간격으로 2번 실시하고 한 시간 후에 붓 자극을 주었을 때, 군소는 1시간이 지난 후에도 강한 아가미 수축 반응을 보였다(그림 2E). 고전적 조건화에 의해 전기 자극을 기억하는 시간이 5분에서 1시간으로 늘어난 것이다.

장기강화와 장기기억

모든 학습은 반복에 의해 단기기억에서 장기기억으로 전환된다. 에릭 캔델 박사는 군소에서 민감화 학습을 이용하여 장기기억을 연구하였다. 1시간 동안 민감화 학습을 5회 시행하면 민감화 반응이 하루 이상 지속되고, 며칠에 걸쳐 민감화 학습을 반복시키면 민감화 반응은 1주 이상 지속된다. 이와 같은 민감화 학습의 장기기억 형성에는 수관의 감각신경, 꼬리의 전기 자극을 전달하는 사이신경, 그리고 아가미 수축 운동을 일으키는 운동신경 사이의 시냅스를 강화하는 변화가 필요하다. 캔델 박사가 밝혀낸 민감화 학습과 장기기억의 메커니즘을 간단히 살펴보자.

꼬리의 전기 자극을 전달하는 사이신경은 신경전달물질인 세로토닌을 분비하여 자극을 수관의 감각신경에 전달한다. 사이신경으로부터 정보를 받은 감각신경은 cAMP를 통해 단백질인산화효소 A Protein Kinase A, PKA를 활성화한다. 활성화된 효소는 글루탐산의 분비를 촉진하여 운동신경을 더욱 강하게 자극하고, 따라서 아가미 수축은 더욱 강하게 일어난다. 장기기억의 형성에는 단백질인산화효소 A의 또 다른 기능이 필요하다. 활성화된 효소는 유전자 발현을 촉진하여 여러 종류의 단백질을 합성한다. 새로 합성된 단백질 중 일부는 단백질인산화효소 A를 영구히 활성화하여 글루탐산의 분비량을 높은 상태로 유지한다. 새로 합성된 또 다른 단백질들은 감각신경과 운동신경 사이에 새로운 시냅스를 형성하는 구조적 변화를 일으켜 장기기억 형성에 기여한다(그림 3).

에릭 캔델 박사는 캘리포니아 군소가 어떻게 습관화와 민감화를 학습하고 이를 단기적으로 또는 장기적으로 기억하는지를 밝혀 명예로운 노벨상을 받았는데, 그가 이룩한 중요한 업적은 기억 형성의 메커니즘을

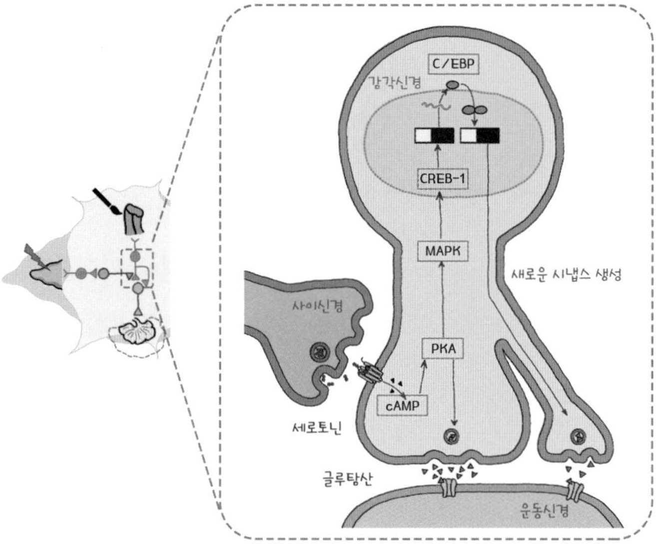

그림 3. 민감화 학습의 장기강화 및 시냅스 형성

민감화 학습에는 '전기 자극을 인식하는 감각신경'과 '붓 자극을 인식하는 감각신경'을 연결하는 사이신경이 중요한 역할을 한다. 사이신경은 신경전달물질인 세로토닌을 분비하여 전기 자극 정보를 붓 자극을 인지하는 감각신경에 전달한다. 전기 자극 정보를 전달받은 감각신경 말단에서는 cAMP라는 물질이 합성되고, 연쇄적으로 PKA라고 하는 단백질인산화효소 A가 활성화되어 신경전달물질인 글루탐산을 더욱 많이 분비하여 운동신경을 더욱 강하게 자극한다. 민감화를 장기적으로 기억하기 위해서는 감각신경이 좀 더 복잡한 일을 하여야 한다. 계속된 전기 자극에 의해 강하게 활성화된 PKA는 글루탐산을 분비할 뿐만 아니라 감각신경 세포의 핵으로 이동하여 유전자 발현을 조절하는 CREB-1 인자를 활성화한다. 활성화된 CREB-1은 유전자 발현을 통해 PKA를 영구적으로 활성화시켜 글루탐산의 분비를 높은 상태로 유지한다. 또한, CREB-1은 C/EBP라는 전사인자를 조절하여 시냅스 형성에 필요한 여러 종류의 유전자를 발현하여 감각신경이 운동신경과 새로운 시냅스를 형성하도록 하는 구조적 변화를 일으킨다.

분자 수준에서 규명한 것이다. 꼭 기억해야 할 중요한 사실은 장기기억이 형성되기 위해서는 자극이 계속해서 주어져야 한다는 것과 계속된 자극에 의해 새로운 유전자가 발현되어 신경세포들 사이에 새로운 시냅스가 형성되는 구조적 변경이 일어나야 한다는 점이다.

군소에서 일어난 이러한 암묵기억의 저장 메커니즘은 사람에게도 동일하게 적용된다. 편도체가 담당하는 공포기억이나, 선조체가 담당하는 습관기억들이 장기적으로 보관되기 위해서도 단백질인산화효소 A-CREB1-C/EBP에 의한 새로운 유전자 발현과 단백질 합성이 필요하며, 그로 인해 새로운 시냅스가 형성되는 뇌의 구조적 변경이 일어나야 한다. 그렇다면 우리들이 일반적으로 기억이라고 말하는 외현기억(일화기억과 의미기억)은 어떻게 형성되는 것일까? 외현기억의 형성 역시 암묵기억의 형성과 비슷할까? 우선 우리의 뇌 속 깊숙한 곳에 자리 잡고 있는 해마Hippocampus라고 이름 붙여진, 바다에 사는 해마를 닮은 특별한 뇌조직에 대해 살펴보자.

해마 이야기

윌리엄 스코빌William Scoville 박사와 브렌다 밀너Brenda Milner 박사가 들려준 헨리 몰레이슨Henry Molaison(H.M.)이라는 환자의 이야기는 단기기억과 장기기억, 외현기억에 대해 많은 것을 알려준다. 헨리는 어린 시절 자전거 사고로 뇌를 다친 후 심한 뇌전증(간질) 발작 증세를 보였다. 스코빌 박사는 헨리의 간질을 치료하기 위하여 양쪽 측두엽의 안쪽 표면과 측두엽 깊숙이 자리하고 있는 해마를 제거하였다. 수술은 성공적이었고 헨리의 발작은 줄어들었다. 그러나 헨리는 심각한 기억상실에 빠졌고, 이는 끝내 회복되지 않았다. 브렌다 밀너 박사는 헨리의 수술이 이루어진 1953년부터 30년간 헨리를 관찰하였으며, 헨리의 기억 능력에 대한 일련의 상세한 내용을 보고하였다. 헨리는 여전히 완벽한 단기기억의 능력을 보유하고 있었고, 수술을 받기 전에 일어난 사건들을 완벽하게 기억하는 장기기억을 가지고 있었다. 그러나 헨리는 새로운 단기기억을 새로운 장기기억으로 변화하는 능력이 심각하게 손상되었다. 이 능력이 없기 때문에 그는 주의를 딴 데로 돌리고 1~2분이 지나면 좀 전의 사건을 기억할 수 없었다. 식사한 후에 조금만 지나면 자신이 무엇을 먹었는지, 심지어 식사한 사실도 기억하지 못했다. 웨어링 씨와 마찬가지로 사람을 만날 때마다 새롭게 인사를 했으며, 최근에 찍은 사진 속의 자신을 알아보지 못했다. 밀너 박사가 보고한 헨리의 사례는 장기기억에 대한 몇 가지 중요한 사실을 알려주었는데, 가장 주목할 점은 해마에 의해 단기기억이 장기기억으로 변환된다는 점이다. 기억에 필요한 다양한 감각 정보들은 해마로 수렴되어 장기기억으로 변환된 다음, 대뇌피질의 각 영역에 저장된다. 장기기억은 처음 정보를 처리한 장소에 저장되는데, 시각 이미지의 기억은 시각피질에 저장되고, 촉감 경험은 체감각피질에 저장되는 방식이다.

그렇다면 해마는 어떤 방식으로 단기기억을 장기기억으로 변환하는 것일까? 해마에서 단기기억이 장기기억으로 변환되어 저장되는 과정은 '공간기억 형성에 관한 장기강화 연구'로 밝혀졌다. 1973년 티모시 블리스Timothy Bliss 박사와 테르제 뢰모Terje Lømo 박사는 해마에 몇 번의 연속적인 전기 자극을 강하게 주면, 신경세포의 활성이 몇 시간 혹은 며칠 동안 계속되는 장기강화Long-term Potentiation, LTP 현상이 존재한다는 사실을 발견하였다. 생쥐를 이용한 실험에서 장기강화를 억제할 경우 공간기억이 형성되지 않으며, 장기강화를 촉진할 경우 공간기억 능력이 향상된다는 사실이 밝혀졌다.* 또한, 장기강화에 의해 새로운 시냅스가 형성되며, 새로운 시냅스가 형성될 때 암묵기억과 같이 단백질인산화효소 A-CREB1-C/EBP에 의한 새로운 유전자 발현이 필요하다는 사실도 규명되었다.

기억을 향상시키는 방법

지금까지 우리는 군소의 반사기억, 무의식적으로 일어나는 암묵기억, 그리고 외현기억의 한 종류인 위치에 대한 기억이 일어나는 메커니즘에 대해 살펴보았다. 이들 모두에게서 나타나는 한 가지 공통점은 반복적인 연습에 의해 기억이 강화된다는 점이다. 또 다른 중요한 점은 정보가 서로 연관되어 있을수록 더욱 강하게 기억된다는 사실이다. 따라서 공감각적으로 정보를 처리하거나, 새로운 정보를 기존에 알고 있는 정보와 연관시키는 입체적인 노력이 기억력을 향상시키는 왕도인 셈이다. 장기기억이 생성되기 위해서는 새로운 시냅스가 생성되어야 한다는 사실은 기억 능력이 선천적으로 결정되어 있지 않고, 새로운 정보를 반복적으로 그리고 주의 깊게 받아들임으로써 뇌가 새롭게 만들어진다는 것을 의미한다. 이제 더 이상 "나는 원래부터 머리가 나빠서 공부를 못해"라는 변명은 통하지 않을 것 같지 않은가!

한편, 낮 동안에 일어난 일들은 밤에 잠을 자는 사이에 재생된다는 사실이 최근의 연구에 의해 보고되었다. 낮에 테트리스 게임을 할 때 생성된 뇌파가 밤에 잠을 자는 사이에 아주 빠른 속도로 재생되고, 이 과정을 통해 학습이 반복되고 기억이 형성된다는 것이다(그림 4). 새로운 시냅스

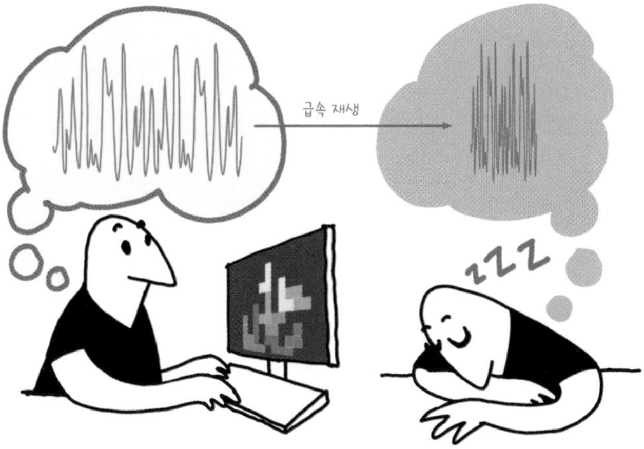

그림 4. 밤에 자는 동안 일어나는 재학습과 기억 형성

밤에 잠을 자는 동안 낮에 일어났던 일이 압축된 형태로 재생되고 학습된다. 밤에 잠을 잘 때 발생하는 뇌파를 기계 팔에 연결하면 낮에 했던 테트리스 게임의 블록 배치 결정 패턴이 그대로 반복된다.

를 형성하기 위한 단백질 합성도 밤에 자는 동안 진행된다고 한다. 이래저래 기억을 향상시키기 위해서는 반드시 잠을 자야 한다는 사실이 분명해 보인다. 밤샘 공부는 벼락치기 시험을 위해서는 효과적일지 모르나, 장기간에 걸쳐서 보면 괜한 헛고생만 하는 셈이다.

노벨 과학상에 대한
개인적인 생각

상은 받으면 좋고 영광스럽지만, 판단의 절대적 기준은 아니다. 노벨 과학상을 받지 못했기 때문에 우리의 과학 기술이 뒤떨어진다는 생각은 지나친 자기비하이다. 노벨상은 추천된 사람을 대상으로 심사하여 선정한다. 당연히 추천인은 이미 노벨상을 받은 사람, 혹은 추천할 수 있는 자리를 이미 차지하고 있는 사람 등 기득권을 가지고 있는 사람이 대부분일 것이다. 출발점부터 다른 위치에 서 있을 수 있고, 우리는 끄트머리쯤에 서 있는지도 모른다. 그리고 수백 가지 중에서 하나를 선택할 때는 필연적으로 운과 정치력이 큰 힘을 발휘할 것이다.

그러나 이러한 사실들이 위안이 되지는 못한다. 우리의 경제 규모나 과학 기술의 역사를 고려하면 지금쯤은 과학 분야에서 노벨상 수상자가 나와야 할 때다. 이를 두고 논란이 한창이다. 해마다 노벨상 수상자를 발표하는 10월 말이 되면 '우리나라에서는 왜 노벨 과학상 수상자를 배출하지 못하는가?'에 대한 이야기로 온 나라가 시끄럽다. 전문가를 자처하는 사람들이 나와 제각각 목소리를 높인다. 그중에서 가장 큰 목소리는 창의성을 기르지 못하는 우리의 과학교육에 대한 성토이다. 우리나라 학생들은 어릴 때는 총명하고 창의력도 뛰어난데 학교에서의 암기식 교육 때문에 창의성이 사라졌다는 것이다. 그런 소릴 들을 때마다 그러려니 하고 무심코 넘어가지만, 곰곰이 생각해보면 '정말 그럴까?' 하는 의문도 생긴다. 창의력이라고 하는 것은 기억하고 있는 사실들을 연관 지어서 새로운 사실을 유추하는 것이 아닌가! 사물과 현상에 대한 설명을 암기하지 못한 상태에서 창의적인 생각이 생겨날 수 있을까? 이해하지 못한 상태에서 그 많은 것을 암기하는 것이 가능하기는 할까? 이해한 것을 기억하지 못한다는 것은 무슨 의미일까? 설마 선생님들이 총명하고 창의력이 뛰어난 학생들을 바보로 만들기 위해 노력하고 있다는 것일까? 도통 이해하기 힘든 이야기들이다. 학창 시절 수학 선생님께서는 수학도 암기 과목이라고 말씀하셨다. 풀리지 않는 문제를 암기하고 있으면 언젠가는 그 문제와 관련된 정보를 접하게 될 때 '아하!' 하고 그 문제를 풀 수 있다는 것이었다. 국어 선생님께서는 모르는 내용도 암기할 정도로 열심히 읽다 보면 저절로 이해할 수 있다는 독서백편의자현讀書百篇義自見을 강조하셨다. 이해는 암기를 위해 꼭 필요한 과정이고, 암기는 이해의 완성이다.

우리나라 학생들의 창의력이 정말로 부족한지에 대해서는 여전히 의문이지만, 창의력 부족에 대한 모든 책임을 암기에 떠넘기는 것은 도리가 아닐 듯싶다. 인간의 창의력은 진화 과정에서 획득한 것이며, 그 덕분에 현재의 인간은 자연계에서 군림하는 위상을 차지하게 되었다. 당연히 창의력은 특별한 개인에게서만 나타나는 것이 아니다. 대부분의 인간은 매순간 창의력을 발휘하면서 살아간다. 노벨상과 관련하여 가장 큰 문제는 우리나라에서는 창의력이 과학적 성과물로 표출되지 않는다는 점이다. 이에 대해서는 의심스러운 것이 있는데, 그것은 바로 평가이다. 우리의 학력 평가제도는 기본적으로 서열을 정하는 것을 목표로 한다. 서열을 정하기 위해서는 점수가 필요하다. 그리고 점수가 공정하기 위해서는 오해의 소지가 없는, 답이 뻔한 질문을 할 수밖에 없다. 창의력은 남이 생각하지 않은 것을 새롭게 유추하는 능력인데, 어떻게 답이 정해진 문제로 평가할 수 있겠는가! 우리의 학력 평가제도는 처음부터 창의력이 풍부한 학생을 선발하는 것을 목표로 하지 않는다. 이는 우리의 평가제도에서 높은 점수를 받은 학생이 계획성, 성실성, 인내력 등 인생을 살아가는 데 필요한 많은 면에서 우수한 것이 사실이지만, 창의력은 제대로 평가받지 않는다는 말이다. 교육의 가장 중요한 목적이 창의력 향상이 될 필요는 없지만, 공정하게 창의력을 평가하는 방식을 도입한다면, 틀림없이 많은 학생이 호기심을 가지고 사물을 이리저리 다양하게 바라보게 될 것이다.

노벨 과학상을 수상하지 못하는 모든 책임을 창의력 부족에만 떠넘기는 것 역시 도리가 아니다. 몇 가지 문제점을 제시해보자면, 첫 번째는 과학적 무지에 대한 사회의 지나친 관대함이다. 만약, 서양의 고대철학을 완성한 플라톤이나 아리스토텔레스를 모르거나, 르네상스를 이끈 다빈치나 미켈란젤로를 모르거나, 미국의 독립을 이끈 조지 워싱턴을 모르거나, 귀가 들리지 않아도 위대한 교향곡을 만든 베토벤과 음악의 신동 모차르트를 모르거나, 인간 군상의 다양한 이야기를 적나라하게 묘사한 톨스토이나 도스토옙스키를 모른다고 한다면, "도대체 뭘 배웠니? 이것 참 큰일인걸!" 같은 감당할 수 없는 비난을 받을 것이 뻔하다. 좀 더 양보해서 달러를 발행하는 미국의 연방준비제도가 사실은 국가기관이 아니라 민간은행 연합체라는 것을 모르거나, 에드먼드 버크가 쓴 『프랑스 혁명에 관한 고찰』이 보수의 원조라는 사실을 모르거나, '아르놀피니 부부의 초상'으로 유명한 얀 반 에이크가 유화 물감을 개발했다는 것을 모른다고 해도 "아무리 이과생이라도 그 정도 상식은 있어야지!"라는 핀잔과 함께 대학생으로서의 교양을 의심받을지 모른다. 그러나 DNA가 유전자인 건 알겠는데 유전자가 만드는 최종 결과물은 뭔지 모른다고 하면 "에이, 전공자도 아닌데 모를 수도 있지. 그 정도 아는 것도 대단한 거야!"라는 관대한 처분을 받는다. 과학에도, 아무리 전공자가 아니라도 반드시 알아야 할 상식이 있다. DNA가 mRNA를 만들고 mRNA가 단백질을 만든다는 사실은 반드시 알아야 할 상식 중의 하나라고 생각한다. 설령 mRNA는 모른다고 할지라도, DNA는 유전정보이며 이 정보가 만드는 최종 결과물은 단백질이라는 사실 정도는 반드시 알아야 하지 않을까? 더군다나 이 일은 내 몸에서 매 순간 일어나는 현상이 아닌가! 저변이 확대되어야 좋은 성적을 내고 상도 받는다는 것은 비단 월드컵 축구만이 아니다. 노벨 과학상도 마찬가지다.

두 번째는 노벨 과학상이 꼭 창의력을 가지고 새로운 사실을 발견해야만 주어지는 것이 아니라는 점이다. 노벨 생리의학상 수상자인 시드니 브레너 교수는 "과학의 발달은 대체로 새로운 기술, 새로운 발견, 새로운 아이디어의 순서대로 진행된다"고 주장했다. 이는 창의적인 아이디어만을 강조하는 국내 전문가의 분석과는 상당한 차이가 있다. 사실 노벨 과학상은 새로운 사실의 발견과 더불어 검증과 적용의 단계를 거쳐야만 주어지는 경우가 대부분인데, 이 과정에서도 새로운 기술의 개발은 필수적이다. 기술의 중요성은 아무리 강조해도 지나치지 않을 만큼 중요하다. 적은 양의 DNA를 기하급수적으로 증폭하는 중합효소연쇄반응 기술이 개발되지 않았다면, 사건 현장에 떨어진 머리카락의 유전자를 감식해 범인을 찾아내고, 오래된 뼛조각으로 인류의 조상을 찾아내는 학문은 애초에 생각하지도 못했을 것이다. 또한, DNA 염기서열분석법DNA sequencing이 개발되지 않았다면 유전자의 정체를 규명하지 못했을 것이고, 인간의 유전체를 분석한 빅데이터를 이용하여 각종 질병을 예측, 예방, 치료하는 새로운 건강 관리Health care 분야는 생겨나지 않았을 것이다. 중합효소연쇄반응 기술과 DNA 염기서열분석법이 노벨 과학상을 받은 것은 당연한 일이다. 기술 개발의 공로로 노벨상을 받은 사례는 신경세포를 염색하는 골지염색 기술 개발과 신경생물학의 비약적인 발전, 심전도를 측정하는 현 검류계galvanometer 개발과 심장병의 진단, X-선 조사에 의한 돌연변이 유발 기술과 수많은 유전자의 발견, 바이러스 배양법 개발과 전염병 예방, 컴퓨터단층촬영술Computed tomography, CT 및 자기공명영상Magnetic resonance imaging, MRI 장치 개발과 의학의 획기적 발전 등 이루 헤아릴 수 없을 정도로 많다. 노벨 과학상을 받기 원한다면 순수과학 연구에 투자를 집중해야 한다는 말만 매번 되풀이할 것이 아니라, 기술 개발과 응용 분야에도 제대로 된 투자를 해야 할 것이라 믿는다. 최근에 이르러 응용되지 않은 기초과학 내용이 노벨상을 받은 경우는 한 번도 본 적이 없다.

1장 진, 마침내 태어나다: 체외수정 시술의 개발

14쪽 소립자들 물질을 쪼개고 또 쪼개면 마지막에 남는 물질은 무엇일까? 이 의문은 일찍이 고대 그리스 시대로부터 유래되었으며, 데모크리토스는 더 이상 쪼개지지 않는 물질을 원자Atom라 명명하였다. 그러나 19세기에 이르러서야 비로소 분자와 원자 그리고 전자의 존재가 밝혀졌다. 20세기 초반에는 원자는 전자와 원자핵으로 구성되어 있으며, 원자핵은 다시 양성자와 중성자로 구성되었다는 사실이 밝혀졌다. 20세기 전반기에는 전자, 양성자, 중성자가 물질의 최소 단위인 소립자로 알려졌는데, 이후 양성자와 중성자는 다시 쿼크로 구성되어 있음이 밝혀졌다. 현재는 6종의 쿼크와 6종의 렙톤이 물질을 구성하는 소립자로 알려져 있다. 6종의 쿼크에는 업, 다운, 참, 스트레인지, 톱, 보텀 등이 있으며, 6종의 렙톤에는 전자, 전자 중성미자, 뮤온, 뮤 중성미자, 타우온, 타우 중성미자 등이 있다.

15쪽 초신성 폭발 초신성 폭발 때의 밝기는 태양의 100억 배에 달하기도 하는데, 이 때문에 우리는 우주 먼 곳에서 발생한 초신성 폭발을 관찰할 수 있다.

16쪽 이를 유기(화합)물이라고 한다 생명체는 organism(유기체), 탄소 화합물은 organic

compound(유기 화합물)라고 한다. 원인과 결과를 바로 쓰려면 탄소 화합물을 carbonic compound, 생명체는 carbonism이라고 해야 하지 않을까?

19쪽 정관이 막히거나 남성 불임 수술의 대부분을 차지하는 정관 수술은 정관을 묶어 정자가 밖으로 배출되지 못하도록 하는 것이다. 나중에 묶은 정관을 다시 풀어서 임신할 수 있게 할 수도 있다.

20쪽 패트릭 스텝토 박사는 안타깝게도 노벨상을 받지 못했다 패트릭 스텝토 박사 외에도 힐데 만골트Hilde Mangold 박사, 로절린드 프랭클린Rosalind Franklin 박사 등 사망하지 않았으면 노벨상을 받았을 수도 있는 사람들이 꽤 많다. 그러나 미국의 랠프 스타인먼Ralph Steinman 교수처럼 예외적인 경우도 있다. 그는 수지상세포의 면역 기능을 규명한 공로로 프랑스의 쥘 호프만Jules Hoffmann 박사, 미국의 브루스 보이틀러Bruce Beutler 박사와 함께 2011년 노벨상의 생리의학상 부문의 공동 수상자로 선정되었으나, 수상자를 발표하기 사흘 전에 췌장암으로 사망하였다. 그러나 노벨상위원회는 그의 사망 사실을 모른 채 선정한 것이므로 수상이 유효하다고 확정하였다.

23쪽 I.U. International Unit: 호르몬 등과 같은 활성 물질의 활성을 국제적으로 통일하여 지칭할 때에 쓰는 단위로써, 30℃에서 1분간 1μmol의 기질을 생성물로 바꾸는 효소 활성을 1I.U.로 정의한다.

23쪽 난포에 바늘을 찔러 진공흡입법으로 난자를 채취한다 최초의 난자채취법은 복강경을 이용하였으나, 최근에는 질식 초음파를 이용한다.

24쪽 여러 개의 정자가 난자와 수정된 '다수정'인지 아닌지를 판단한다 수정에 관해 가장 많이 연구된 성게의 난자는 다수정Polyspermy을 방지하기 위한 2단계의 방어 기전을 가지고 있다. 첫 번째 단계로는 가장 먼저 도착한 정자가 젤리 층을 뚫고 난자의 세포막에 도착하면, 도착 지점으로부터 Ca^{2+}의 농도가 높아지는 파동이 일어나면서 세포막의 막전위가 변화하여 다른 정자가 결합하지 못하도록 한다. 두 번째 단계로는 세포막 아래에 존재하는 소포에서 분비되는 물질들에 의해 세포막이 딱딱하게 변하여 붙어 있는 정자들을 모두 떨어뜨리는 수정막이 형성된다. 한편, 포유류의 난자는 정자와의 결합에 중요한 역할을 하는 투명대 단백질Zona protein, ZP이 첫 번째 정자와의 수정 후에 파괴되어 다른 정자들이 수정하지 못하도록 한다.

28쪽 세상을 인식하고 설명하기에는 턱없이 부족해 보인다 언어철학의 선구자인 루트비히 비트겐슈타인Ludwig Wittgenstein 역시 세상은 우리가 인식할 수 있는 영역과 인식할 수 없는 영역으로 나뉘며, 우리가 인식할 수 없는 영역에 집착하여 사유하는 것이 철학을 망친다고 극단적으로 말하였다. 인식론을 중시하는 철학에서는 인식의 주체인 인간만이 주요한 관심 대상임이 분명하다.

2장 단백질을 만드는 정보: 유전자

34쪽 그러나 '장미꽃을 왜 /jamgmi/라고 부르는가?'와 같이 우둔해 보이는 물음 정신건강의학과 의사인 이근후의 『까치야 까치야』라는 책에는 다양한 정신 병력에 관한 이야기들이 소개되어 있는데, 그중에는 어떤 아이가 아버지를 아버지라고 부르는 이유를 알 수 없어서 아버지 대신 '개새끼'라고 불러서 병원에 오게 된 사례가 있다. 물론 이 아이에게 아버지는 아버지라 부르든 개새끼라 부르든 아무런 차이가 없다. 한마디로 말하면 아이는 억울한 것이다. 아버지도 아들에게 이런 호칭을 들었으니 억울하기는 마찬가지이다. 『까치야 까치야』에서는 사물이 본래 가지고 있는 기존 가치에 관한 이야기가 나와 있는데, 아마도 시니피앙은 사회적 합의에 따른 것이니까, 그 자체로 기존 가치가 됨을 작자가 의도한 것으로 생각한다.

40쪽 DNA가 유전물질이라는 사실이 밝혀지자 DNA가 유전물질이라는 사실은 1928년 프레드 그리피스Fred Griffith의 실험, 1944년 오스월드 에이버리Oswald Avery의 실험, 그리고 1952년 앨프리드 허시Alfred Hershey와 마사 체이스Martha Chase의 실험 등에 의해 밝혀졌다.

40쪽 왓슨과 크릭 그리고 모리스 윌킨스Maurice Wilkins는 DNA의 구조를 발견한 공로를 인정받아 1962년 노벨상을 받았다 DNA X-선 사진 실험은 모리스 윌킨스와 로절린드 프랭클린Rosalind Franklin이 수행하였다. 프랭클린은 1958년 38세의 젊은 나이에 난소암으로 사망하여 노벨상 수상의 영예를 누리지 못하였다. 만약 프랭클린이 사망하지 않았더라면, 노벨상 수상자 선정을 둘러싼 논쟁은 훨씬 복잡해졌을 수도 있으며, 어쩌면 X-선 사진 제작 공로로 노벨상을 받은 윌킨스는 노벨상을 받지 못했을지도 모를 일이다.

46쪽 RNA 중합효소가 각 유전자의 프로모터Promoter에 결합하여 mRNA의 합성을 시작하는 일이다 아서 콘버그Arthur Kornberg 박사는 DNA를 주형으로 DNA를 합성하는 DNA 중합효소DNA polymerase를 발견하였고, 세베로 오초아Severo Ochoa 박사는 DNA를 주형으로 RNA를 합성하는 RNA 중합효소RNA polymerase를 발견하였다. 이들의 발견으로 DNA와 RNA를 세포 밖에서 인위적으로 합성하는 것이 가능해졌다. 콘버그 박사와 오초아 박사는 1959년 노벨상을 받았다.

53쪽 암 발생 억제 유전자 Tumor suppressor gene: p53, pRB, p16INK4A 등 다수가 있으며, 대부분 세포 주기를 억제하여 세포분열을 억제한다. 이들 유전자의 돌연변이는 대부분 암을 유발한다.

53쪽 BRCA 유전자 BRCA는 Brest Cancer의 약어. BRCA1, BRCA2, 두 종류가 있다. 원래의 기능은 손상된 DNA를 수선하는 것인데, BRCA 유전자의 돌연변이에 의해 DNA를 수선하지 못할 경우, 유방암의 발생 빈도가 높다.

3장 외로움과의 끝없는 싸움: 세포분열

63쪽 단세포들은 다른 세포와 합치기도 하고 동물 세포에 존재하는 미토콘드리아나 식물세포에 존재하는 엽록체는 다른 세포에 합쳐져서 살아가는 대표적인 예이다.

63쪽 성인이 된 인간은 대략 60조 개의 세포로 이루어져 있는데 사람의 조직 1g에 대략 10억 개의 세포가 존재한다. 따라서 사람의 몸무게를 60kg이라고 했을 때 대략 60조 개의 세포가 있다는 의미이다.

70쪽 cdc2 유전자로부터 만들어진 단백질 일반적으로 유전자와 이로부터 만들어진 단백질의 이름은 같다. 그러나 문맥상 유전자와 단백질을 구분해야 할 필요가 있는데, 이를 위하여 유전자는 소문자(이탤릭체)로, 단백질은 대문자로 쓴다. 즉, *cdc2*는 유전자를 나타내고 CDC2는 cdc2 유전자로부터 만들어진 단백질을 나타낸다. 그러나 이 책에서는 의미의 전달이 가능하면 꼭 이 규칙에 따르지는 않았다.

70쪽 다른 단백질을 인산화시키는 효소 단백질을 인산화시키는 인산화효소Kinase는 대부분 신호전달을 통해 명령을 내리는 역할을 한다. 인산화효소에 의해 명령을 받은 단백질들은 활성화되어 본래의 임무를 수행하게 된다. 이와 반대로 단백질에서 인산기를 제거하여 임무를 종료시키는 효소도 있는데, 이를 탈인산화효소Phosphatase라 한다.

4장 영원한 반복: 일주기리듬(생체리듬)

79쪽 혼절시키기에 충분하였다 분만의 순간을 누가 결정하는지는 정확하지 않다. 하나의 가설은 아기가 먼저 글루코코르티코이드Glucocorticoid 호르몬을 분비하면 엄마가 이에 대응하여 옥시토신을 분비하여 자궁을 수축시키는 것이다. 초산인 경우 진통은 12시간 정도로 긴 편인데, 실제로 자궁경부가 열리는 진진통眞陣痛은 4~5분 간격으로 1분 정도 아픈 것을 말한다. 자궁경부가 열리는 속도가 느린 경우 분만촉진제를 주사하는데, 이 경우에는 진통의 간격이 2분으로 줄어들어 산모를 더욱 힘들게 한다. 아기가 빠져 나올 수 있는 자궁경부의 굵기는 10cm 내외이므로 실제로 분만의 고통은 뼈를 다시 짜 맞추는 고통인 셈이다. 산후조리를 중요시하는 우리의 문화는 산모에 대한 최소한의 예의이지 절대 호들갑이 아니다.

79쪽 낯설고 우울한 감정은 주체할 수 없었다 산후 우울증은 출산으로 인한 호르몬의 불균형이 주요 원인으로 알려져 있으나, 최근에는 수면 장애 및 일주기리듬 교란이 큰 역할을 한다는 사실이 밝혀지고 있다.

82쪽 변화가 반복적으로 일어나기 때문이다 진화론의 적응은 무작위로 일어나서 다음 세대로 전달되는 것을 의미한다. 따라서 진화론자들은 이 말에 반대할지도 모른다. 그러나 이 문장에서는 한 세대 내에서 일어나는 적응을 의미한다.

82쪽 누구도 어제로 되돌아가지 못한다 아인슈타인의 상대성 이론에 의하면 빛보다 빠른 속도로 달리면 과거로 갈 수 있다. 하지만 빛보다 빠른 속도로 달리는 방법은 아직 발견된 적이 없다.

82쪽 다시 만나는 해돋이만이 아니다 지구가 자전하는 이유는 지구의 탄생과 관련이 깊다. 지구가 만들어질 때 우주의 가스와 성간 물질이 회전하면서 뭉쳐졌는데, 완전히 뭉쳐진 후에도 관성의 법칙에 따라 계속 회전한다는 설이 가장 유력하다. 지구의 자전 속도는 달의 인력으로 인한 바닷물의 쏠림 때문에 생긴 마찰력으로 1000년에 0.01초씩 느려진다는 이야기도 있다.

92쪽 시신경교차상핵Suprachiasmatic nucleus, SCN 뇌의 시상하부에 존재하는 신경핵. 신경핵은 비슷한 기능을 하는 신경세포의 세포체가 모여 있는 곳을 말한다. 따라서 시신경교차상핵은 시신경이 교차하는 곳 위에 모여 있는 신경세포체의 모임을 의미한다. 시신경교차상핵은 일주기리듬 조절에 관여하는 신경핵이다.

5장 신인류의 탄생: 유전자 바꿔치기

100쪽 더욱 완벽한 셈이다 왕좌의 게임에 나오는 라니스터 가문은 금발과 초록색 눈이 특징이다. 그러나 티리온 라니스터의 눈은 한쪽은 초록색이고 한쪽은 검은색인 '오드아이'이다.

101쪽 상동재조합Homologous recombination 방법인데 우리 몸의 세포는 부모에게서 각각 물려받은 2개의 염색체를 가지고 있다. 부모에게서 물려받은 같은 염색체 쌍을 상동염색체라고 하며, 상동염색체에 있는 같은 유전자를 대립유전자라고 한다. 대립유전자는 같은 DNA 염기서열을 가지고 있다. 상동재조합을 이용한 DNA 수선은 일반적으로 딸세포를 만들기 위한 세포분열 S기(DNA 합성기)의 DNA 절단을 수선하는 방법이다. 이때는 대립유전자가 바로 옆에 붙어 있기 때문이다.

103쪽 엑손Exon 단백질을 만드는 DNA 염기서열은 유전자상에 띄엄띄엄 흩어져 있는데,

단백질 합성 정보를 가진 염기서열을 엑손Exon이라 하고, 단백질 합성 정보를 갖지 않는 부위를 인트론Intron이라고 한다. 유전자마다 엑손과 인트론의 개수는 천차만별이다. 흩어져 있는 엑손이 다양한 조합으로 재구성되는 것을 스플라이싱Splicing이라고 하는데, 스플라이싱에 의해 하나의 유전자에서 다양한 단백질을 만들 수 있다.

108쪽 녹아웃 생쥐의 표현형 표현형Phenotype은 유전자 제거에 의해 단백질이 만들어지지 않거나 비정상적인 단백질이 만들어질 때 나타나는 형질을 말한다. 예를 들어 소닉헤지혹Shh 유전자를 제거하면 발생 초기에 대뇌가 분리되지 않아 눈이 하나뿐인 외눈박이가 생기는데, 이때 외눈박이를 소닉헤지혹 녹아웃 생쥐의 표현형이라고 한다. 이에 상대되는 말을 유전자형Genotype이라고 하는데, 이는 유전자에 돌연변이가 생긴 것을 말한다. 유전자형에 돌연변이가 일어나더라도 표현형이 나타나지 않는 경우도 존재한다.

112쪽 DNA 결합 영역 아연손가락 전사인자Zinc finger transcription factor에서 아연과 결합하고 DNA에도 결합하는 영역을 아연손가락 영역Zinc finger domain이라고 한다.

115쪽 NGG NGG의 N은 4개의 뉴클레오타이드 모두를 나타낸다. 따라서 NGG는 AGG, TGG, CGG, GGG 모두를 의미한다. 캐스9 유전자가위가 인식하는 NGG를 PAM Protospacer adjacent motif 염기서열이라고 한다.

115쪽 대립유전자 DNA HDR Homology directed recombination 염기서열은 크리스퍼 유전자가위를 이용한 상동재조합에 사용되는 외부 DNA인데, 유전자 제거 생쥐에 사용되는 타겟팅벡터와 같은 용도로 사용되는 DNA 조각이다.

6장 늙은 세포를 젊은 세포로 만드는 마법의 물질: 역분화 인자의 발견

126쪽 배아줄기세포Embryonic stem cell, ES cell 수정란에서 발생한 포배기는 내세포집단Inner cell mass, ICM과 영양외배엽Trophectoderm 세포로 구성되어 있다. 영양외배엽은 태반으로 발생하고, 내세포집단은 배아로 발생한다. 내세포집단을 체외에서 배양하면 그중 일부는 신체를 이루는 모든 세포로 분화할 수 있는 능력을 가진 만능줄기세포가 되는데, 이를 배아줄기세포라 한다.

7장 소통: G단백질결합수용체

140쪽 인류는 어쩔 수 없이 농경을 시작하게 되었을 것이다 농경을 시작할 무렵 인구는 대략 500~1500만 명으로 추측된다. 『슬픈 열대』의 저자로 유명한 인류학자 클로드 레비-스트로스Claude Levi-Strauss에 의하면 한 명의 수렵채취인이 살아가는 데 필요한 땅의 면적은 10㎢ 정도라 한다. 이를 근거로 계산하면, 농경을 시작할 무렵 모든 수렵채취인이 살아가는 데 필요한 땅의 면적은 대략 5000만~1억 5000만 ㎢이다. 한편, 지구의 표면적은 대략 5억 1000만 ㎢이고, 육지의 면적은 1억 5000만 ㎢이다. 당시 수렵채취인은 이미 지구 육지의 75%에 퍼져 있었으므로 그들이 살고 있었던 땅은 1억 1000만 ㎢이다. 농업을 시작할 무렵, 인구 증가로 인해 수렵채취로 살아가는 것은 위기에 봉착했음이 틀림없다.

147쪽 ATP ATP는 세포 안에서 다양하게 사용되는데, 얼핏 헤아려봐도 에너지의 원천, DNA의 구성 분자, 세포 내 신호전달물질 등 어느 하나도 없어서는 안 될 중요한 기능들이다. 성인의 경우 하루 필요한 에너지양은 2400Kcal 정도이다. ATP 1㏖에서 12Kcal의 에너지가 생성되므로 대충 하루에 200㏖의 ATP가 필요한데, 이는 1.2×10^{26}개에 해당하는 엄청난 개수이다. 인간이 가진 세포의 수를 60조 개로 어림잡아도 하나의 세포가 하루에 처리하는 ATP의 양은 2조 개에 해당한다. ATP는 세상사의 돈처럼 세포 안에서 온갖 일에 사용되는 것이 분명하다.

148쪽 kDa kDaKilodalton : 돌턴Dalton은 질량수를 나타내는 단위로, 수소 원자 1개의 무게를 1돌턴으로 정의한다. 단백질은 아미노산들이 모인 것이고, 아미노산은 산소, 질소, 탄소, 수소 등의 원자가 모인 것이기 때문에 단백질의 크기는 돌턴으로 표시한다. 32kDa은 32000돌턴으로 수소 원자 32000개의 무게에 해당한다는 뜻이다. 낮은 농도로 살짝 굳힌 전기적으로 음성을 띠는 아크릴아마이드에 단백질을 넣고 전기를 흘려주면 전하량의 크기에 따라 단백질이 이동한다. 이때 크기가 작은 단백질은 빠르게 이동하고 큰 단백질은 느리게 이동하기 때문에 단백질을 크기별로 분리할 수 있다.

157쪽 미스센스 돌연변이Missense mutation 염기서열 한 개에 돌연변이가 일어나는 점 돌연변이Point mutation에는 3가지 종류가 있다. 점 돌연변이에 의해 한 개의 아미노산이 다른 아미노산으로 바뀌는 경우를 미스센스 돌연변이Missense mutation라 하고, 점 돌연변이에 의해 아미노산을 지정하는 코돈이 정지 코돈으로 바뀌어 단백질 합성이 멈추는 것을 난센스 돌연변이Nonsense mutation라고 한다. 그러나 점 돌연변이가 일어나도 아미노산이 바뀌지 않아 단백질에는 영향이 없는 경우도 있는데, 이를 침묵 돌연변이Silence mutation라고 한다.

8장 노화, 암, 줄기세포: 텔로미어

164쪽 텔로미어Telomere 그리스어로 '끝'을 의미하는 'Telos'와 '부위'를 의미하는 'Meros'의 합성어.

166쪽 DNA 염기서열을 확인하는 방법 DNA sequencing : DNA 염기서열의 순서를 알아내는 방법. 인간 게놈 프로젝트를 가능하게 만든 실험 방법으로 이를 통해 인간 유전체의 비밀이 밝혀졌다. 현재에는 NGSNext generation sequencing를 통해 인간의 30억 개에 달하는 염기서열을 일주일 만에 읽을 수 있다.

166쪽 rDNA rDNA는 ribosomal RNA를 만드는 정보를 가진 DNA를 말한다. 전사를 담당하는 리보솜은 단백질과 rRNA가 합쳐진 것이다. rRNA는 크기에 따라 다양하게 존재한다. RNA에는 단백질을 만드는 정보를 가진 mRNAmessenger RNA(전령 RNA), 단백질 합성시 아미노산을 운반하는 tRNAtransfer RNA(운반 RNA) 그리고 리보솜의 구성성분인 rRNAribosomal RNA(리보솜 RNA) 등이 있다.

169쪽 역전사효소Reverse Transcriptase 중심원리에 의하면 DNA를 주형으로 RNA가 만들어지고, RNA로부터 단백질이 만들어진다. 그러나 실제로는 RNA를 주형으로 DNA가 만들어지기도 하는데, RNA를 주형으로 DNA를 만드는 효소를 역전사효소라 한다. 텔로머레이스는 RNA 조각을 주형으로 텔로미어를 만드는 역전사효소이다. 역전사효소는 데이비드 볼티모어David Baltimore, 하워드 테민Howard Temin, 레나토 둘베코Renato Dulbecco 등이 RNA 바이러스로부터 DNA가 만들어지는 과정을 밝히면서 알려졌다. 그들은 역전사효소를 발견한 공로로 1975년 노벨상을 받았다.

9장 세포의 합리적 선택: 자살(아포토시스)

181쪽 '아포토시스' 희랍어인 'apoptosis'는 꽃잎이나 나뭇잎이 떨어지는 것을 의미한다. 저자들은 강세를 앞에 두고, 두 번째 p는 묵음되어 /apotousis/로 발음할 것을 제안하였다.

187쪽 EMS 무작위 점 돌연변이 실험을 실시하였다 세포자살 유전자를 찾는 EMS를 이용한 무작위 점 돌연변이 실험의 교신저자는 존 설스턴 교수가 아니라 에드워드 헤지콕 교수이다. 인문과학 논문과 달리 생명과학 논문에는 많은 저자가 등장하는데, 이는 생명과학 논문의 특성 때문이다. 인문과학은 독창적인 생각 자체가 가치를 가지기 때문에 한 사람이 논문을 완성하는 것이 일반적이다. 그러나 생명과학은 독창적인 생각이 가설을 통해 실험으로 검증되어야 가치를 인정받기 때문에 한 논문에는 아이디어를 내고 가설을 세운 사람, 실제로 실험을 한 사람, 논문을 작성한 사람, 실험에 필요한 재료와 자금을 책임지는 사람 등 여러 명의 저자가 등장한다. 일반적으로 중요한 아이디어를 제공하거나 실험을 한 사람의 이름을 논문 저자란의 첫머리에 적고, 논문의 작성 및 연구에 관한 모든 책임을 지는 교신저자의 이름을 마지막에 적는다. 그 외 논문의 완성에 기여한 사람들의 이름은 중간을 차지한다. 논문의 제1저자와 교신저자를 주저자로 높게 평가하는데, 제1저자는 학생 또는 연구원, 마지막 저자는 지도교수인 경우가 많다.

191쪽 APAF-1 Apoptotic Protease Activating Factor-1: 굳이 풀어서 번역하면 '세포자살을 유도하는 단백질분해효소 활성화 인자'라 할 수 있다.

191쪽 캐스페이즈-9 caspase Cysteine-dependent aspartate-directed protease: 세포자살을 실

행하는 단백질분해효소. 세포자살을 개시하는 Initiator caspase는 caspase-2, -8, -9, -10 등이고, 세포자살을 실행하는 Executioner caspase는 caspase-3, -6, -7 등이다. 모든 caspase는 비활성 상태인 Pro-caspase 상태인데, Initiator caspase는 신호전달에 의해 활성화되고, Executioner caspase는 Initiator caspase에 의해 활성화된다.

191쪽 Fas 수용체 Fas 수용체First apoptosis signal receptor는 APO-1Apoptosis antigen-1, CD95Cluster of differentiation 95, TNFRSP-6Tumor necrosis factor receptor superfamily member 6 등으로 불리기도 한다.

191쪽 자살유도신호복합체 자살유도신호복합체는 DISKDeath-Inducing Signal Complex를 번역한 것이다.

192쪽 미토콘드리아가 쥐고 있는 것처럼 보인다 이에 대한 논의는 닉 레인의 뛰어난 안목이 돋보이는 책인 『미토콘드리아』에 자세히 나와 있다. 관심 있는 이는 꼭 읽어보길 권한다.

10장 대규모 숫자와의 전쟁: 항체의 다양성

201쪽 큰 싸움을 어떻게 해결해야 할까? 세상의 많은 종교에서 천국을 이야기할 때, 싸움이 없는 평화로운 세상을 넌지시 암시한다. 그러나 이것은 죽고 난 다음에 일어나는 머나먼 이야기이다. 카를 마르크스Karl Marx는 현실에서 싸움이 없는 천국이 도래할 것이라 예언했다. 마르크스는 인간의 역사는 계급투쟁의 역사이며, 오랜 싸움 끝에 결국은 프롤레타리아트가 승리하여 공산주의를 만듦으로써 싸움이 끝날 것이라 예언했다. 그러나 공산주의 치하에서도 인간들은 싸움을 멈추지 않았다. 순진하게도 마르크스는 인간은 다른 사람보다 우월해지기를 원하는, 욕망을 가진 탐욕스러운 존재라는 사실을 간과하였다. 공산주의 국가를 세운 블라디미르 레닌Vladimir Lenin은 교육을 통해 인간의 욕망을 다스릴 수 있을 것이라 생각했지만, 이것 역시 엄청난 착각이었다. 공산주의가 몰락한 후 일본계 미국인인 프랜시스 후쿠야마Francis Fukuyama는 인간의 역사는 자본주의 경제체제를 기본으로 한 자유민주주의에서 끝났다고 주장했다. 이 체제하에서는 개인의 능력에 따라 다른 사람보다 우월해지기를 원하는 욕망을 채울 수 있기 때문이라는 게 주된 이유이다. 아울러 역사의 종말 후에 나타난 최후의 인간은 물질적인 욕구에 만족하면서 더 이상 거대한 투쟁을 하지 않고 부분적인 싸움만을 하게 될 것이라고 근거 없이 주장했다. 인간의 미래를 이처럼 초라하게 예언한 학문적 소양이 안타까울 뿐이다. 국가 간의 큰 전쟁이든, 한 국가의 권력을 쥐기 위한 권력투쟁이든, 지역의 불법적인 지배권을 독점하기 위한 조직폭력배의 싸움이든, 천사마을 주민들이 보여주는 재산권 싸움이든, 소심해 씨의 회원권 환불을 위한 사소한 싸움이든 간에 개인이 행하는 모든 싸움의 결과는 패배한 개인의 생존을 위협하거나 불행하게 한다는 점에서 큰 차이가 없다. 왜 싸움이 전혀 없는 평화로운 사회에 대한 커다란 비전을 제시하지 못하는가? 비록 그것이 마르크스의 주장처럼 허망하게 끝날지라도…….

203쪽 면역 免疫, immunity: 한문으로 면역은 전염병의 고통을 면한다는 뜻이고, 영어로는 im-munitas 면세 혹은 반란 폭동 등에서 벗어난다는 뜻이다.

205쪽 사이토카인 Cytokine: 면역세포들이 서로 정보를 전달하기 위하여 분비하는 물질로써 다양한 종류의 인터루킨과 인터페론, 그리고 TGFβ 등이 있다. 면역세포들마다 상황에 따라 분비하는 사이토카인의 종류가 다르다.

206쪽 감염을 방지한다 인간을 감염시키는 독감 바이러스는 H1N1형이고, 조류를 감염시키는 독감 바이러스는 H5N1과 H7N9형이다. H5N1형과 H7N9형이 인간을 감염시키지 못하는 이유는 인간에게는 H5N1과 H7N9형 바이러스 수용체가 없기 때문이다. 그런데 2013년 중국에서 H7N9 바이러스가 돌연변이를 일으켜 인간에게 감염되는 사건이 발생하였다. 이처럼 동물을 감염시키는 바이러스가 변이를 일으켜 인간을 감염시키면 이들 바이러스에 대한 항체를 미처 준비하지 못한 인간은 대재앙을 맞이할 것이다.

212쪽 하나의 유전자로부터 구조가 비슷한 24개의 단백질을 만들 수 있는 셈이다 그러나 시작 코돈이 항상 첫 번째 엑손에 있는 것도 아니고, 정지 코돈이 있는 마지막 엑손은 항상 사용해야 하므로 실제로는 경우의 수가 이보다는 적다.

11장 이웃한 세포의 운명을 결정하는 세포 집단: 형성체(신경계 형성의 비밀)

222쪽 '발생 과정에서 세포의 운명은 언제 어떻게 결정되는가?' 원래의 세포에서 다른 세포로 운명이 바뀌는 것을 분화Differentiation라고 한다. 분화는 결과물을 나타내는 용어인데, 분화되는 과정은 특화Specification가 먼저 일어나고 이후 결정Determination의 과정을 거친다. 특화된 세포는 운명을 정하였지만 외부에서 오는 자극에 의해 운명을 바꿀 수 있는 상태이다. 반면, 결정된 세포는 외부에서 자극이 오더라도 원래 정한 운명을 바꾸지 않는다. 운명을 결정할 때 외부의 자극을 무시하고 스스로 정하는 것을 자동적 특화Autonomous specification라고 하며, 외부의 자극에 의해 자신의 운명을 정하는 것을 조건부 특화Conditional specification라고 한다. 일반적으로 세포는 발생 시간에 따라 운명을 결정하는 성질이 있기 때문에 어린 시절에는 조건부 특화를 보이고 시간이 좀 더 지나면 자동적 특화를 보이는 경향이 있다.

223쪽 수정란이 분열하여 2개의 세포가 되었을 때 수정란이 분열하는 것을 난할Cleavage이라고 하는데 일반적인 세포분열과 달리 분열된 두 개의 딸세포가 처음의 크기로 자라지 않고 계속해서 분열한다. 따라서 분열이 거듭되어도 전체 배아의 크기는 커지지 않는다. 한편, 성장은 분열한 세포의 크기가 원래의 크기로 자라나서 전체 배아의 크기가 커지는 것을 말한다. 포유류 세포는 크기가 일정하기 때문에 성장은 개별 세포의 크기가 커지는 것이 아니라 세포분열을 통해 세포의 수가 많아지는 것을 의미한다. 예외적으로 비만은 지방을 함유하는 비만세포의 크기가 커져서 생기는 현상이다.

223쪽 등쪽원구입술 발생 과정에서 양서류의 알은 한쪽 부분이 안쪽으로 함입하여 원구를 형성하는데, 함입하는 부위의 바로 위쪽에 있는 조직을 등쪽원구입술이라 한다.

223쪽 중배엽 인간을 비롯한 3배엽성 동물은 외배엽Ectoderm, 중배엽Mesoderm, 내배엽Endoderm으로 구성되어 있다. 외배엽은 신체의 바깥 부위를 이루는 피부와 신경계 및 신경능선을 만들고, 내배엽은 입에서부터 항문으로 이어지는 소화기관인 식도, 위, 소장, 대장과 소화기관에 붙은 부속기관인 이자, 간 그리고 호흡기관인 기관지, 폐로 이루어진다. 중배엽은 외배엽과 내배엽 사이에 존재하는 근골격계인 연골, 뼈, 근육, 순환계인 심장, 혈액, 혈관, 그리고 비뇨생식계인 신장과 생식기 등의 기관을 만든다.

223쪽 등쪽에서 발달하는 신경관으로 변한 것이다 등Dorsal, 배Ventral: 발생 과정에서 생체를 구성하기 위해서는 3차원의 축인 전-후, 등-배, 좌-우를 결정하여야 한다. 전-후 축은 머리와 꼬리를 결정하는 축이며, 등-배 축은 신경계를 형성하는 데 매우 중요한 축이다. 초파리는 배쪽에 신경계가 형성되는 반면, 양서류인 도롱뇽과 조류, 포유류 등은 등쪽에 신경계가 형성된다.

226쪽 BMP 뼈형성단백질: 최초에 뼈 형성을 유도하는 능력을 가진 단백질로 발견되어 BMPBone Morphogenetic Protein라는 이름이 붙었으나, 이후에 세포분열, 세포분화, 세포이동, 세포자살 등 다양한 기능을 한다는 사실이 발견되었다. 특히 등쪽 외배엽에서 발현되어 외배엽세포를 표피로 분화시키는 중요한 기능을 한다.

228쪽 사사이 요시키 박사 사사이 요시키 박사는 배아줄기세포의 유지에 매우 중요한 sox1/2 유전자와 nanog 유전자를 발견한 영국의 오스틴 스미스Austin Smith 박사 밑에서 박사후 연구원으로 일하면서 배아줄기세포의 전문가가 되었다. 특히 그는 배아줄기세포로부터 3차원으로 눈을 분화시키는 오가노이드organoid 분야의 선두주자이다. 그러나 불행하게도 일본 이화학연구소의 부소장으로 일하는 중에 아래 직원인 오보카타 하루코 박사의 연구가 거짓으로 판명나자, 이에 대한 죄책감 때문에 자살로 생을 마감하였다. 사사이 요시키 박사는 유도만능줄기세포를 생산한 야마나카 신야 박사와는 라이벌 관계였는데, 오보카타 박사가 체세포를 약한 알카리 용액에서 잠시 키우는 방법으로 만능줄기세포를 생산하는 방법을 개발하자 이를 대대적으로 홍보하였다. 하지만 오보카타 박사의 연구는 거짓으로 판명났다.

12장 다수결에 의한 민주적 의사결정: 신경세포의 활동전위

237쪽 탈분극 신경세포의 휴지막전위는 -70mV인데, 이는 세포막을 사이에 두고 세포 안쪽과 바깥쪽이 분극되어 있음Polarization을 나타낸다. 만약 양이온이 세포 안쪽으로 들어가서 세포 안쪽의 전압이 높아지게 되면 세포막전위도 높아지게 되는데 이때를 탈분극Depolarization이라고 한다. 반대로 양이온이 세포 밖으로 나오거나 음이온이 세포 안으로 들어가게 되면 세포막전위가 더욱 낮아지게 되는데 이때를 과분극Hyperpolarization이라고 한다.

238쪽 전압개폐성 이온은 세포막을 통과하기 위해 세포막에 존재하는 이온 통로, 펌프, 공수송체 등을 이용한다. 이온 통로는 각 이온에 특화되어 있어서 Na^+ 이온 통로는 Na^+ 만을 통과시키고, K^+ 이온 통로는 K^+ 만을 통과시킨다. 한 종류의 이온을 통과시키는 이온 통로에도 여러 종류가 존재하는데 항상 열려 있는 휴지 통로, 리간드가 결합해야 열리는 리간드개폐성 이온 통로, 세포막전위의 변화에 의해 열리는 전압개폐성 이온 통로 등이 있다. 공수송체는 여러 종류의 이온을 동시에 통과시키며, 펌프는 농도 경사에 역행하여 이온을 통과시키기 위해 에너지를 이용한다.

13장 집단 부호화: 향기

250쪽 후각세포 냄새를 감지하는 후각세포는 후각수용체를 가지고 있는 신경세포이다. 영어 명칭인 Olfactory Receptor NeuronORN을 정확하게 번역하면 후각수용체신경세포이다. 번역자에 따라 후각세포, 후각수용기세포, 후각신경세포, 후각수용기신경세포 등 다양하게 사용되고 있다.

251쪽 Taq DNA 중합효소 Taq Polymerase. 고온에서 사는 세균인 테르무스 아쿠아티쿠스*Thermus Aquaticus*에서 분리한 DNA 중합효소로, 대부분의 효소가 15~40도 사이에도 작용하는 데 비해 Taq DNA 중합효소는 72도의 고온에서 작용하므로 고온으로 실험하는 PCR에 사용하기에 적당하다.

253쪽 역추적 PCRDegenerate PCR degenerate PCR을 역추적 PCR로 번역한 이유는 degenerate PCR 방법을 통해 단백질 서열로부터 거꾸로 mRNA 서열을 확인할 수 있기 때문이다.

253쪽 RT-PCR RNA는 단일가닥이므로 PCR을 하기 위해서는 역전사효소를 이용하여 RNA를 DNA로 만든 다음 PCR을 하는데, 이 방법을 RT–PCR Reverse Transcription-PCR이라고 한다.

14장 인간을 인간답게: 학습과 기억

278~279쪽 장기강화를 촉진할 경우 공간기억 능력이 향상된다는 사실이 밝혀졌다 1971년 존 오키프 John O'Keefe 박사는 해마에는 공간을 인식하는 장소세포 Place cell라 불리는 신경세포가 존재하며, 이 신경세포의 활성에 의해 동물이 공간을 인지한다는 사실을 밝혔다. 그러나 장소세포와 장기기억의 직접적인 연관성은 밝혀진 것이 없다. 오키프 박사는 장소세포를 발견한 공로로 2014년 노벨 생리의학상을 받았다.

참고문헌

1장 진, 마침내 태어나다: 체외수정 시술의 개발

- 뉴턴 하이라이트 편집부, 『아기 탄생의 과학 : 수정란에서 유아에 이르는 극적인 변화』, 아이뉴턴(뉴턴코리아), 2014.
- 대한산부인과학회, 『산과학』(5판), 군자출판사, 2015.
- 리처드 도킨스, 『조상 이야기: 생명의 기원을 찾아서』, 이한음 옮김, 까치, 2018.
- 스티븐 호킹, 『그림으로 보는 시간의 역사』(확대개정판), 김동광 옮김, 까치, 2016.
- Edwards, P. G., Steptoe, P. C., and Purdy, J. M., Fertilization and cleavage in vitro of preovulatory human oocytes, *Nature* 227, 1307−1309, 1970.
- Steptoe, P. C., and Edwards, R.G., Birth after the reimplantation of a human embryo, *Lancet* 2, 366. 1978.

2장 단백질을 만드는 정보: 유전자

- 최재천 외 30명, 『내 생명의 설계도 DNA』, 과학동아북스, 2013.
- 리처드 C. 프랜시스, 『쉽게 쓴 후성유전학』, 김명남 옮김, 시공사, 2013.
- 브루스 H. 립턴, 『당신의 주인은 DNA가 아니다』, 이창희 옮김, 두레, 2014.
- Albert, B., et al., *Molecular Biology of the cell*(6th Edition), Garland Science, 2015.
- Watson, J. D., and Click, F. H. C., Genetical implications of the structure of deoxyribonucleic acid, *Nature* 171, 964−967, 1953.

3장 외로움과의 끝없는 싸움: 세포분열

- 수 암스트롱, 『p53 암의 비밀을 풀어낸 유전자』, 조미라 옮김, 처음북스, 2015.

• Evans, T., Rosenthal, E. T., Youngblom, J., Distel, D., and Hunt, T., Cyclin: A protein specified by maternal mRNA in sea urchin eggs that is destroyed at each cleavage division, *Cell* 33, 389−396. 1983.
• Hartwell, L. H., Culotti, J., Pringle, J. R., and Reid, B. J., Genetic control of the cell division cycle in yeast. *Science* 183, 46−51. 1974.
• Nurse, P., and Thuriaux, P., Regulatory genes controlling mitosis in the fission yeast Schizosaccharomyces pombe, *Genetics* 96, 627−637, 1980.

4장 영원한 반복: 일주기리듬(생체리듬)

• 네고로 히데유키, 『시계 유전자: 하버드 의대 연구진이 밝혀낸 호르몬 밸런스의 비밀』, 이희정 옮김. 경향BP, 2017.
• Bargiello, T.A., and Young, M.W., Molecular genetics of a biological clock in Drosophila, *Proc Natl Acad Sci USA* 81, 2142−2146. 1984.
• Darlington, T.K., Wager−Smith, K., Ceriani, M.F., Staknis, D., Gekakis, N., Steeves, T.D., Weitz, C.J., Takahashi, J.S., and Kay, S.A., Closing the circadian loop: Clock−induced transcription of its own inhibitors per and tim, *Science* 280, 1599−1603. 1988.
• Hardin, P.E., Hall, J.C., and Rosbash, M., Feedback of Drosophila period gene product on circadian cycling of its messenger RNA levels, *Nature* 343, 536−540. 1990.
• Sehgal, A., Rothenfluh−Hilfiker, A., Hunter−Ensor, M., Chen, Y., Myers, M.P., and Young, M.W., Rhythmic expression of timeless: a basis for promoting circadian cycles in period gene autoregulation, *Science* 270, 808−810. 1995.

5장 신인류의 탄생: 유전자 바꿔치기

• Doetschman, T., Gregg, R,G., Maeda, N., Hooper, M.L., Melton, D.W.,

Thompson, S., and Smithies, O., Targeted correction of a mutant HPRT gene in mouse embryonic stem cells, *Nature* 330, 576–578. 1987.

- Doudna, J., and Charpentier, E., The new frontier of genome engineering with CRISPR–Cas9, *Science* 346, DOI:10.1126/Science. 1258096, 2014.
- Evans, M.J., and Kaufman, M.H., Establishment in culture of pluripotential cells from mouse embryo, *Nature* 292, 154–156. 1981.
- Livet, J., Weissman, T.A., Kang, H., Draft, R.W., Lu, J., Bennis, R.A., Sanes, J.R., and Lichtman, J.W., Transgenic strategies for combinatorial expression of fluorescent proteins in the nervous system, *Nature* 450, 56–62, 2007.
- Thomas, K.R., and Capecchi, M.R., Site–directed mutagenesis by gene targeting in mouse embryo–derived stem cells, *Cell* 51, 503–512. 1987.

6장 늙은 세포를 젊은 세포로 만드는 마법의 물질: 역분화 인자의 발견

- 야마나카 신야, 마스카와 도시히데, 『새로운 발상의 비밀: 노벨상을 수상한 두 과학자의 사고법과 인생 이야기』, 김소연 옮김, 해나무, 2014.
- 마이클 샌델, 『완벽에 대한 반론: 생명공학 시대, 인간의 욕망과 생명윤리』, 이수경 옮김, 와이즈베리, 2016.
- Gurdon, J. B., The developmental capacity of nuclei taken from intestinal epithelium cells of feeding tadpoles, Journal of Embryology and Experimental *Morphology* 10, 622–640, 1962.
- Takahashi, K., and Yamanaka, S., Induction of pluripotent stem cells from mouse embryonic and adult fibroblast cultures by defined factors, *Cell* 126, 663–676, 2006

7장 소통: G단백질결합수용체

- 로빈 던바, 클라이브 갬블, 존 가울렛, 『사회성: 두뇌 진화의 비밀을 푸는 열쇠』, 이

달리 옮김, 처음북스, 2016.
- Rodbell, M., Birnbaumer, L., Pohl, S. L., and Krans, H. M., The glucagon-sensitive adenyl cyclase system in plasma membranes of rat liver. V. An obligatory role of guanylnucleotides in glucagon action, *J Biol Chem* 246, 1877−1882, 1971.
- Sternweis, P. C., Northup, J. K., Smigel, M. D., and Gilman, A. G., The regulatory component of adenylate cyclase. Purification and properties, *J Biol Chem* 256, 11517−11526, 1981.
- Kobilka, B.K., Frielle, T., Dohlman, H. G., Bolanowski, M. A., Dixon, R.A., Keller, P., Caron, M. G., and Lefkowitz, R. J., Delineation of the intronless nature of the genes for the human and hamster beta 2−adrenergic receptor and their putative promoter regions, *J Biol Chem* 262, 7321−7327, 1987.
- Rasmussen, S.G., DeVree, B. T., Zou, Y., Kruse, A.C., Chung, K. Y., Kobilka, T. S., Thian, F.S., Chae, P. S., Pardon, E., Calinski, D., Mathiesen, J. M., Shah, S. T., Lyons, J. A., Caffrey, M., Gellman, S. H., Steyaert, J., Skiniotis, G., Weis, W.I., Sunahara, R. K., and Kobilka, B. K., Crystal structure of the β2 adrenergic receptor−Gs protein complex, *Nature* 477, 549−555, 2011.

8장 노화, 암, 줄기세포: 텔로미어

- 사이언티픽 아메리칸 편집부, 『노화의 비밀: 고령화 시대, 영원한 젊음은 가능한가?』, 김지선 옮김, 한림출판사, 2016.
- 엘리자베스 블랙번, 엘리사 에펠, 『늙지 않는 비밀』, 이한음 옮김, 알에이치코리아, 2018.
- Blackburn, E. H., and Gall, J. G., A tandemly repeated sequence at the termini of the extrachromosomal ribosomal RNA genes in Tetrahymena, *J Mol Biol* 120, 6354−6358, 1978.
- Greider, C. W., and Blackburn, E. H., Identification of a specific telomere terminal transferase activity in Tetrahymena extracts, *Cell* 43, 405−413, 1985.
- Greider, C. W., and Blackburn, E. H., A telomeric sequence in the RNA of

Tetrahymena telomerase required for telomeric repeat synthesis, *Nature* 337, 331–337, 1989.
- Szostak, J. W., and Blackburn, E. H., Cloning yeast telomeres on linear plasmid vectors, *Cell* 29, 245–255. 1982.

9장 세포의 합리적 선택: 자살(아포토시스)

- 닉 레인, 『미토콘드리아: 박테리아에서 인간으로, 진화의 숨은 지배자』, 김정은 옮김, 뿌리와 이파리, 2009.
- Kerr, J.F.R., Wyllie, A.H., and Currie, A.R. (1972). Apoptosis: A basic biological phenomenon with wide-ranging implications in tissue kinetics. *Br J Cancer* 26, 239–257.
- Brenner, S. (1973). The genetics of Caenorhabditis Elegans. *Genetics* 77, 71–94.
- Sulston, J.E., and Horvitz, H.R. (1977). Post-embryonic cell lineages of the Nematode, Caenorhabditis Elegans. *Dev Biol* 56, 110–156.
- Ellis, H.M., and Horvitz H.R. (1986). Genetic control of programmed cell death in the Nematode, Caenorhabditis Elegans. *Cell* 44, 817–829.

10장 대규모 숫자와의 전쟁: 항체의 다양성

- 이기형 외 6명, 『바이오사이언스의 이해: 한국의 신약개발 바이오테크를 중심으로』, 바이오스텍테이터, 2017.
- Hozumi, N., and Tonegawa, S., Evidence for somatic rearrangement of immunoglobulin genes coding for variable and constant regions, *Proc Natl Acad Sci USA* 73, 3628–3632, 1978.
- Southern, E. M., Detection of specific sequences among DNA fragments separated by gel electrophoresis, *J Mol Biol* 98, 503–517, 1975.

11장 이웃한 세포의 운명을 결정하는 세포 집단: 형성체(신경계 형성의 비밀)

- Sander, K., and Faessler, P. E., Introducing the Spemann-Mangold organizer: experiments and insights that generated a key concept in developmental biology, *Int J Dev Biol* 45, 1-11, 2001.
- Smith, W.C., and Harland, R. M., Expression cloning of noggin, a new dorsalizing factor localized to the Spemann organizer in Xenopus embryos, *Cell* 70, 829-840, 1992.

12장 다수결에 의한 민주적 의사결정: 신경세포의 활동전위

- 미겔 니코렐리스, 『뇌의 미래: 인류의 미래를 뒤바꿀 뇌과학 혁명』, 김성훈 옮김, 김영사, 2012.
- Hodgkin, A. L., and Katz, B., The effect of sodium ions on the electrical activity of the giant axon of the squid, *J Physiol* 108, 37-77, 1949.
- Kandal, E. R., et al., *Principles of neural science*(5TH edition), McGraw Hill, 2013.

13장 집단 부호화: 향기

- Buck, L. B., and Axel, R., A novel multigene family may encode odorant receptors: A molecular basis for odor recognition, *Cell* 65, 175-187, 1991.
- Malnic, B., Hirono, J., Sato, T., and Buck, L. B., Combinatorial receptor codes for odors. *Cell* 96, 713-723. 1999.
- Mombaerts, P., Wang, P., Dulac, C., Chao, S. K., Nemes, A., Mendelsohn, M., Edmondson, J., and Axel, R. Visualizing an olfactory sensory map. *Cell* 87, 675-686, 1996.
- Shepherd, G. M., Smell images and the flavour system in the human brain. *Nature*

444, DOI:10.1038/nature05405, 2006.

14장 인간을 인간답게: 학습과 기억

- 루크 디트리치, 『환자 H. M.: 기억을 절제당한 한 남자와 뇌과학계의 영토 전쟁』, 김한영 옮김, 동녘 사이언스, 2018.
- 에릭 캔델, 『기억을 찾아서: 뇌과학의 살아 있는 역사 에릭 캔델 자서전』, 전대호 옮김, 알에이치코리아, 2014.
- 에릭 캔델, 래리 스콰이어, 『기억의 비밀: 정신부터 분자까지』, 전대호 옮김. 해나무, 2016.
- Castellucci, V., Pinsker, H., Kupfermann, I., and Kandel, E. R., Neuronal mechanisms of habituation and dishabituation of the gill-withdrawal reflex in Aplysia, *Science* 167, 1745-1748, 1970.
- Schacher, S., Castellucci, V. F., and Kandel, E. R., cAMP evokes long-term facilitation in Aplysia sensory neurons that requires new protein synthesis. *Science* 240, 1667-1669, 1988.
- T. V. P. Bliss and T. Lemo, Long-lasting potentiation of synaptic transmission in the dentate area of the anaesthetized rabbit following stimulation of the perforant path, *The Journal of Physiology*. 232:357-374, 1973.

웹사이트

- 노벨상 홈페이지, https://www.nobelprize.org/prizes/medicine/

찾아보기

ㄷ

ㄹ

ㅈ

ㅋ

위대한 세포
노벨상을 받은 놀라운 발견들

초판 발행 2019년 4월 10일

지은이 | 금동호
일러스트 | 안준석
편집 | 허영수 장준오
디자인 | 권선우
마케팅 | 김보미 임정진 전선경
펴낸곳 | ㈜북하우스 퍼블리셔스
출판등록 | 1997년 9월 23일 406-2003-055호
주소 | 04043 서울시 마포구 양화로 12길 16-9 북앤빌딩
전자우편 | henamu@hotmail.com
홈페이지 | www.bookhouse.co.kr
전화번호 | 02-3144-3123
팩스 | 02-3144-3121

ISBN 979-11-6405-013-0 03470

이 도서의 국립중앙도서관 출판예정도서목록(CIP)은 서지정보유통지원시스템 홈페이지(http://seoji.nl.go.kr)와
국가자료공동목록시스템(http://www.nl.go.kr/kolisnet)에서 이용하실 수 있습니다.(CIP제어번호: CIP2019010040)